职业教育智能制造领域高素质技术技能人才培养系列教材

中国轻工业"十四五"规划教材

U0656149

西门子S7-1200 PLC 应用项目教程

主　编　马生杉　王　楠　高宏明

副主编　李玲慧　赵　腾

参　编　雍　刚　仲庭祥　李　珊

主　审　李春树

机械工业出版社

本书内容编排基于"岗课赛证"，对接全国职业院校技能大赛机电一体化技术和机器人系统集成应用技术赛项的技术标准，以及可编程控制系统集成及应用和工业机器人集成应用1+X证书标准。本书按照"项目引导、教学做一体化"的原则分7个项目进行编写，分别为西门子S7-1200 PLC基本概述、基于起保停电路的典型三相异步电动机控制、交通信号灯的PLC设计、竞赛抢答器的PLC设计、自动售货机的PLC设计、智能密码锁、智能仓储。本书将知识点融入实际控制电路中，由浅入深，选取的控制电路难度逐步提高，使学生循序渐进地掌握和提升PLC设计能力。

本书可作为高等职业院校机电设备类、电子信息类等相关专业的教材，也可作为相关工程技术人员的参考用书。

为方便教学，本书植入二维码微课，配有免费电子课件、思考与练习参考答案、模拟试卷及参考答案等，凡选用本书作为授课教材的教师可登录机械工业出版社教育服务网（www.cmpedu.com），注册后免费下载电子资源。本书咨询电话：010-88379564。

图书在版编目（CIP）数据

西门子 S7-1200 PLC 应用项目教程 / 马生杉，王楠，高宏明主编 . -- 北京：机械工业出版社，2025.5.
ISBN 978-7-111-78376-3

Ⅰ . TM571.61

中国国家版本馆 CIP 数据核字第 20252HR076 号

机械工业出版社（北京市百万庄大街 22 号　邮政编码 100037）
策划编辑：冯睿娟　　　　　　责任编辑：冯睿娟　王　荣
责任校对：樊钟英　张　征　　封面设计：王　旭
责任印制：单爱军
北京盛通数码印刷有限公司印刷
2025 年 8 月第 1 版第 1 次印刷
184mm×260mm · 14 印张 · 364 千字
标准书号：ISBN 978-7-111-78376-3
定价：49.00 元

电话服务　　　　　　　　　　网络服务
客服电话：010-88361066　　　机 工 官 网：www.cmpbook.com
　　　　　010-88379833　　　机 工 官 博：weibo.com/cmp1952
　　　　　010-68326294　　　金 书 网：www.golden-book.com
封底无防伪标均为盗版　　　机工教育服务网：www.cmpedu.com

前　言

本书紧密结合职业教育教学特点，尊重学生认知规律，融入多年教学实践经验，立足培养学生的综合实践能力和创新能力，紧跟时代要求，深入贯彻党的二十大精神。本书在内容的安排上不仅注重学生的理论知识和专业技能的提升，更注重对学生工科思维能力的训练，同时力求培养学生的职业道德、正确的价值观念、创新意识和团队合作意识，培育学生的家国情怀、哲学思辨能力，充分发挥专业课程的育人功能，使学生在未来的职业岗位上能够树立正确的人生观，增强社会责任感和使命感。

本书为新形态一体化教材，具有以下特点：

1. 校企双元开发，实践与应用并重

本书为校企合作双元开发教材，由职业院校骨干教师和行业企业专家联合编写，实现了"教育＋产业"的深度融合。本书中的实训任务均源自企业真实案例，既满足企业岗位技能要求，又符合职业教育教学规律。通过任务描述、知识链接、任务实施的教学设计，实现教、学、做有机统一，有效培养学生的综合应用能力。本书注重实践性与应用性的有机结合，充分激发学生的学习兴趣和主观能动性。

2. "岗课赛证"紧密衔接，助力学生技能全面提升

本书贯彻"岗课赛证"融通理念，以岗位任务为驱动，融入职业院校技能大赛技术标准和职业技能等级证书要求，构建"岗位－课程－竞赛－证书"四位一体的职业能力培养体系，实现学生专业技能的系统提升。

3. 融入行业规范，强化职业素养

本书秉持"产教融合、德技并修"的编写理念，坚持"技术为基、实践为核、育人为本"的宗旨，将行业技术规范、职业素养要求、立德树人元素有机融入教学全过程，打造"知识传授－技能训练－价值塑造"三位一体的内容体系，为培养精技艺、守规范、担使命的新时代高素质技术技能人才提供有力支撑。

4. 数字资源赋能，立体化育人

本书充分利用现代信息技术，配套开发了实训操作视频、素养案例库、梯形图源程序等丰富的数字化教学资源，构建线上线下相结合的立体化学习环境，助力教师开展"知识－技能－素养"一体化教学。

本书由马生杉、王楠、高宏明任主编，李玲慧、赵腾任副主编，参与编写的还有宁夏小牛自动化设备股份有限公司电气总工雍刚、宁夏工匠职业教育研究院院长李珊、中

国石油长庆油田公司数字和智能化事业部高级工程师仲庭祥。本书由宁夏大学李春树教授主审。

在本书的编写过程中，宁夏高校专业类课程思政教材研究基地和上海宇龙软件工程有限公司提供了大力支持和帮助，编者也参阅了许多同行专家的编著文献，在此一并表示感谢。

由于编者水平有限，书中难免有疏漏和不妥之处，敬请广大读者及时批评指正，不胜感激。

编　者

二维码清单

（续）

序号	名称	二维码	页码	序号	名称	二维码	页码
19	多种品类售货机 PLC 设计		135	27	智能密码锁 HMI 界面的仿真调试与测试运行		180
20	PUT 指令和 GET 指令的应用		150	28	对仓储单元的控制 – FR8210 的组态		186
21	PLC 控制的智能密码锁项目配置及组态		157	29	PLC 对仓储单元的控制 –FR8210 分配名称		189
22	智能密码锁 PLC 程序的调试运行		161	30	PLC 对仓储单元的控制项目配置与组态		192
23	PLC 与 HMI 连接组态		169	31	PLC 对仓储单元的控制 HMI 画面设置		200
24	根画面组态		172	32	PLC 对仓储单元的控制仿真		200
25	按钮功能组态		174	33	伺服电机对控制滑台运动轴参数设置		207
26	文本域及图形视图组态		176	34	伺服电机对控制滑台运动仿真模拟		214

目 录

西门子 S7-1200 PLC 基本概述

知识目标

- 了解 PLC 的特点和应用领域。
- 掌握 PLC 的结构和工作原理。
- 掌握梯形图的构成要素。
- 掌握西门子 S7-1200 PLC 的硬件模块。

技能目标

- 能通过查阅资料自行了解 PLC 的由来及发展。
- 能熟练说出 PLC 的工作原理。
- 能识读简单的梯形图。
- 能完成 TIA Portal（博途）V16 的安装。

素养目标

- 培养良好的电气工程师职业道德。
- 培养学生的安全意识、规范意识、创新意识。
- 引导学生树立家国情怀。

任务 1.1　走进 PLC

知识链接

1.1.1　PLC 简介

1. PLC 基本概念

PLC 是一种用于自动化控制系统的电子设备，是综合了计算机技术、微电子技术、自动控制技术、数字技术和通信网络技术而形成的新型通用工业自动控制装置。PLC 能够监控和控制各种过程，包括温度、压力、流量、速度、位置等参数，并根据设定条件执行相应的操作；可以提高生产效率、降低人工成本、确保生产质量和安全性，广泛应用于工厂和机械设备中。

PLC 最初主要用以取代通过继电器电路实现的逻辑控制，但是随着技术的不断发展，它的功能已经大大超过了逻辑控制的范围，成为具有开关量逻辑控制功能、模拟量控制功能、运动控制功能、数据处理功能、通信联网功能的多功能控制器。因此，在 1980 年，美国电气制造商协会（NEMA）给它起了一个新的名称——可编程控制器（Programmable Controller，PC）。由于 PC 在我国通常是指个人计算机（Personal Computer，PC），因此为了避免与个人计算机的简称相混淆，国内仍沿用 PLC 来表示可编程控制器。

2. PLC 的由来和发展

（1）PLC 的由来　PLC 的由来可以追溯到 20 世纪 60 年代。当时，美国汽车制造业竞争激烈，产品更新的周期越来越短，对生产流水线的自动控制系统更新也越来越频繁。美国通用汽车公司在对工厂生产线进行调整时，发现继电器－接触器控制系统存在修改难、体积大、噪声大、维护不方便和可靠性差等问题，希望能够使用一种更灵活和可编程的控制系统来替代传统的继电器控制。为了解决这些问题，通用汽车公司提出了著名的"通用十条"招标指标，要求用新的控制装置取代继电器－接触器控制装置。随后，美国数字设备公司（DEC）根据招标的要求，于 1969 年研制出了世界上第一台可编程逻辑控制器（PDP-14），并在通用汽车自动装配线上试用，效果显著。它基于集成电路和电子技术，首次采用程序化的手段应用于电气控制，这就是第一代 PLC。

国际电工委员会（IEC）曾于 1982 年 11 月颁布了 PLC 标准草案第一稿，1985 年 1 月又颁布了第二稿，1987 年 2 月颁布了第三稿。这个标准为 IEC 61131，它是一个系列的标准，一共分为十部分，分别阐述了 PLC 的不同部分。该草案中对 PLC 的定义是：PLC 是一种数字运算操作的电子装置，专为在工业环境下应用而设计。它采用了可编程序的存储器，用来在其内部存储和执行逻辑运算、顺序控制、定时、计数和算术运算等操作指令，并通过数字式和模拟式的输入和输出，控制各种类型的机械或生产过程。

（2）PLC 的发展　PLC 的出现引起了世界各国的广泛关注，随着微处理器、网络通信、人机界面等技术的迅速发展，PLC 也在不断地发展，其发展过程可以分为以下三个阶段：

1）初始阶段：这个阶段其实就是静态继电器控制阶段。在这个阶段，PLC 仅用来替代静态继电器控制，产品相对简单，规模较小。随着美国数字设备公司研制出第一代 PLC 后，日本、德国、法国等也相继研制成功了各自的 PLC。例如，日本日立公司于 1971 年研制成功了日本第一台 PLC，德国西门子公司于 1973 年独立研制成功了欧洲第一台 PLC。

2）发展阶段：这个阶段是动态逻辑控制阶段。20 世纪 60 年代末期，计算机技术的发展也促使 PLC 快速发展。随着 PLC 功能的完善和应用领域的扩大，它已经能够进行更加复杂的控制，而且可同时控制多个系统，具备了更快的处理速度，PLC 的可靠性和处理能力得到了极大的提升。

3）扩展阶段：这个阶段是微处理器阶段。随着大规模和超大规模集成电路等微电子技术的发展，PLC 也已全面使用 16 位和 32 位高性能微处理器，不仅控制功能增强，而且功耗和体积减小、成本下降、可靠性提高，在应用领域上也在不断扩展。如今的 PLC 产品已经广泛应用在各种工业自动化控制领域，如制造业、化工业、电力行业等。国内的 PLC 产品也开始进入国际市场，逐渐从传统的工业控制领域扩展到其他领域，如新能源、环保、医疗等。同时，我国也开始在 PLC 技术方面进行创新和突破，推出更加智能化、高效化、可靠化的 PLC 产品。

随着技术的不断进步，PLC 产品在功能、性能、可编程性及通信能力等方面得到了显著提升，已发展成为具有逻辑控制、过程控制、运动控制、数据处理、通信联网、故障自诊断等功能的多功能控制器，具有越来越强的模拟量处理能力及其他高级处理能力。目前，世界上比较著名的 PLC 生产厂家有美国通用电气公司、德州仪器公司，日本三菱、富士、欧姆龙、松下电工等公司，德国西门子公司，法国施耐德公司，韩国三星、LG 等公司。

3. PLC 的特点

（1）可靠性高、抗干扰能力强　PLC 的控制系统的硬件接线与同等规模的继电器 - 接触器系统相比已减少到数百分之一甚至数千分之一，这样就极大地降低了机械故障。另外 PLC 采用监控、故障诊断、冗余等技术可以大大降低系统故障，能够保证系统的可靠运行。目前 PLC 的平均无故障时间一般可达 3 万～ 5 万小时。现代大规模集成电路技术、先进的生产工艺以及隔离、屏蔽、滤波、光电隔离等抗干扰技术的使用极大地增强了 PLC 的抗干扰能力，使得 PLC 在工业环境中能够可靠工作。

（2）编程简单、使用方便　PLC 作为通用工业控制计算机，采用电气技术人员所熟悉的梯形图语言。梯形图的图形符号和表达方式与继电器电路图接近，只用 PLC 的少量开关量逻辑控制指令就可以方便地实现继电器电路的功能，形象直观，对于工程技术人员来说它的编程语言易接受，而且易学易懂。

（3）功能完善、配套齐全、通用性好　PLC 具备丰富的功能和模块，包括逻辑处理功能、数据运算功能、通信和输入 / 输出（I/O）控制功能等多个模块，可以满足不同应用领域的需求。PLC 配套的软件和硬件资源丰富，可以满足不同规模和复杂度的控制系统需求。PLC 为通用的自动化控制设备，已经形成了大、中、小各种规模的系列化产品，品种齐全，它可以实现对不同设备和工艺过程的控制和监控，具有较高的灵活性和适应性。

（4）体积小、能耗低　PLC 的硬件组件经过精心设计，采用集成电路和紧凑型结构，使得整个 PLC 设备的体积相对较小，能够更容易地集成到现有的设备或系统中，提高了系统的灵活性和可布置性，很容易装入机械内部，是实现机电一体化的理想控制设备。PLC 通过对输入信号进行逻辑处理，并根据预定的程序输出相应的控制信号。这种逻辑控制方式相比于传统的电气控制方式更为高效、灵活，这种高效的工作方式不仅提高了 PLC 的性能，还降低了能耗。

（5）安装简单，调试、维护方便　PLC 采用模块化设计，其硬件和软件组件可以独立进行安装和调试。PLC 用软件代替继电器 - 接触器控制系统中的大量硬件，使得控制柜的设计、安装、接线工作量大大减少。PLC 支持远程访问和维护功能，通常内置自诊断和报警功能，能够及时检测到设备的异常情况并发出警报，这有助于快速定位故障，操作人员可以远程访问 PLC 控制系统，进行实时监控、参数调整和故障诊断等操作，并采取相应的维修措施，提高了系统的稳定性和可靠性。

4. PLC 的应用

PLC 广泛应用于各个领域的自动化控制系统，包括机械制造、交通运输、楼宇自动化、冶金、石油、化工、建材、电力、矿山、轻纺和环保等各个行业，已成为现代工业自动化的三大支柱 [PLC、机器人、CAD/CAM（计算机辅助设计 / 计算机辅助制造）] 之一。

随着 PLC 功能的不断完善，其应用大致可以分为以下五类。

（1）开关量逻辑控制 开关量逻辑控制是 PLC 最基本的应用，它取代了传统的继电器－接触器控制电路，能够实现逻辑控制和顺序控制，既可用于单机控制，也可用于多机群控和自动化流水线，广泛用于各种机械、机器人、电梯等。

（2）模拟量控制 PLC 的模拟量控制是一种基于连续信号的控制方法，它通过处理和调节模拟量输入和输出信号的数值来实现精确的自动控制。在工业生产过程中，有许多连续变化的量，如温度、压力、流量、液位和速度等都是模拟量。PLC 在处理模拟量时先通过各种传感器将相应的模拟量转换为电信号，然后通过 PLC 的 A/D（模 / 数）模块将它们转换为数字量传送至 PLC 内部的 CPU（中央处理器）进行处理，处理后的数字量再经过 D/A（数 / 模）模块转换为模拟量进行输出控制。在模拟量控制中，有些 PLC 还具有PID（比例积分微分）闭环控制功能，运用 PID 子程序或使用专用的智能 PID 模块，可以实现对模拟量的闭环过程控制。典型的闭环过程控制有自动焊机控制、锅炉运行控制、连轧机的速度和位置控制等。

（3）运动控制 PLC 的运动控制是指通过 PLC 对运动设备（如伺服驱动器、步进电动机等）实现精确的位置控制、速度控制等功能。早期的 PLC 通过开关量 I/O 模块与位置传感器和执行机构的连接来实现这一功能，现在的 PLC 实现运动控制通过单轴或多轴位置控制模块、高速计数模块等来控制步进电动机和伺服电动机，从而使运动部件能以适当的速度或加速度实现平滑的直线或圆周运动。PLC 的运动控制功能广泛应用于各种机械、机床、机器人、电梯等场合。

（4）数据处理 目前，PLC 都具有数学运算（如矩阵运算、函数运算、逻辑运算）、数据传送、数据转换、排序、查表、位操作等功能，由 PLC 构成的监控系统可以方便地对生产现场的数据进行采集、分析和处理。这些数据可以与存储器中的参考值进行比较，从而完成一定的控制操作，也可以通过通信接口传送到其他智能装置上。数据处理一般用于无人控制的柔性制造系统、机器人的控制系统等大、中型控制系统中。

（5）通信联网 PLC 的通信是指 PLC 之间或 PLC 与其他设备之间进行数据交换和信息传递的能力。通过通信，PLC 可以与传感器、执行器、上位机、监控系统等设备进行连接，并实现实时监控、远程控制、数据采集和系统集成等功能。通信对于 PLC 来说非常重要，它使得 PLC 能够实现更高级别的自动化控制和集成应用，从而提高系统的可靠性、灵活性和效率。

1.1.2 PLC 的结构组成

PLC 是一种专门用于工业自动化控制的电子设备，它的核心是微处理器，采用了典型的计算机结构，因此 PLC 系统与微型计算机的组成基本相同，只是与计算机相比，PLC 具有更强的与工业过程相连接的接口和更直接的适应于控制要求的编程语言。PLC 一般主要由 CPU、存储器、I/O 接口、外部设备接口、编程器、电源等六个部分组成。PLC 的结构如图 1-1 所示。

1. CPU

CPU 是 PLC 的核心部件，类似于计算机的大脑，负责进行各种控制任务和数据处理，指挥 PLC 有条不紊地进行工作。CPU 的主要作用是将输入信号送入 PLC 中按用户指令进行编译，完成用户指令规定的各种操作，将结果送到 PLC 的输出端子，响应各种外部设备的请求。

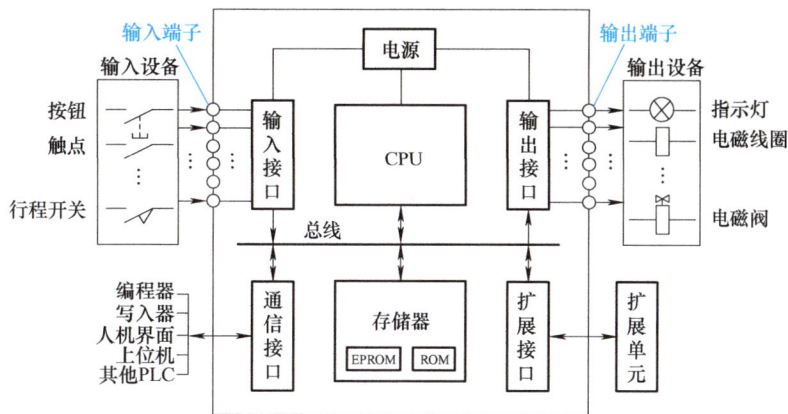

图 1-1 PLC 的结构

2. 存储器

PLC 的存储器用于存储系统程序、用户程序、逻辑变量、系统组态等信息，它能使 PLC 按照预先编写的程序进行逻辑判断、数据处理和控制输出，从而实现工业自动化系统的各种控制任务。存储器在 PLC 的运行过程中起着关键的作用。它有两种类型，分别为 ROM（Read-Only Memory，只读存储器）和 RAM（Random Access Memory，随机存储器）。

（1）ROM　ROM 又称为系统程序存储器，是一种非易失性存储器，储存着固定的程序和数据。PLC 失电后再通电，系统程序内容不变且重新执行。系统程序由 PLC 制造厂家编写，与 PLC 的硬件组成有关，用于完成系统诊断、命令解释、功能子程序调用管理、逻辑运算、通信以及各种参数设定等功能，系统程序质量的好坏，很大程度上决定了 PLC 的性能。系统程序根据 PLC 功能的不同而不同，生产厂家在 PLC 出厂前已将其固化在 ROM 或 PROM（可编程只读存储器）中，这些数据在 PLC 的运行中是只读的，无法被修改。

（2）RAM　RAM 又称为用户存储器，是一种易失性存储器，用于存储 PLC 的可变程序和数据。RAM 中存储的数据可以在运行过程中被读取、修改和写入。RAM 通常包括用户程序区（用于存储用户编写的 PLC 程序）和工作数据存储区（用于存储 PLC 的输入、输出和中间结果）。RAM 是可读可写存储器，读出时，RAM 中的内容不被破坏；写入时，刚写入的信息会消除原来的信息。

3. I/O 接口

PLC 的 I/O 接口是 PLC 与外部设备进行连接和通信的重要部分，它允许 PLC 读取外部信号的输入状态，并控制外部设备的输出操作。

（1）输入接口　输入接口用来接收和采集两种类型的输入信号，一类是按钮、选择开关、光电开关、行程开关等的开关量输入信号，另一类是电位器、测速发电机和各种变送器等的模拟量输入信号。为了防止各种干扰信号和高电压信号进入 PLC，一般用 RC 滤波器消除输入端的抖动和外部噪声干扰，用光电耦合电路进行隔离。

（2）输出接口　输出接口用来连接被控对象中的各种执行元件，如电磁阀、接触器、指示灯等。PLC 的输出有继电器输出型、双向晶闸管输出型和晶体管输出型三种方式。每种输出方式都采用了电气隔离技术，其中继电器输出型为有触点输出方式，既可驱动直流负载也可驱动交流负载，是最常用的一种输出类型。双向晶闸管输出型和晶体管输出型均为无触点输出方式，其中双向晶闸管输出型只用于驱动交流负载，晶体管输出型则只能驱动直流负载。

4. 外部设备接口

（1）通信接口　PLC 的通信接口是 PLC 与其他设备进行数据交换和通信的关键部分，它允许 PLC 与上位机、监视系统及其他 PLC 等进行通信，并实现实时数据传输、控制命令传递和系统集成。

（2）扩展接口　PLC 的扩展接口是用于扩展 PLC 功能和连接外部设备的接口，它可以扩充开关量的 I/O 点数和增加模拟量的 I/O 端子，也可配接智能单元完成特定的功能，使 PLC 的配置更加灵活，以满足不同控制系统的需求。

5. 编程器

编程器是用于编写、调试和修改 PLC 程序的设备或软件工具。利用编程器可以将用户程序输入 PLC 存储器，进行检查、检修、调试程序，还可以监视程序的运行及 PLC 的工作状态。PLC 编程器通常与特定品牌或系列的 PLC 兼容，不同品牌的 PLC 通常具有自己的编程软件和编程器，例如西门子 S7-1200 PLC 的编程软件 TIA Portal V16、三菱 PLC 编程软件 GX Developer 8.86、欧姆龙 PLC 的编程软件 CX-Programmer 等。因此，对于特定型号的 PLC，需要使用相应的编程器进行编程操作。

6. 电源

PLC 的电源是为 PLC 提供稳定、可靠电力供应的设备，它通常将交流电转换成供 PLC 的 CPU、存储器等工作所需要的直流电，它的性能好坏直接影响到 PLC 的可靠性。由于开关电源有输入电压范围宽、体积小、重量轻、效率高、抗干扰性能好等优点，因此目前大部分 PLC 采用开关式稳压电源供电，同时还向各种扩展模块提供 24V 直流电源。

1.1.3　PLC 的工作原理

PLC 的工作原理是在计算机工作原理的基础上建立的，通过执行反映控制要求的用户程序，将控制信号输出到外部负责控制的装置上，从而实现对外部装置的控制。PLC 采用循环扫描的工作方式进行工作，其 CPU 都是按顺序从第一条指令开始执行，若无跳转指令，则一直执行到结束符后返回第一条指令开始新的一轮扫描。如此周而复始、不断循环，每循环一次称为一个扫描周期，每一个扫描周期一般分为输入采样、程序执行和输出刷新三个阶段。在整个运行期间，PLC 的 CPU 以一定的扫描速度重复执行上述三个阶段。

PLC 循环扫描过程示意如图 1-2 所示。

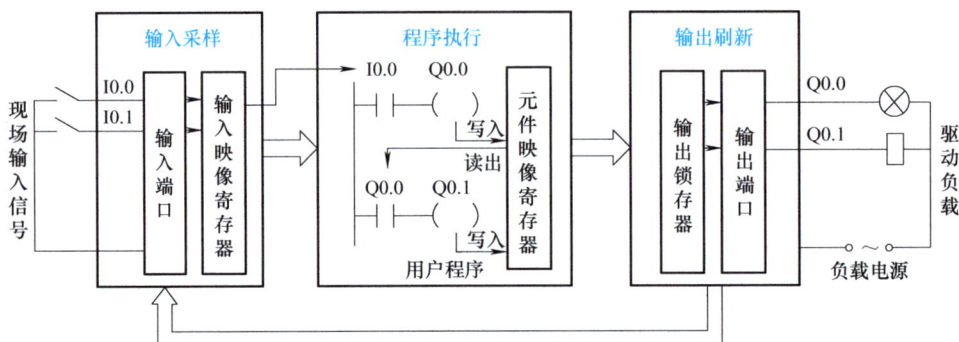

图 1-2　PLC 循环扫描过程示意

1. 输入采样阶段

在输入采样阶段，CPU 扫描所有输入状态和数据，并将各输入状态存入对应的输入映像寄存器中，输入映像寄存器被刷新后，进入程序执行阶段，这个阶段在输入锁存器的作用下即使输入信号发生变化，输入映像寄存器的内容也会保持不变，而必须要循环到下一个扫描周期的输入采样阶段才能被读入。

2. 程序执行阶段

在程序执行阶段，PLC 以先左后右、先上后下的顺序依次逐行扫描用户程序。并将相应的逻辑运算结果（RLO）存入元件映像寄存器中，执行完最后一条控制程序后，PLC 扫描就会进入输出刷新阶段。

3. 输出刷新阶段

当用户程序执行结束后，PLC 就进入输出刷新阶段。此时，PLC 会将元件映像寄存器中所有输出继电器的状态转存到输出锁存器中，再经输出电路驱动相应的外部负载。

1.1.4　PLC 的编程语言

IEC 制定的 PLC 标准 IEC 61131-3 中有 5 种 PLC 编程语言：梯形图（Ladder Diagram，LD），在西门子 PLC 中简称为 LAD；顺序功能图（Sequential Function Chart，SFC），对应于西门子 PLC 的 Graph；函数块图（Function Block Diagram，FBD）；指令表（Instruction List，IL），在西门子 PLC 中称为语句表（STL）；结构文本（Structured Text，ST），在西门子 PLC 中称为结构化控制语言（SCL）。其中梯形图以其直观性、形象性、实用性以及电气从业人员易于掌握等特点成为西门子 S7-1200 最常用的编程语言，因此本书只介绍这一种编程语言。

PLC 的梯形图是一种图形化编程语言，它在由接触器、继电器构成的电气控制逻辑的基础上演变而来，是最直观、最简单的编程语言，也是目前使用最多的一种 PLC 编程语言。通过梯形图编程，工程师可以直观地了解控制逻辑、快速修改程序。梯形图使用直角坐标系表示各个输入和输出信号，并通过横向连接线连接各个元件，形成一个类似于梯子的图形结构。在梯形图中，每一条横向连接线被称为一个梯级（Rung），每个梯级上可以放置各种逻辑元件，如输入触点（Input Contact）、输出线圈（Output Coil）、中间继电器（Intermediate Relay）等。这些元件可以通过各种逻辑运算符（如与、或、非等）相互连接，形成逻辑控制关系。同时，PLC 梯形图还支持定时器、计数器等特殊的元件，用于实现更复杂的控制逻辑。

1. PLC 梯形图的构成要素

梯形图由母线、触点、线圈等基本编程元素构成，它是从电气控制原理图演变而来的，继承了继电器控制线路的设计理念，采用图形符号的连接形式直观形象地表达电气线路的控制过程。电气控制原理图与 PLC 梯形图的对应关系如图 1-3 所示。图 1-3b 中左、右垂线类似图 1-3a 中的电源线，称为左、右母线（Bus Bar）。左母线可以看作能量提供者，触点闭合则能量通过，触点断开则能量断开。这种能量流称为能流（Power Flow）。PLC 梯形图中，触点对应电气控制原理图中的开关、按钮、继电器触点、接触器触点等电气元件；线圈对应电气控制原理图中的继电器线圈、接触器线圈等，通常用来控制外部的指示灯、电动机、继电器线圈、接触器线圈等。

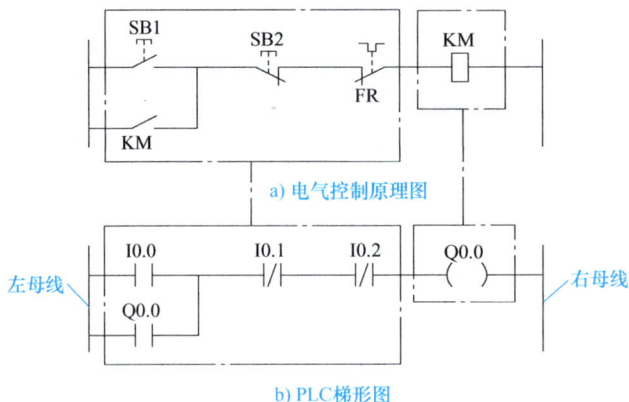

图 1-3　电气控制原理图与 PLC 梯形图的对应关系

（1）母线　梯形图两侧的垂直公共线称为母线，在左侧的竖直线称为起始母线或左母线，在右侧的竖直线称为终止母线或右母线（可以省略）。梯形图中的母线示意如图 1-4 所示。母线相当于电路中的电源线，梯形图执行时，母线之间的能流从左母线开始，相当于从电源的正极出发，经过触点和线圈，终止于右母线，相当于电源的负极，从左母线到右母线可以看作一个回路。

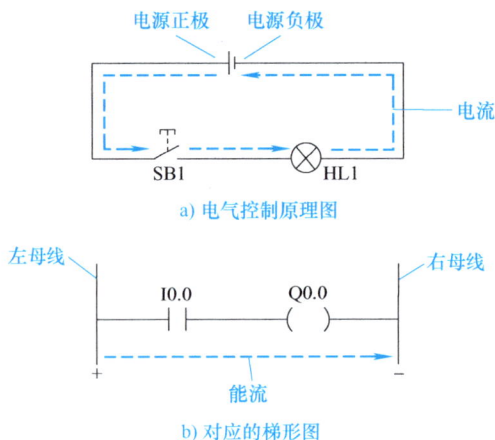

图 1-4　梯形图中的母线示意

💡 **小提示**：能流是指在梯形图中，当触点接通时，从左向右流动的假想电流。它只是一种虚拟的电流，在现实中并不存在，只是一个概念而已。通过能流这一概念，我们可以更好地理解和分析梯形图。梯形图中的能流只能从左向右流动，也就是从左母线流到右母线，形成一条回路，这一方向与执行用户程序时逻辑运算的顺序一致。

（2）触点　梯形图中有两类触点，分别为常开触点和常闭触点，如图 1-5 所示。这些触点可以是外部触点，也可以是内部继电器的状态，每一个触点都有一个标号，同一标号的触点可以反复使用。触点放置在梯形图的左侧，触点的通断与触点的逻辑赋值有关。

（3）线圈　线圈表示输出信号，用于控制外部设备，如接触器、电磁阀等。梯形图中的线圈种类有很多，如输出继电器线圈、辅助继电器线圈等，如图 1-6 所示。线圈的得、失电情况与线圈的逻辑赋值有关；线圈放置在梯形图的右侧，不能与左母线相连。当线圈无条件执行时，可借助未使用的常闭触点。

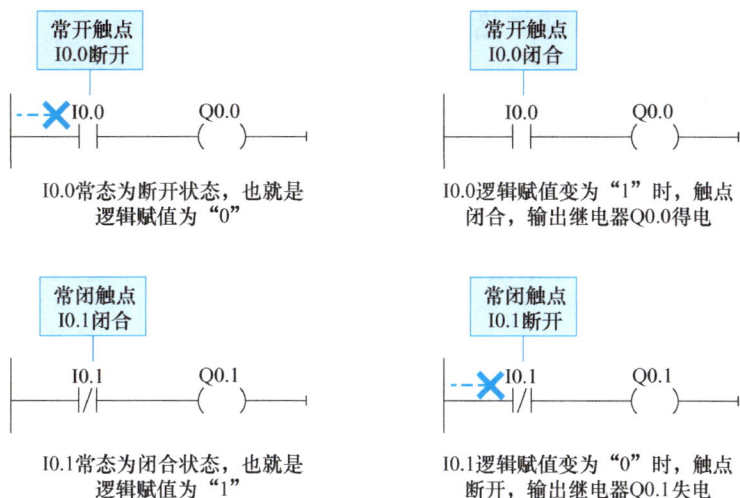

图 1-5　梯形图中的触点

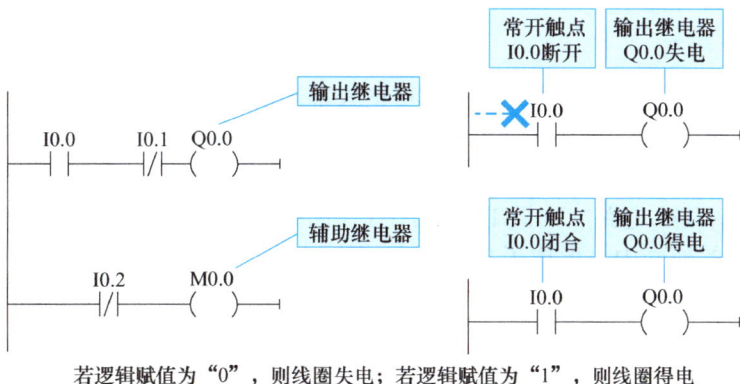

图 1-6　梯形图中的线圈

💡 **小提示：**

1）梯形图中的触点、线圈仅为软件中的触点和线圈，非硬件上的触点和线圈，在控制设备时需要接入实际的触点和线圈。

2）同一编号的输出线圈在同一程序中不能使用两次，否则易引起误动。

2. 梯形图的逻辑运算

梯形图中的逻辑运算是指根据各个触点的状态和逻辑关系，得出与图中各线圈对应的编程元件的状态。主要包括或运算（OR）、与运算（AND）、非运算（NOT）、异或运算（XOR）等，它类似于电路中的布尔代数运算，其逻辑运算是按照从左到右、从上到下的顺序进行的。

3. 梯形图的编程和调试

PLC 梯形图的编程和调试主要借助软件工具进行，例如本书采用的是 TIA Portal V16 软件，该软件提供了直观的图形化界面，用户能够方便地编写程序、随时修改程序、优化算法和设置参数，并且通过在线调试功能实现程序的实时控制和监测，以提升系统的性能和控制效果。

1.1.5 认识西门子 S7 系列产品

西门子公司所生产的 PLC 种类比较多，其中 S7 系列产品主要包括小型系列的通用逻辑模块（LOGO！）、S7-200 PLC、S7-200 SMART PLC 和 S7-1200 PLC，中型系列的 S7-300 PLC、S7-1500 PLC 以及大型系列的 S7-400 PLC 等。

1. S7-200 PLC

S7-200 PLC 和 S7-200 SMART 系列是西门子公司生产的小型 PLC，适用于各行各业，尤其是各种场合中的检测、监测及控制的自动化，在集散自动化系统中发挥了强大作用，使用范围可覆盖从替代继电器的简单控制到更复杂的自动化控制。

S7-200 PLC 结构紧凑小巧，在实时模式下速度快，具有极高的可靠性、较强的通信能力和丰富的扩展模块等，易于掌握，操作便捷。

S7-200 SMART PLC 增加了一个以太网接口，支持多种通信协议，可与 PLC、触摸屏、变频器、伺服驱动器、上位机等联网通信，使程序下载、设备组网更加便捷，极大地方便了通信。CPU 模块有标准型和经济型两种类型，能够全方位满足不同行业、不同客户、不同设备的各种需求。

2. S7-1200 PLC

S7-1200 PLC 是西门子公司在 2009 年正式推出的一款小型自动化系统应用领域的产品，也是目前西门子公司的主推产品之一。S7-1200 PLC 设计紧凑、组态灵活且具有功能强大的指令集，这些特点的组合使它成为控制各种应用的首选解决方案。CPU 将微处理器、集成电源、I/O 电路、内置 PROFINET、高速运动控制 I/O 和板载模拟量输入组合到一个设计紧凑的外壳中，形成了功能强大的控制器。

3. S7-300 PLC

S7-300 PLC 是西门子公司生产的适合中低端性能范围的中型 PLC 系统，它采用模块化设计，这些丰富的模块可进行各种组合，可以非常好地满足和适应自动化控制任务。S7-300 PLC 具有多种性能等级的 CPU，具有用户友好功能的全系列模块，可允许用户根据不同的应用选取相应模块；进行任务扩展时，可通过使用附加模块随时对控制器进行升级；具有很高的电磁兼容性和抗冲击性、抗震性，因此拥有极高的工业适用性，广泛应用于特殊机械、纺织机械、包装机械、一般机械设备制造、控制器制造、机床制造、安装系统、电气与电子工业及相关产业。

4. S7-1500 PLC

S7-1500 PLC 是 2013 年西门子公司专为中高端设备和工厂自动化设计的一种高性能的 PLC 控制系统。新一代控制系统具备高性能、高效率的优势，凭借较快的响应速度、集成的 CPU 显示面板及相应的调试和诊断机制，极大地提高了生产效率，降低了生产成本。集成的专有知识保护功能，如防止机器复制，能够帮助防止未授权的访问和修改。S7-1500 PLC 集成了故障安全功能，为实现故障安全自动化，配置了 F 型（故障安全型）的控制器。另外，集成系统诊断具有强大的诊断功能，只需要配置，不需要编程即可实现诊断。S7-1500 PLC 的显示功能已实现了标准化，各种信息都以普通文本信息的形式在 CPU 的显示器上显示出来。S7-1500 PLC 与 TIA 软件的无缝集成也极大提高了工程组态的效率。

5. S7-400 PLC

S7-400 PLC 是西门子公司生产的中高端性能 PLC 控制系统。采用模块化无风扇的设计，可靠耐用，容易实现的分布式结构和用户友好的操作使 S7-400 PLC 成为中、高端性能控制领域中的首选解决方案。S7-400 PLC 具有极高的处理速度、强大的通信性能和卓越的 CPU 资源裕量，通过选择合适的 S7-400 PLC 组件，可实现几乎所有的自动化任务，广泛应用于通用机械工程、汽车工业、立体仓库、机床与工具过程控制、控制技术与仪表、纺织机械、包装机械、控制设备制造等领域。

任务 1.2　S7-1200 PLC 的硬件结构和软件开发环境

🌀 知识链接

1.2.1　S7-1200 PLC 的硬件结构

S7-1200 PLC 主要由 CPU 模块、通信模块（CM）、信号板（SB）、信号模块（SM）等组成，其外观如图 1-7 所示。各种模块安装在标准 DIN 导轨上。

S7-1200 PLC 以这些模块和插入式板，通过附加 I/O 或其他通信协议来扩展 CPU 的功能。S7-1200 PLC CPU 的扩展如图 1-8 所示。

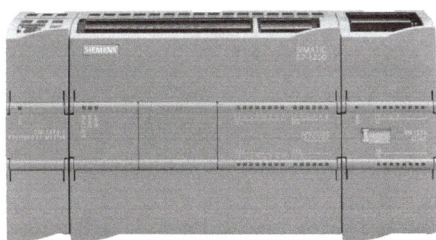

图 1-7　S7-1200 PLC 的外观

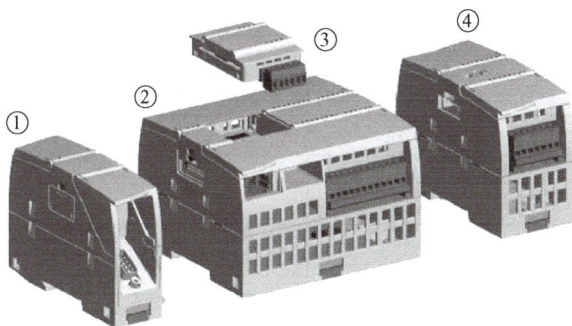

图 1-8　S7-1200 PLC CPU 的扩展

图 1-8 中，①是通信模块或通信处理器（CP），②是 CPU（CPU 1211C、CPU 1212C、CPU 1214C、CPU 1215C、CPU 1217C），③是信号板（数字信号板、模拟信号板）、通信板（CB）或电池板（BB），④是信号模块（数字信号模块、模拟信号模块、热电偶信号模块、热电阻信号模块、工艺信号模块）。

1. CPU 模块

（1）CPU 面板　S7-1200 PLC 的 CPU 是由微处理器、集成电源、I/O 电路、内置 PROFINET、高速运动控制 I/O 组合形成的控制器，可以使用梯形图、函数块图和结构化控制语言这三种编程语言，其外形如图 1-9 所示。

图 1-9 中，①是电源接口，②是存储卡插槽（位于上部保护盖下面），③是可拆卸用户接线器（位于保护盖下面），④是板载 I/O 的状态 LED（发光二极管），⑤是 PROFINET

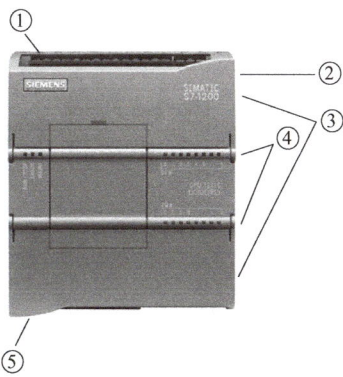

图 1-9　S7-1200 PLC 的 CPU 外形

连接器（位于 CPU 的底部）。

（2）CPU 的技术规范　S7-1200 PLC 的 CPU 提供了一个 PROFINET 接口用于通过 PROFINET 网络通信，还可使用附加模块通过 PROFIBUS、GPRS、LTE 等进行通信。S7-1200 PLC 各型号 CPU 的主要技术规范见表 1-1。

表 1-1　S7-1200 PLC 各型号 CPU 的主要技术规范

主要技术参数		CPU 型号				
		CPU 1211C	CPU 1212C	CPU 1214C	CPU 1215C	CPU 1217C
CPU 类别		DC/DC/DC、DC/DC/Rly、AC/DC/Rly				DC/DC/DC
电源电压		DC/DC/DC、DC/DC/Rly（DC 24V）、AC/DC/Rly（AC 85～264V）				
输入电压		DC 24V				
物理尺寸 /mm（长 × 宽 × 高）		90×100×75		110×100×75	130×100×75	150×100×75
用户存储器	工作	50KB	75KB	100KB	125KB	150KB
	负载	1MB		4MB		
	保持性	10KB				
本地载体 I/O	数字量	6 点输入 /4 点输出	8 点输入 /6 点输出	14 点输入 /10 点输出		
	模拟量	2 路输入		2 路输入 /2 路输出		
过程映像大小	输入 I	1024 字节				
	输出 Q	1024 字节				
位存储器		4096 字节		8192 字节		
信号模块扩展		无	2 个	8 个		
信号板、电池板或通信板		1 个				
通信模块（左侧扩展）		3 个				
高速计数器	总计	最多可组态 6 个使用任意内置或信号板输入的高速计数器				
	1MHz	—				Ib.2～Ib.5
	100kHz	Ia.0～Ia.5				
	30kHz	—	Ia.6～Ia.7	Ia.6～Ib.5		Ia.6～Ib.1
	200kHz	使用 SB 1221 DI 4×24V DC、200kHz，SB 1221 DI 4×5V DC、200kHz，SB 1223 DI 2×24V DC/DQ 2×24V DC、200kHz，SB 1223 DI 2×5V DC/DQ 2×5V DC、200kHz 时最高可达 200kHz				
脉冲输出	总计	最多可组态 4 个使用任意内置或信号板输出的脉冲输出				
	1MHz	—				Qa.0～Qa.3
	100kHz	Qa.0～Qa.3				Qa.4～Qb.1
	20kHz	—	Qa.4～Qa.5	Qa.4～Qb.1		—
存储卡		SIMATIC 存储卡（选件）				
实时时钟保持时间		通常为 20 天，40℃时最少为 12 天（免维护超级电容）				
PROFINET 以太网通信端口		1 个		2 个		
实数数学运算执行速度		2.3μs/ 指令				
布尔运算执行速度		0.08μs/ 指令				

（3）S7-1200 PLC CPU 的外部接线　S7-1200 PLC 每一类型的 CPU 都有三种版本，它们的接线方法基本相同，PLC 的工作电源有 AC 220V 和 DC 24V 两种工作方式，三种版本的 CPU 都可提供 DC 24V 传感器电源输出，要获得更好的抗噪声效果，即使未使用传感器电源，也可将 M 端子连接到机壳接地。

下面以 CPU 1212C 为例，分别给出三种类别的外部接线图，如图 1-10 ～图 1-12 所示。

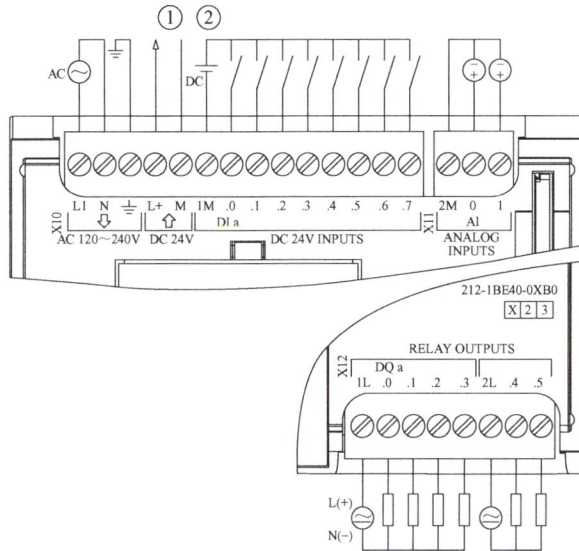

图 1-10　CPU 1212C AC/DC/Rly 外部接线

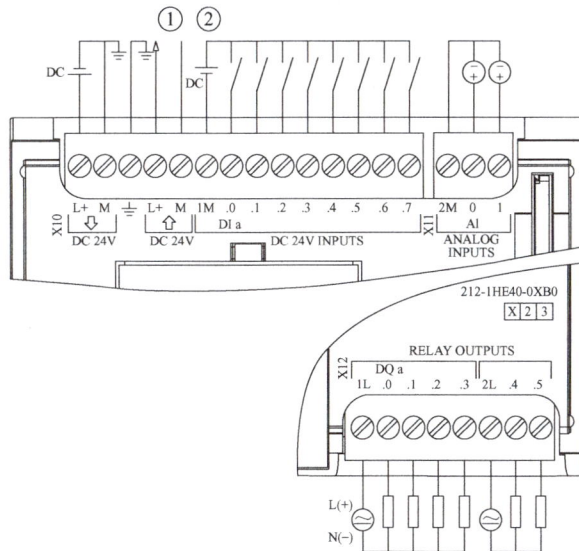

图 1-11　CPU 1212C DC/DC/Rly 外部接线

2. 通信模块

通信模块和通信处理器可以增加 CPU 的通信选项，例如 PROFIBUS 或 RS232/RS485 的连接性（适用于 PtP、Modbus 或 USS）或者 AS-i 主站。通信处理器可以提供其他通信类型的功能，例如通过工业以太网、GPRS、DNP3 或 WDC 网络连接到 CPU。

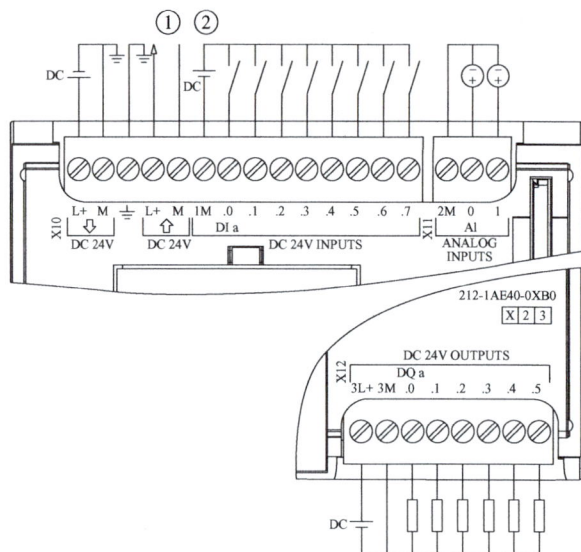

图 1-12　CPU 1212C DC/DC/DC 外部接线

CPU 最多支持三个通信模块或通信处理器，各通信模块或通信处理器连接在 CPU 的左侧（或连接到另一通信模块或通信处理器的左侧）。通信模块的连接如图 1-13 所示。

3. 信号板

S7-1200 PLC 的 CPU 支持扩展信号板，每个 CPU 模块内最多可以安装一块信号板。信号板使用嵌入式的安装方式，安装在 CPU 的正上方。信号板的连接如图 1-14 所示。信号板安装后不会改变 CPU 模块的外形，也不会增加安装的空间。它可为 CPU 提供附加 I/O，可选择扩展数字量 I/O 和模拟量 I/O 的信号板。此外，还可以扩展通信板和电池板，通信板可以为 CPU 增加其他通信端口，电池板可提供长期的实时时钟备份。

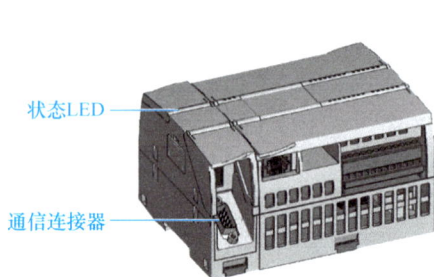

图 1-13　通信模块的连接

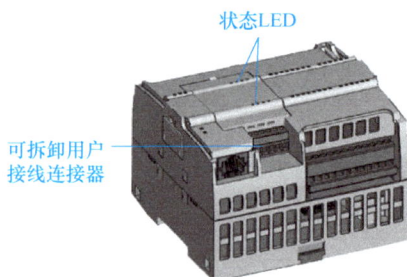

图 1-14　信号板的连接

4. 信号模块

数字量输入（DI）模块、数字量输出（DO）模块、模拟量输入（AI）模块、模拟量输出（AO）模块统称为信号模块。信号模块可以为 CPU 增加其他功能，其安装在 CPU 模块的右边。信号模块的连接如图 1-15 所示。

信号模块包括数字量信号模块、模拟量信号模块、热电阻和热电偶、SM 1278 IO-Link

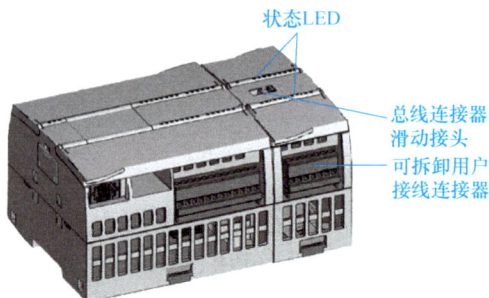

图 1-15　信号模块的连接

主站等模块。扩展能力最强的 CPU 可以扩展 8 个信号模块，以增加数字量和模拟量输入、输出点数。

💡 **小提示**：CPU 1211C 不支持扩展信号模块，CPU 1212C 只能最多扩展 2 个信号模块，其他型号的 CPU 都可以最多扩展 8 个信号模块。

（1）数字量信号（DI/DO）模块包含 SM 1221 数字量输入模块、SM 1222 数字量输出模块、SM 1223 数字量直流 I/O 模块、SM 1223 数字量交流 I/O 模块，有 8 个和 16 个 I/O 点的，有直流和交流输入电源的，有晶体管输出和继电器输出电源的。

（2）模拟量信号（AI/AO）模块包含 SM 1231 模拟量输入模块、SM 1232 模拟量输出模块、SM 1231 热电偶和热电阻模拟量输入模块、SM 1234 模拟量 I/O 模块，其中 SM 1232 和 SM 1234 用于接收或输出标准的电压信号和电流信号，SM 1231 用于接热电阻或热电偶进行温度采集。

所有的模块都能方便地安装在标准的 DIN35 导轨上，硬件都配备了可拆卸的端子板，只需将信号板插到 S7-1200 PLC 的扩展接口上，不用重新接线。安装后，信号模块与 PLC 之间就可以通过编程进行通信和控制。

5. HMI 基本型面板

西门子 HMI（人机界面）基本型面板提供了触屏式设备，具有显示文本、图形、动画以及触摸屏等功能，如图 1-16 所示。它能够提供直观的操作界面，方便用户进行监控和控制操作；可以通过以太网或串口与 S7-1200 PLC 进行通信；可以与 PLC 进行数据交换，实现与控制系统的连接和数据传输；可以通过西门子的 TIA Portal 编程软件进行配置和编程。

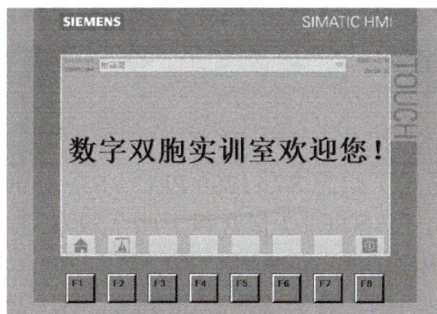

图 1-16　西门子 HMI 基本型面板

S7-1200 PLC 的 HMI 基本型面板提供了多种尺寸和型号的选择，以适应不同应用场景的需求，用户可以根据实际情况选择合适的面板尺寸和功能。HMI 基本型面板见表 1-2。

表 1-2　HMI 基本型面板

型号	尺寸 /in	可组态按键 / 个	分辨率	变量 / 个
KTP400 Basic	4	4	480 × 272	800
KTP700 Basic	7	8	800 × 480	800
KTP900 Basic	9	8	800 × 480	800
KTP1200 Basic	12	10	800 × 480	800

注：1in=0.0254m。

1.2.2 S7-1200 PLC 的软件开发环境

1. TIA Portal 集成开发环境

TIA Portal（Totally Integrated Automation Portal，TIA 博途）软件是西门子工业自动化集团发布的一款全集成自动化软件。借助该工程技术软件平台，可对西门子全集成自动化中所涉及的所有自动化和驱动产品进行组态、编程和调试。

TIA Portal 采用新型、统一软件框架，可在同一开发环境中组态西门子的所有可编程控制器、驱动装置和 HMI。在控制器、驱动装置和 HMI 之间建立通信时的共享任务，大大降低连接和组态成本。

TIA Portal 可兼容不同系列的 PLC，拥有不同的工业通信接口、多级工业安全保护、友好的开发界面、优化的编程语言以及故障全面诊断等特点，其架构如图 1-17 所示，主要包含以下五部分。

1）STEP 7：用于控制器与外部设备的组态和编程。

2）Safety：用于安全控制器的组态和编程。

3）WinCC（Windows Control Center，视窗控制中心）：用于 HMI 的组态。

4）Startdrive：用于驱动装置的组态与配置。

5）SCOUT：用于运动控制的配置、编程与调试。

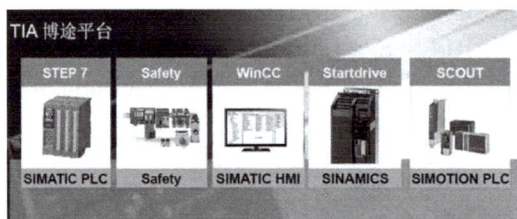

图 1-17　TIA Portal 的架构

（1）STEP 7　STEP 7 是用于组态 S7-1200 PLC、S7-1500 PLC、S7-300/400 PLC 和 WinAC 控制器的工程组态软件。STEP 7 包含以下两个版本。

① STEP 7 Basic：用于组态 S7-1200 PLC 控制器。

② STEP 7 Professional：用于组态 S7-1200 PLC、S7-1500 PLC、S7-300/400 PLC 和 WinAC 控制器。

（2）Safety　Safety 是 TIA Portal 软件架构中专门用于安全控制器（Safety PLC）组态和编程的重要部分。它专注于为具有较高级别安全要求的系统提供故障安全自动化解决方案，支持所有 S7-1200F-CPU 及旧型号 F-CPU，确保用户在不同场景下的自动化需求都得到满足。当生产系统发生意外操作或故障时，该安全系统能立即介入，将系统切换到安全状态，从而保护人员和环境的安全。Safety 系统通常分为检测、评估和响应三个子系统，每个子系统都配备有符合安全等级要求的器件。

（3）WinCC　WinCC 是西门子上位机专业组态软件。WinCC 包含以下四个版本，具体使用取决于可组态的操作员控制系统。

① WinCC Basic：用于组态精简系列面板，在 STEP 7 中已包含此版本。

② WinCC Comfort：用于组态所有面板（包括精简面板、精致面板和移动面板）。

③ WinCC Advanced：用于组态所有面板以及运行 WinCC Runtime Advanced 的个人计算机。

④ WinCC Professional/WinCC Unified：用于组态所有面板以及运行 WinCC Runtime 高级版或 SCADA 系统 WinCC Runtime Professional/WinCC Runtime Unified 的个人计算机。

（4）Startdrive　早期进行西门子变频器调试使用的软件是 Starter，可以调试 MM440、G120 和 S120 等变频器。基于 TIA Portal 平台，西门子推出了 Startdrive 软件，可以对驱动器进行组态、参数设置、调试和诊断。老版本的 Startdrive 仅支持 G120 系列变频器，TIA Portal V14 后也开始支持 S120 系列变频器。

（5）SCOUT　SCOUT 是用于运动控制系统的组态、参数设置、编程调试和诊断的软件。SCOUT 可以对伺服驱动器进行组态、参数设置，对轴进行参数设置，编写控制程序，支持结构化控制语言、梯形图、函数块图等编程语言，支持控制系统的调试和诊断。

TIA Portal 是一个软件平台，这个平台支持很多不同种类的软件系统。用户可以根据个人需要，安装相应的软件。

2. TIA Portal 的安装

目前，TIA Portal 有多个版本，每个版本较之前的版本在性能和使用上都有极大的优化。TIA Portal 的高版本能兼容低版本的项目，而低版本无法打开高版本的项目，在 STEP 7 V16 中使用项目移植功能，可以将 STEP 7 V5.4 SP5 以上版本创建的项目移植到 STEP 7 V16 中。本书以 TIA Portal V16 的安装为例进行详细介绍，其他版本的安装过程与 TIA Portal V16 的安装过程基本一致。

（1）TIA Portal V16 的安装环境要求

1）硬件要求。

① 处理器：酷睿 i5-6440EQ 3.4GHz 或者配置相当的其他处理器。

② 内存：16GB 或者更多（大型项目需要 32GB）。

③ 硬盘：SSD，配备至少 50GB 的存储空间。

④ 图形分辨率：最小为 1920×1080。

⑤ 显示器：15.6 寸宽屏显示（1920×1080）。

2）软件要求。Windows 7、Windows 10、Windows 11 操作系统（64 位）。

3）管理员权限。安装 STEP 7 V16 需要管理员权限。

4）同时安装的其他版本的 STEP 7。可以和 STEP 7 V16 同时安装的其他版本的 STEP 7 有以下版本。

① STEP 7 V13 SP2 ～ V18。

② STEP 7 V5.6 SP1 ～ V5.6 SP2。

③ STEP 7 Professional 2017 SR1 ～ 2017 SR2。

④ STEP 7 Micro/WIN V4.0 SP9。

💡 **小提示**：仅 TIA Portal V13 SP1 以后的项目才能升级到 TIA Portal V16。

5）兼容性

① 和 STEP 7 V16 同时安装的 HMI 产品有 WinCC Flexible 2008 SP5。

② WinCC Flexible 与 WinCC 可以安装在同一台计算机上。

③ WinCC 和 WinCC Professional 不能安装在同一台计算机上。在 STEP 7 V16 中使用项目移植功能，可将 WinCC V7.5 以上版本的项目移植到 WinCC V16 中。

④ 与 STEP 7 项目的兼容性：在 STEP 7 V16 中使用项目移植功能，可以将 STEP 7

V5.4 SP5 以上版本创建的项目移植到 STEP 7 V16。

（2）TIA Portal V16 的安装步骤

💡 **小提示：**

1）安装 TIA Portal 之前，需暂时退出杀毒软件。

2）安装路径不能有中文。在安装过程中需要注意，安装路径应选择英文路径，否则可能会报错。建议安装在 C 盘的默认路径下。

1）进入安装文件所在的硬盘中，打开安装目录文件夹，右击"TIA_Portal_STEP7_Prof_Safety_WinCC_Prof_V16"应用程序，选择"以管理员身份运行"命令，系统弹出软件安装向导，如图 1-18 所示。

2）单击"下一步"按钮，安装向导弹出选择安装语言界面，如图 1-19 所示。系统默认为"简体中文"选项，用户也可以根据自身需要选择其他语言。

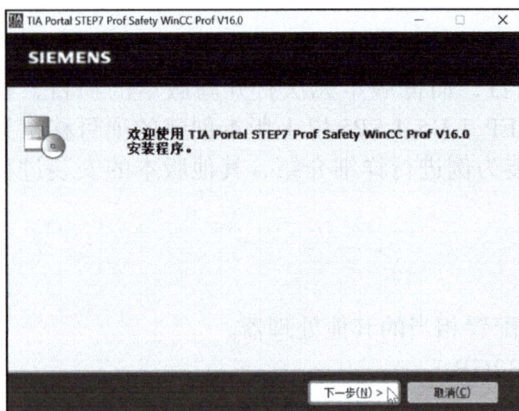

图 1-18　TIA Portal V16 安装向导

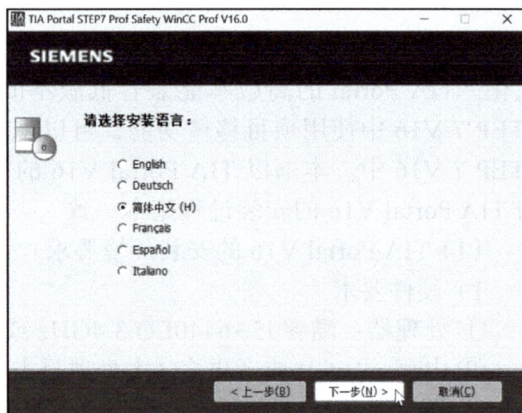

图 1-19　选择安装语言

3）单击"下一步"按钮，安装向导弹出解压缩文件界面，如图 1-20 所示，用户可以根据自身需要选择文件解压缩路径。

4）单击"下一步"按钮，系统开始解压缩软件包，如图 1-21 所示。

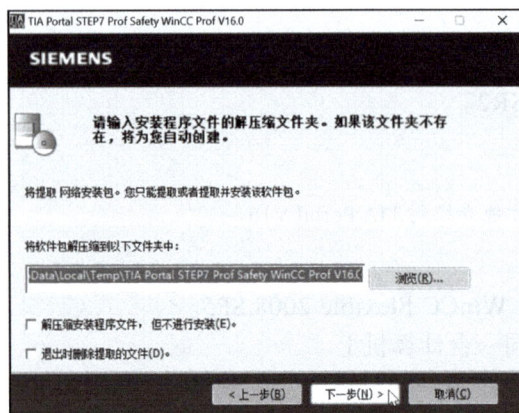

图 1-20　选择文件解压缩路径

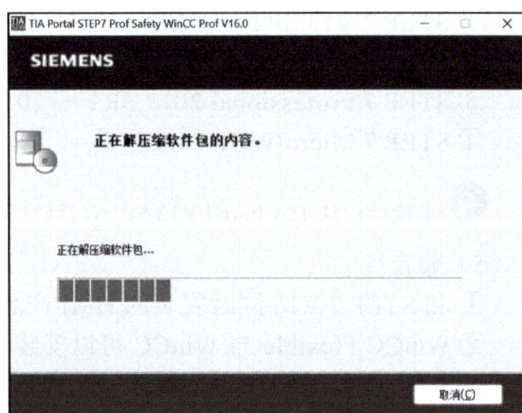

图 1-21　解压缩软件包

5）解压缩后弹出重启计算机提示，如图 1-22 所示。

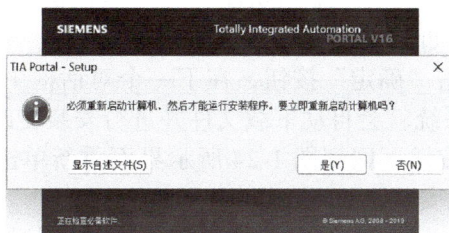

图 1-22　重启计算机提示

小提示：因为后续的安装过程中还会多次提示重启计算机，所以为了避免多次重启计算机，建议在安装软件之前可以先删除注册表中的一个组件，具体操作方法如下：在"开始"菜单中的"搜索程序和文件"文本框中输入"regedit"，然后按"Enter"键，进入注册表编辑器，按路径"HKEY_LOCAL_MACHINE/SYSTEM/CurrentControlSet/Control/SessionManager"找到右边根目录下的"PendingFileRenameOperations"，如图 1-23 所示，选中该组件后右击选择"删除"命令，再重启计算机。

图 1-23　注册表中的"PendingFileRenameOperations"组件

删除组件后，安装 TIA Portal V16 就不会再提示重启计算机，在第 4）步解压缩软件包后会直接进入常规设置的安装语言界面。

6）解压缩后进入常规设置的安装语言界面，系统默认安装语言为中文，如图 1-24 所示。

小提示：若计算机未安装过".NET Framework 3.5"，则在图 1-24 所示界面单击"下一步"按钮后会弹出"先决条件不满足"的提示，如图 1-25 所示。

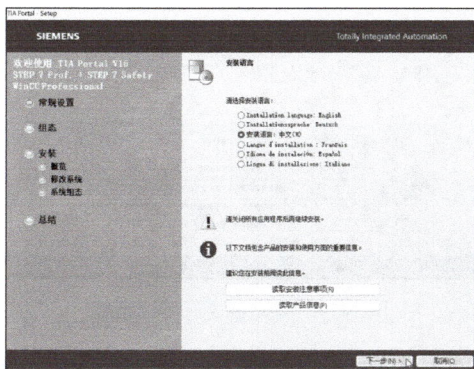

图 1-24　选择安装语言

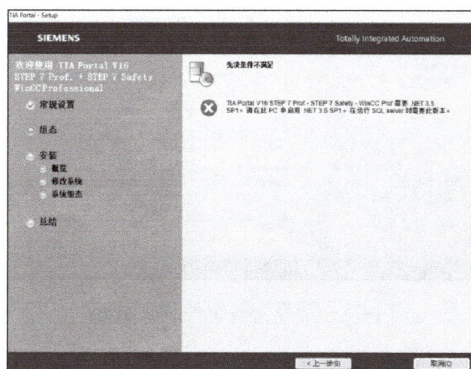

图 1-25　未安装过".NET Framework 3.5"的提示

此时需要先安装".NET Framework 3.5"，具体方法如下：在 Windows 10 系统下，打开控制面板，在"程序"→"程序和功能"→"启用或关闭 Windows 功能"中打开"Windows 功能"对话框，如图 1-26 所示，在该对话框中将".NET Framework 3.5"下的两个复选框全部选中，单击"确定"按钮，在下一个对话框中选择"让 Windows 更新为你下载文件"选项，此时系统就会自动下载文件并进行安装更改，完成更改后单击图 1-25 所示界面中的"上一步"按钮，回到图 1-24 所示界面重新单击"下一步"按钮后，即可继续进行 TIA Portal V16 的安装。

7）单击"下一步"按钮，安装向导进入选择组态的产品语言界面，系统默认为"简体中文"选项，如图 1-27 所示。

图 1-26　"Windows 功能"对话框

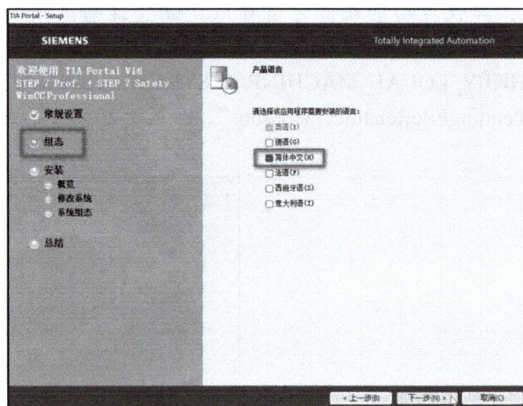

图 1-27　选择组态的产品语言

8）单击"下一步"按钮，进入选择安装组件和安装路径界面，建议直接选择系统默认路径，如图 1-28 所示。

9）单击"下一步"按钮，进入许可证条款界面，需要勾选接受许可证条款才能继续安装，如图 1-29 所示。

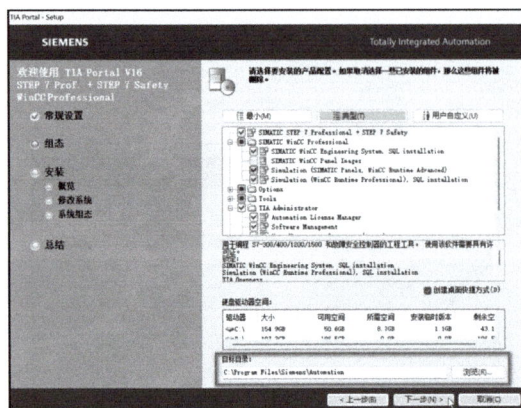

图 1-28　选择安装组件和安装路径

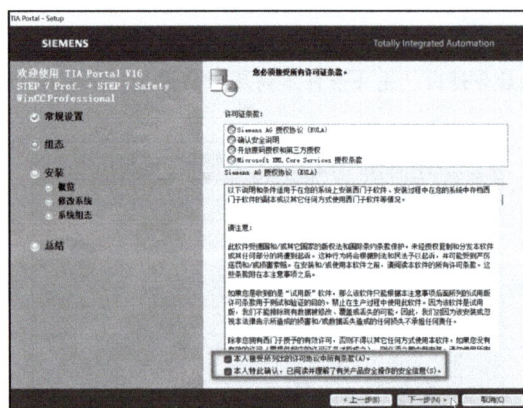

图 1-29　勾选接受许可证条款

10）单击"下一步"按钮，进入安全控制界面，需要勾选接受安全和权限设置才能继续安装，如图 1-30 所示。

11）单击"下一步"按钮，进入安装概览界面，如图 1-31 所示。

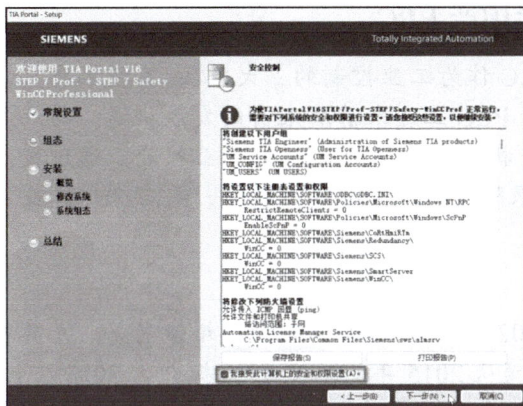

图 1-30　勾选接受安全和权限设置

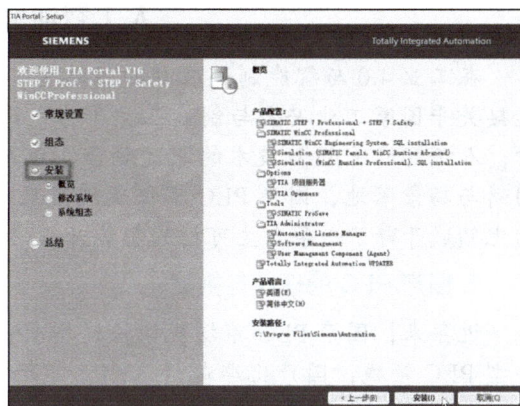

图 1-31　安装概览界面

12）单击"安装"按钮，进入软件安装进度界面，如图 1-32 所示。

13）安装结束后单击"重新启动"按钮，重启计算机，如图 1-33 所示。

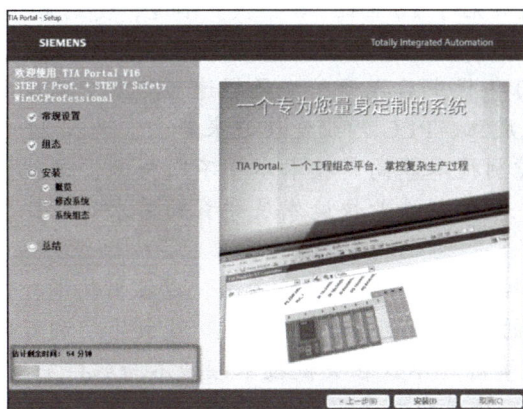

图 1-32　软件安装进度界面

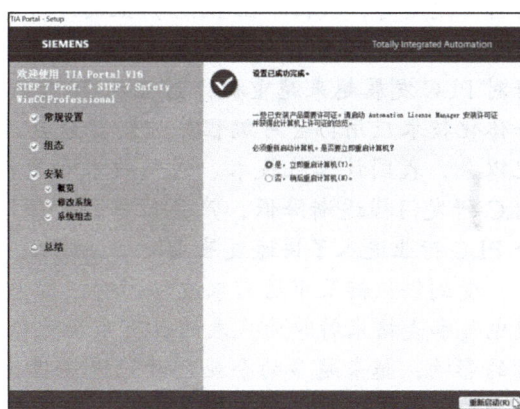

图 1-33　重启计算机

接下来开始安装 S7-PLCSIM，安装过程与 TIA Portal V16 基本相同，此处不再赘述。

首次安装并使用时可以获得 21 天的软件试用期，试用期过后需安装自动化许可证以激活软件才能正常使用。

项目小结

本项目通过对 PLC 的介绍，讲解了 PLC 的结构组成和工作原理；通过对梯形图构成要素的介绍，了解了电气控制原理图与梯形图的对应关系；初步认识了西门子 S7 系列产品；重点学习了西门子 S7-1200 PLC 的硬件结构和 TIA Portal 集成开发环境。

人工智能赋能国产 PLC

在工业 4.0 与智能制造浪潮的推动下，PLC 作为工业控制的"大脑"，其技术自主化直接关乎国家工业安全与制造业竞争力，国产 PLC 正迎来前所未有的发展机遇。与此同时，人工智能（AI）技术的深度融合，正在重构 PLC 的功能边界与产业格局。通过技术创新与场景落地，国产 PLC 不仅实现了从"跟随"到"并跑"的逆袭，更在全球工业自动化领域开辟了一条自主可控的智能升级路径。

1. 国产 PLC 的现状与挑战

近年来，国产 PLC 市场规模快速增长，2024 年已接近 170 亿元，增速显著。尤其在小型 PLC 领域，国产化率超过 36%，市场份额从 2015 年的不足 10% 提升至 30% 以上。然而，高端市场仍被西门子、三菱等国际巨头主导，技术壁垒、品牌信任度不足等问题制约了国产 PLC 的全面突破。传统 PLC 的局限性也日益凸显：硬件依赖性强、编程效率低、实时数据处理能力不足。AI 技术的引入，为国产 PLC 提供了弯道超车的可能性。

2. 国产 PLC 产业迈入快速发展阶段

一直以来，中国制造行业中，90% 的工业控制系统核心产品都由外资品牌占领。作为行业追赶者，我国本土 PLC 产业的起步阶段开启于 20 世纪 70 年代。不过，受到资金、技术、人才等因素的限制，直到 20 世纪 90 年代，整个产业依然发展缓慢。随着我国政府对 PLC 发展越来越重视，行业在 20 世纪 90 年代中后期开始发展提速。随着中国机电一体化技术应用协会可编程序控制器分会正式成立，PLC 行业发展迎来新生。进入 21 世纪以来，我国计算机技术、通信技术和自动控制技术等高新技术水平不断提升，这就让 PLC 研发门槛逐渐降低，产品价格逐步下降，叠加制造业快速发展孕育的需求市场，整个 PLC 行业进入了快速发展期。

受到供应链及市场需求波动影响，国产工控企业全面发力。近年来，以汇川技术、信捷电气和麦格米特等为代表的具有市场竞争力的本土企业开始全面崛起。受到市场利好因素的影响，越来越多的企业也开始进一步集聚资源。不仅在关键技术领域不断取得突破，更是积极拓展市场，开始与海外巨头同场竞技。而在新兴产业与传统行业发展需求持续拉动下，PLC 产业下游应用领域也呈多样化发展态势。特别是国内动力电池、汽车、半导体等行业，以及纺织、机械等传统制造业产业，都成为未来 PLC 产业的重点开拓市场。

在工信部发布的《"十四五"软件和信息技术服务业发展规划》中明确指出，要大力发展 PLC 产业，加快在重点行业的集成应用。推进新型工业化、加快建设制造强国的战略目标也进一步彰显出 PLC 的重要性。目前，国内 PLC 市场已经形成了百亿级规模，在政策引导、技术突破、市场需求持续释放的前提下，大中型 PLC 的市场空间和进口替代需求必将打开，投资机会也将越来越多。

从长远来看，国产 PLC 具备产品性价比高、交期短、客户需求快速响应的优势，有望实现弯道超车，在全球市场占据更多的份额，全面展现出产业集群优势。

AI 技术与国产 PLC 的深度融合，标志着工业自动化从"机械执行"向"智能决策"的跃迁。中国制造业从"制造大国"迈向"智造强国"，它不仅是技术层面的突破，更是一代代工程师"科技报国"精神的传承。

项目拓展

使用 TIA Portal V16 创建一个新项目，并尝试编写一个简单的 PLC 程序。

思考与练习

1. 填空题

（1）PLC 是一种专门用于_____控制的电子设备，它的核心部件是_____。

（2）PLC 的每一个扫描周期一般分为三个阶段，即_____、_____、_____、三个阶段。

（3）PLC 的梯形图是一种_____的编程语言。

（4）梯形图由_____、_____、_____等基本编程元素构成。

（5）PLC 的结构组成主要包括 CPU、_____、_____、_____、_____、电源等六个部分。

2. 选择题

（1）S7-1200 PLC 广泛应用于（　　　）。

A. 制造业　　　　　　B. 化工行业　　　　　C. 建材行业　　　　　D. 所有上述领域

（2）PLC 输出模块的主要功能是（　　　）。

A. 发送输入信号　　　　　　　　　　B. 执行逻辑运算

C. 发送输出信号　　　　　　　　　　D. 进行通信连接

（3）PLC 的工作周期是指（　　　）。

A. 输入信号采样频率　　　　　　　　B. 输出信号发送速率

C. 逻辑程序的执行时间　　　　　　　D. CPU 的运行频率

（4）PLC 通常使用（　　　）编写逻辑程序。

A. C 语言　　　　　　B. 梯形图　　　　　C. 汇编语言　　　　　D. Java 语言

（5）扩展模块在 S7-1200 PLC 中的作用是（　　　）。

A. 执行用户程序　　　　　　　　　　B. 增加 I/O 点数（梯形图）

C. 进行通信连接　　　　　　　　　　D. 存储用户程序

3. 简答题

请简述 PLC 的工作原理。

项目2

基于起保停电路的典型三相异步电动机控制

知识目标

- 掌握继电器电路的梯形图设计方法。
- 掌握触点指令、线圈指令、置位和复位指令、定时器指令的功能及用法。
- 掌握 TIA Portal 组态、编程、调试的步骤和方法。

技能目标

- 能正确分配 I/O 地址，绘制接线图。
- 会使用 TIA Portal 进行梯形图编写和定时器 DB（数据块）的创建。
- 能够按照 I/O 接线图完成 PLC 的 I/O 接线。

素养目标

- 通过常用基本指令的学习及应用，培养勤于思考、勇于探究的学习精神。
- 利用项目的实施，逐步培养遵守安全操作规范、团结协作、实事求是的职业素养。

项目背景

在图 2-1 所示的自动生产线传送带的运行过程中，产品进入工位 1 后传送带暂停，等待工位 1 工序结束后按下起动按钮，传送带继续运行，将产品运送至工位 2 进行加工；在工位 2 加工完返回工位 1；在检测工位检测完毕，确认检测结果后，另一传送带起动将产品送入包装线进行包装。那么，如何利用 PLC 对该工艺流程实现控制呢？

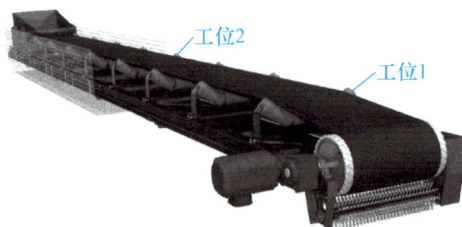

图 2-1　自动生产线传送带

任务 2.1　PLC 对三相异步电动机的自锁控制

任务描述

在自动生产线上，当传感器检测到产品经过传送带在进入工位 1 或人为按下起动按钮时，三相异步电动机正转起动，保持运行状态至工位 2；当工位 2 的传感器检测到产品或人为按下停止按钮时，传送带停止运行。

知识链接

2.1.1　S7-1200 PLC 的存储区

1. S7-1200 PLC 的存储区简介

S7-1200 PLC 的 CPU 提供了各种专用存储区，包括过程映像输入区 I、过程映像输出区 Q、数据块存储器 D、临时存储器 L、位存储器 M。存储区所有代码块可以无限制地访问过程映像输入区 I、过程映像输出区 Q、位存储器 M。

1）过程映像输入区 I：CPU 仅在每个扫描周期的循环 OB（组织块）执行之前对外围（物理）输入点进行采样，并将这些值写入过程映像输入区，可以按位、字节、字或双字访问过程映像输入区。允许对过程映像输入区进行读写访问，但过程映像输入区通常为只读。

2）过程映像输出区 Q：CPU 将存储在过程映像输出区中的值复制到物理输出点，可以按位、字节、字或双字访问过程映像输出区。过程映像输出区允许读访问和写访问。

3）数据块存储器 D：可在用户程序中加入数据块存储器以存储代码块的数据。从相关代码块开始执行一直到结束，存储的数据始终存在。全局数据块存储器存储所有代码块均可使用的数据，而背景数据块存储器存储特定 FB（函数块）的数据并且由 FB 的参数进行构造。

4）临时存储器 L：只要调用代码块，CPU 的操作系统就会分配要在执行块期间使用的临时存储器。代码块执行完成后，CPU 将重新分配临时存储器，以用于执行其他代码块。CPU 根据需要分配临时存储器。启动代码块（对于 OB）或调用代码块 [对于 FC（函数）或 FB] 时，CPU 将为代码块分配临时存储器并将存储单元初始化为 0。

5）位存储器 M：位存储器 M 用于存储操作的中间状态或其他控制信息，可以按位、字节、字或双字访问位存储器。位存储器允许读访问和写访问。

位存储器与临时存储器类似，但有一个主要的区别：位存储器在全局范围内有效，而临时存储器在局部范围内有效。任何 OB、FC 或 FB 都可以访问位存储器中的数据，也就是说这些数据可以全局性地用于用户程序中的所有元素。而 CPU 限定只有创建或声明了临时存储位的 OB、FC 或 FB 才可以访问临时存储器中的数据。临时存储位是局部有效的，并且其他代码块不会共享临时存储器，即使代码块调用其他代码块时也是如此。例如，当 OB 调用 FC 时，FC 无法访问对其进行调用的 OB 的临时存储器。

2. 位存储器的使用

在西门子 S7-1200 PLC 中，位存储器有两种使用方法，一种是作为通用中间继电器使用，另一种是作为系统和时钟存储器的特殊标志位使用。

（1）作为通用中间继电器使用　位存储器作为通用中间继电器使用时，类似于传统继电器控制系统中的中间继电器，用于保存中间的操作状态或存储其他相关的数字信息。

以起保停电路为例，不使用中间继电器的起保停控制梯形图如图 2-2 所示。

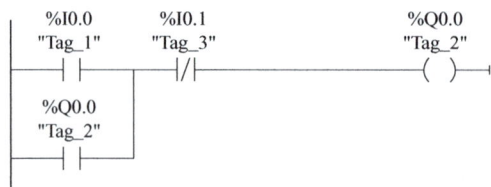

图 2-2　不使用中间继电器的起保停控制梯形图

使用中间继电器的起保停控制梯形图，如图 2-3 所示。由图 2-3 可以看出，通用中间继电器 M10.0 既不直接接收外部输入信号，也不直接驱动外接负载，它只是作为程序处理的中间环节，起到桥梁的作用。

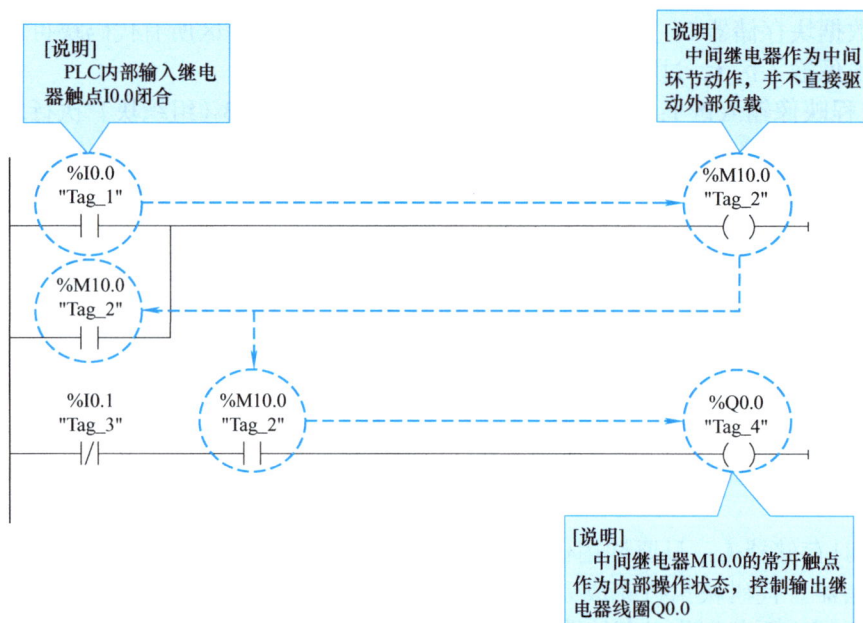

图 2-3　使用中间继电器的起保停控制梯形图

（2）作为系统和时钟存储器的特殊标志位使用　位存储器作为系统和时钟存储器的特殊标志位使用时，相关地址不能再用于存储中间数据，只能实现特殊功能，系统和时钟存储器默认地址及其功能见表 2-1 和表 2-2。

表 2-1　系统存储器默认地址及其功能

地址	功能
M1.0	首次循环（FirstScan）
M1.1	诊断状态已更改（DiagStatusUpdate）

（续）

地址	功能
M1.2	始终为"1"（高电平）（AlwaysTRUE）
M1.3	始终为"0"（低电平）（AlwaysFALSE）

表 2-2　时钟存储器默认地址及其功能

地址	功能
M0.0	10Hz 时钟（Clock_10Hz）
M0.1	5Hz 时钟（Clock_5Hz）
M0.2	2.5Hz 时钟（Clock_2.5Hz）
M0.3	2Hz 时钟（Clock_2Hz）
M0.4	1.25Hz 时钟（Clock_1.25Hz）
M0.5	1Hz 时钟（Clock_1Hz）
M0.6	0.325Hz 时钟（Clock_0.325Hz）
M0.7	0.5Hz 时钟（Clock_0.5Hz）

　　启动系统和时钟存储器字节的具体步骤如下：在 TIA Portal 的项目树中双击"设备组态"命令，打开常规属性界面，单击"系统和时钟存储器"选项，根据需要勾选"启用系统存储器字节"或"启用时钟存储器字节"复选框，如图 2-4 所示。

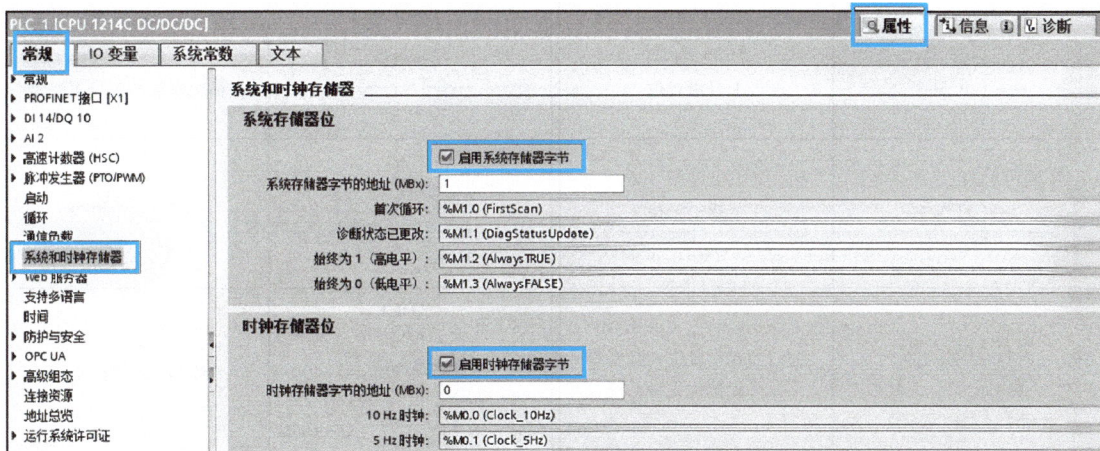

图 2-4　启用系统和时钟存储器

　　💡 小提示：当程序中不需要使用系统和时钟存储器的特殊标志位时，就不要勾选，避免地址冲突。

　　正确启用系统和时钟存储器字节后，编写梯形图时地址下方会显示其功能，如图 2-5 所示，M0.5 表示一个频率为 1Hz 的时钟脉冲，M1.2 提供一个扫描始终为"1"的高电平，当启动 PLC 时，输出线圈 Q0.0 每隔 1s 得电一次。

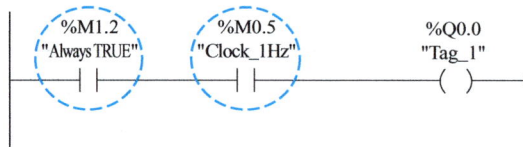

图 2-5　系统和时钟存储器的应用

2.1.2　位逻辑指令

位逻辑指令为西门子 S7-1200 PLC 最常用的基本指令，由触点、线圈、功能块组成。位逻辑指令及其功能见表 2-3，变量类型为布尔型。

表 2-3　位逻辑指令及其功能

图形符号	功能	图形符号	功能
<??.?> —| |—	常开触点	<??.?> —(S)—	置位输出
<??.?> —|/|—	常闭触点	<??.?> —(R)—	复位输出
<??.?> —( )—	赋值（线圈输出）	<??.?> —(SET_BF)— <???>	置位域
<??.?> —(/)—	赋值取反（取反线圈输出）	<??.?> —(RESET_BF)— <???>	复位域
—|NOT|—	取反	<??.?> —| P |— <??.?>	扫描操作数的信号上升沿
<??.?> —(P)— <??.?>	上升沿置位	<??.?> —|N|— <??.?>	扫描操作数的信号下降沿
<??.?> —(N)— <??.?>	下降沿置位	<???> R_TRIG EN　　ENO …—CLK　　Q—…	检测信号上升沿
<??.?> RS R　　Q …—S1	RS（复位/置位）触发器（置位优先型）	%DB1 "F_TRIG_DB" F_TRIG EN　　ENO false—CLK　　Q—false	检测信号下降沿
<??.?> SR S　　Q …—R1	SR（置位/复位）触发器（复位优先型）	P_TRIG CLK　　Q» <??.?>	扫描逻辑运算结果的信号上升沿

1. 常开触点与常闭触点

常开触点的初始状态为"0"，即常开触点是断开的，当有脉冲通过时，位状态置"1"，即常开触点闭合。

常闭触点的初始状态为"1"，即常闭触点是闭合的，当有脉冲通过时，位状态置"0"，即常闭触点断开。

常开触点和常闭触点可处理的操作数为 I、Q、M、D、L 或常量。编程时触点可以使用无数次，但不能放在梯形图逻辑行的最后；两个触点可以串联使用，也可以并联使用，两个触点串联进行逻辑"与"运算，两个触点并联进行逻辑"或"运算。常开触点与常闭触点如图 2-6 所示。

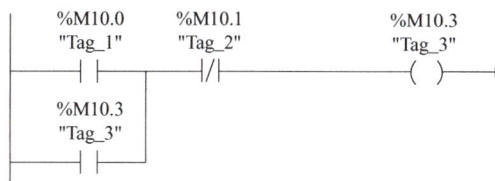

图 2-6　常开触点与常闭触点

2. 线圈输出与取反线圈输出指令

线圈输出指令（见图 2-7）又称输出指令或赋值指令，其功能是将逻辑运算结果写入指定存储单元，从而使线圈驱动的对应触点闭合或者断开，以此驱动相应输出点的负载。

取反线圈输出指令（见图 2-8）又称赋值取反指令，其功能是有脉冲信号流经取反线圈时，其输出位状态为"0"，常开触点断开；反之其输出状态为"1"，常开触点闭合。

线圈输出与取反线圈输出指令可处理的操作数为 I、Q、M、D、L。编程时可以放在梯形图的任意位置。

图 2-7　线圈输出指令

图 2-8　取反线圈输出指令

3. 取反指令

取反指令（见图 2-9）是指若没有能流流入 NOT 触点，则有能流流出；若有能流流入 NOT 触点，则没有能流流出。对于取反指令而言，前面的触点置"1"，后面的触点就置"0"；前面的触点置"0"，后面的触点就置"1"。图 2-9 与图 2-8 的输出结果一致。

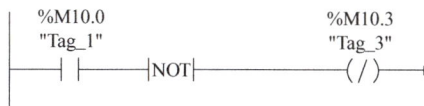

图 2-9　取反指令

4. 梯形图设计法（软化法）及规则

对于继电器控制电路，利用电气符号与 PLC 位逻辑指令中的触点、线圈、功能块的相似属性，将传统的继电器电路按照 I/O 量、时间继电器、中间继电器和具有保护功能的继电器的状态转化成对应的位逻辑指令，或者 PLC 内部的定时器和辅助继电器元件等，而构成梯形图的方法称为继电器电路结构的梯形图设计法，简称软化法。

（1）设计步骤及方法

1）绘制继电器原理图，掌握、分析电路的工作原理、工艺过程和元件状态，分离控制电路部分。

2）按照 I/O 设备和 I/O 分配编辑变量。

3）时间继电器、中间继电器或具有保护功能的继电器利用 PLC 内部的定时器和辅助继电器元件进行对应的替换。

4）根据继电器控制电路部分设计出梯形图后，按照实际控制要求修改完善，直至满足控制要求。

（2）设计注意事项

1）按照梯形图语言编程规则进行设计。例如，在继电器控制电路中线圈的前后都可以连接触点，但是在 PLC 梯形图中线圈只能在梯形图的最末端。

2）对于起动控制开关，PLC 内部的触点必须与外部的开关状态保持一致。对于停止控制开关，PLC 外部设备的停止开关为常开开关，则梯形图中对应的触点为常闭触点，反之亦然。

3）触点可以使用无数次，但线圈的使用应和继电器输出基本一致，为了达到控制要求，可使用中间继电器来进行程序的优化。

4）对于有互锁的继电器控制电路，为了保证电路的安全运行，应在 PLC 内部和继电器外部均设计软触点和硬件的互锁。

5）外部负载的额定电压应与 PLC 输出模块提供的额定电压一致。

（3）应用示例

[例 2-1] 利用软化法将三相异步电动机点动控制电路转化成 PLC 梯形图。

1）识读三相异步电动机点动控制电路原理图，如图 2-10 所示。

2）按照 I/O 设备和 I/O 分配编辑变量，三相异步电动机点动控制变量表如图 2-11 所示。

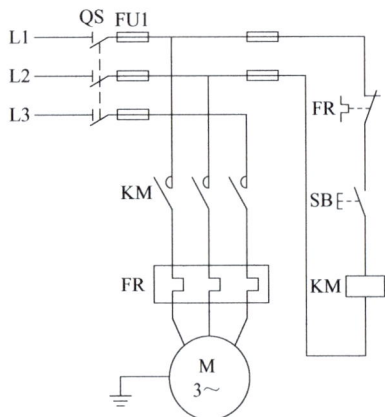

图 2-10　三相异步电动机点动控制电路原理图

图 2-11　三相异步电动机点动控制变量表

3）将控制电路横放，并对应继电器开关与触点之间的属性，将低压电器图形符号"软化"成 PLC 常开触点、常闭触点、输出线圈，得到 PLC 梯形图，如图 2-12 所示。

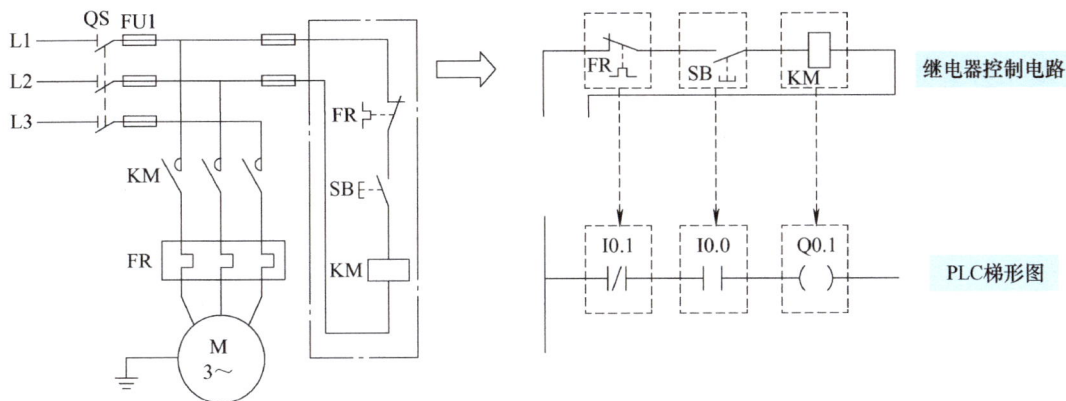

图 2-12 继电器控制电路转化成 PLC 梯形图

4）按照梯形图设计规则，常开触点一般与左母线相连，优化后的三相异步电动机点动控制的 PLC 梯形图如图 2-13 所示。

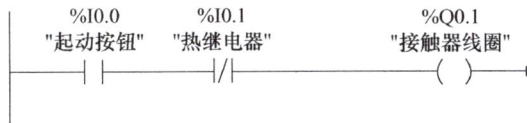

图 2-13 优化后的三相异步电动机点动控制的 PLC 梯形图

（4）梯形图设计规则

1）梯形图从左至右、自上而下每一逻辑行起于左母线，触点不能放在任何程序段的最后。

2）线圈在逻辑行的最末端。

3）对于西门子 S7-1200 PLC 来说，线圈可以并联，也可以串联，应避免双线圈输出逻辑关系的错误。

4）PLC 过程映像输入区和输出区、位存储器等软元件的触点在进行梯形图编辑时可以使用无限次，但不能在同一逻辑行内使用无限次。

5）并联电路上下位置可调，应将单个触点的支路放下面。

6）串联电路左右位置可调，应将单个触点放在右边，如果逻辑行只有一个梯级，一般常开触点与左母线相连。

任务实施

1. 工作流程分析

根据任务描述，运行过程的本质是三相异步电动机自锁控制，其实就是 PLC 编程中形成固定搭配的起保停电路，该电路在 PLC 编程中经常使用。工作流程图和电路原理图如图 2-14 所示。

控制要求：按下起动按钮，三相异步电动机连续正转；按下停止按钮，三相异步电动机停止运行。

三相异步电动机自锁控制编程与仿真

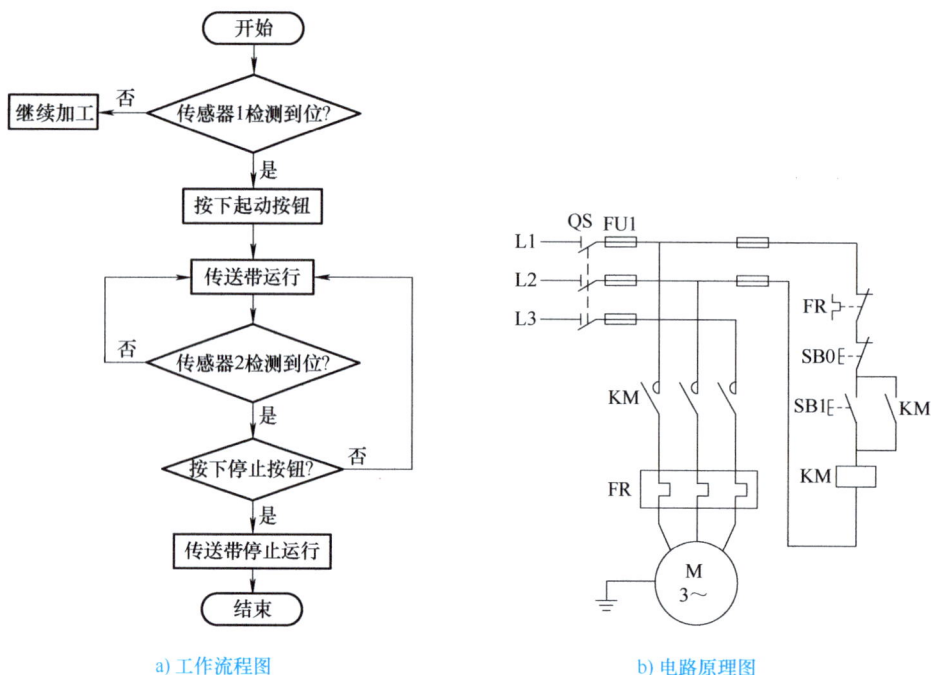

a) 工作流程图   b) 电路原理图

图 2-14　工作流程图和电路原理图

2. 设备 I/O 分配及接线图

1）设备 I/O 分配见表 2-4。

表 2-4　设备 I/O 分配

输入（I）			输出（Q）		
设备	符号	地址	设备	符号	地址
起动按钮	SB0	I0.0	接触器线圈	KM	Q0.0
停止按钮	SB1	I0.1			
热继电器	FR	I0.2			

2）根据控制要求分析 I/O 设备，分配 I/O 地址，设置变量表，画出 I/O 接线图。本任务以 CPU 1212C AC/DC/Rly 为例进行 I/O 接线图的绘制，在实际设备使用和 I/O 接线图绘制过程中一定要注意 CPU 的型号和 I/O 方式，以确定电源和 I/O 接线。PLC 控制的三相异步电动机自锁运行的 I/O 接线图如图 2-15 所示。

3. 项目配置与组态

1）双击桌面上的图标 进入 TIA Portal 的 Portal 视图，如图 2-16 所示。

2）创建项目。在 Portal 视图中单击"创建新项目"选项，输入项目名称"三相异步电动机自锁控制"，选择项目保存路径，单击"创建"按钮，创建项目完成，如图 2-17 所示。

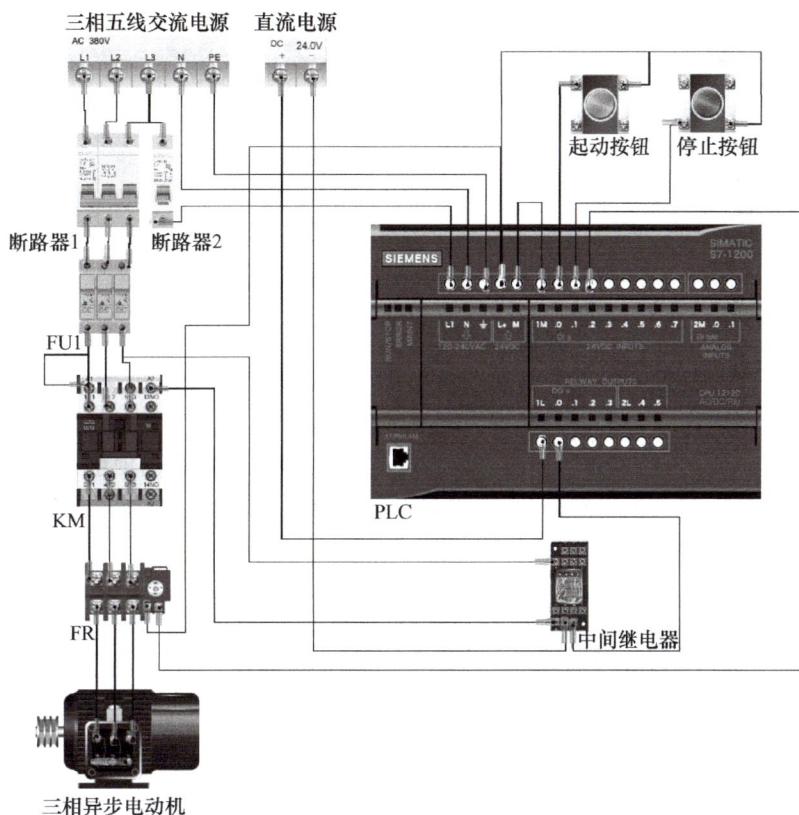

图 2-15　PLC 控制的三相异步电动机自锁运行的 I/O 接线图

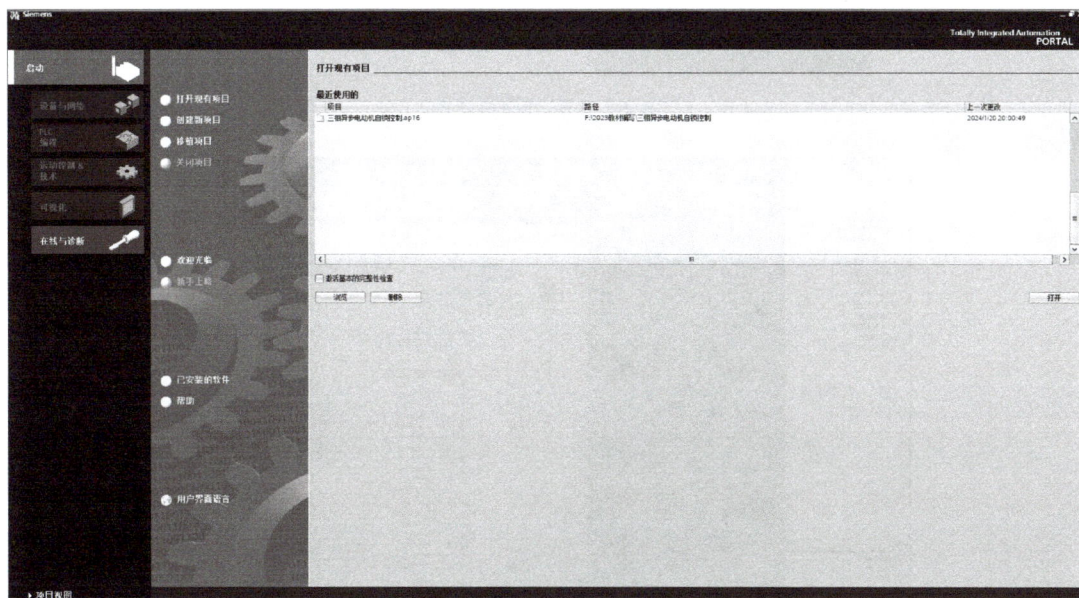

图 2-16　Portal 视图

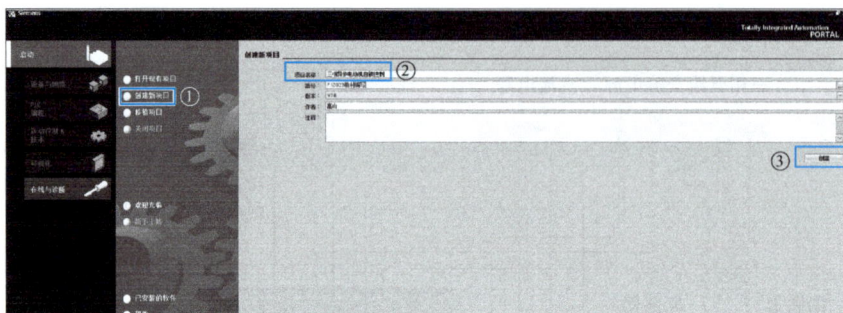

图 2-17　创建项目

3）添加新设备。在 Portal 视图中单击"打开项目视图"选项，如图 2-18 所示。在项目树中打开"三相异步电动机自锁控制"的下级菜单，然后单击"添加新设备"选项，在打开的"添加新设备"对话框中单击"控制器"按钮，在中间的目录树中依次单击"SIMATIC S7-1200"→"CPU"→"CPU 1212C AC/DC/Rly"选项前面的下拉按钮，或依次双击选项名称，再打开"6ES7 212-1BE40-0XB0"选项，单击对话框右下角的"确定"按钮，添加新设备完成，如图 2-19 所示。

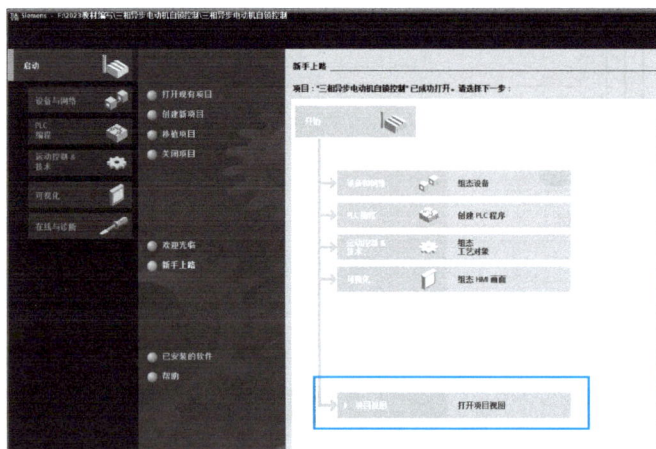

图 2-18　打开项目视图

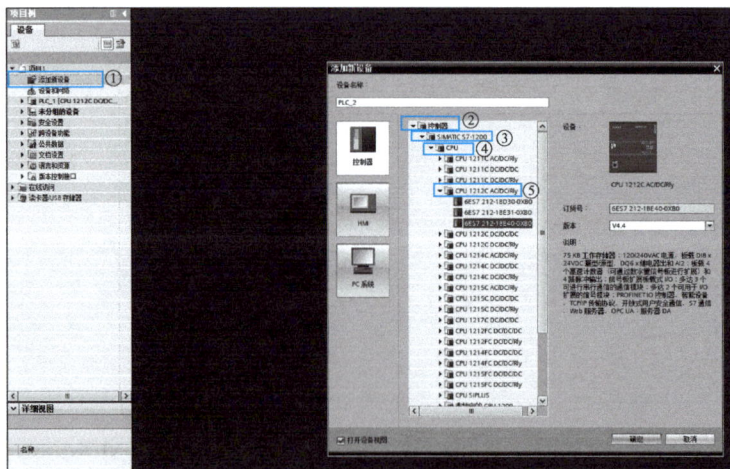

图 2-19　添加新设备

需要注意的是，添加新设备时，可根据实际的 PLC 型号进行设备型号和版本的选择。

4）编辑变量表。在项目树中，依次双击"PLC_1[CPU 1212C AC/DC/Rly]"→"PLC 变量"→"添加新变量表"选项，生成"变量表_1[0]"。右击"变量表_1[0]"选项，单击"重命名"命令，将变量表命名为"三相异步电动机自锁控制变量表"，如图 2-20 所示，修改完成后，双击"三相异步电动机自锁控制变量表"选项，并根据 I/O 分配编辑变量表，如图 2-21 所示。

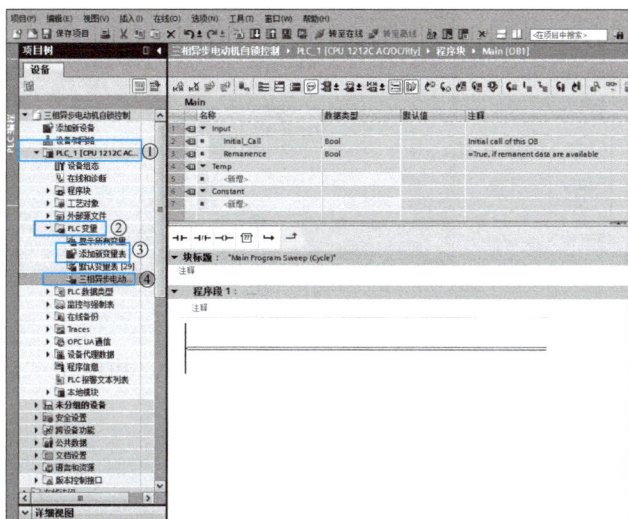

图 2-20　重命名变量表

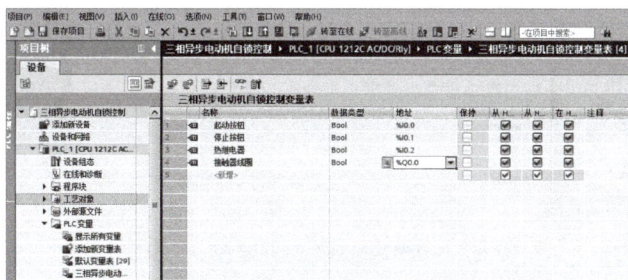

图 2-21　编辑变量表

4. 程序编写

在项目树中，依次双击"PLC_1[CPU 1212C AC/DC/Rly]"→"程序块"→"Main[OB1]"选项，打开程序编辑器，在程序编辑区根据控制要求编写梯形图，三相异步电动机自锁控制梯形图如图 2-22 所示。

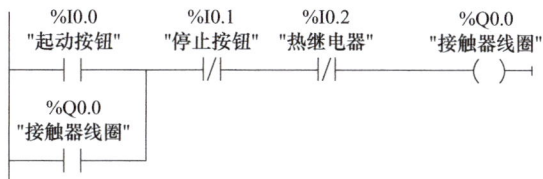

图 2-22　三相异步电动机自锁控制梯形图

5. 仿真与调试运行

1）单击菜单栏下方的"启动仿真" ▥ 图标，装载程序，进入仿真界面，如图 2-23 所示。

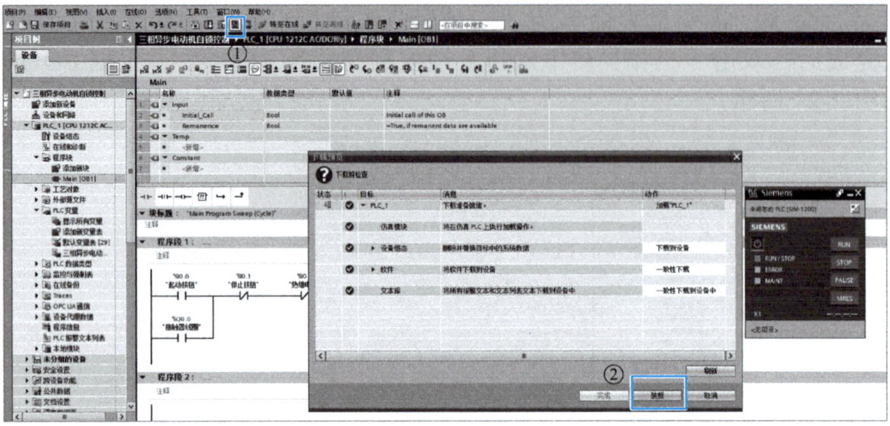

图 2-23 装载程序

2）单击仿真界面中的"RUN"按钮，启动仿真 PLC，并单击"启用监视"按钮，监控项目树及各参数是否正常，如图 2-24 所示。

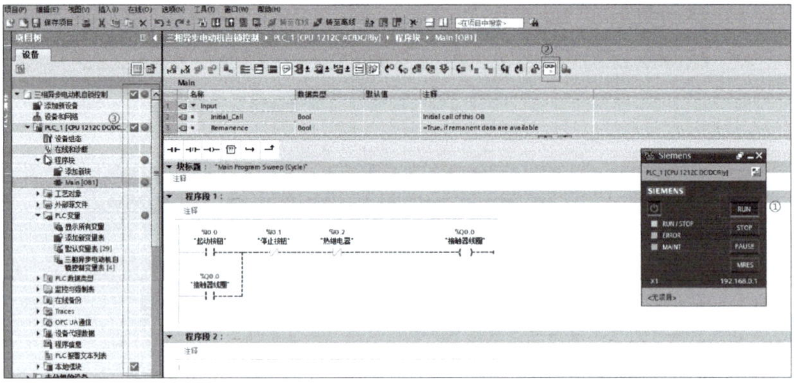

图 2-24 运行并监控

3）仿真成功后，将设备组态及图 2-22 所示的梯形图程序编译后下载到 CPU 中，启动 CPU，将 CPU 切换至 RUN 模式。按图 2-15 所示的 I/O 接线图正确连接输入设备、输出设备。首先进行系统的空载调试，观察交流接触器能否按控制要求动作（即按下起动按钮 SB1 时，KM 动作，运行过程中，按下停止按钮 SB2，KM 停止，运行过程结束），在监视状态下，观察 Q0.0 的动作状态是否与 KM 动作一致，若不一致，则检查电路接线或修改程序，直至交流接触器能按控制要求动作，然后连接电动机，进行带负载动态调试。

任务 2.2　PLC 对三相异步电动机的正反转控制

⟳ **任务描述**

在生产线上，传感器 1 检测到产品进入工位 1 后进行加工，完成之后按下起动按钮

SB1 进入工位 2；传感器 2 检测到产品后传送带停止运行，在工位 2 完成加工后按下起动按钮 SB2 再返回工位 1 进行加工；途中按下停止按钮可停在任何位置。

知识链接

置位复位指令优先级验证

2.2.1　置位、复位指令和触发器

1. 置位、复位指令

置位指令将指定的位操作数置位为"1"，并保持该状态。复位指令将指定的位操作数复位为"0"，并保持该状态。

若同一个操作数执行置位和复位指令前的逻辑运算结果均为"0"，则指定的操作数状态将保持不变。置位指令和复位指令最主要的特点就是具有保持功能。

需要注意的是，在程序中同时使用置位指令和复位指令时，对于同一个操作数，哪条指令的操作在后，哪条指令的优先级更高。复位优先如图 2-25 所示，当 M10.0 和 M11.0 同时置"1"时，复位指令优先级更高，M3.0 置"0"。置位优先如图 2-26 所示，当 M10.0 和 M11.0 同时置"1"时，置位指令优先级更高，M3.0 置"1"。

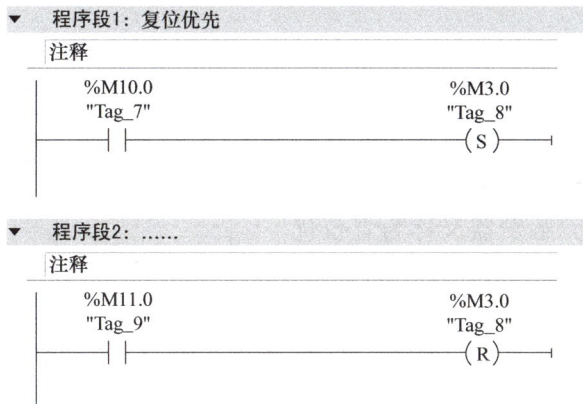

图 2-25　复位优先

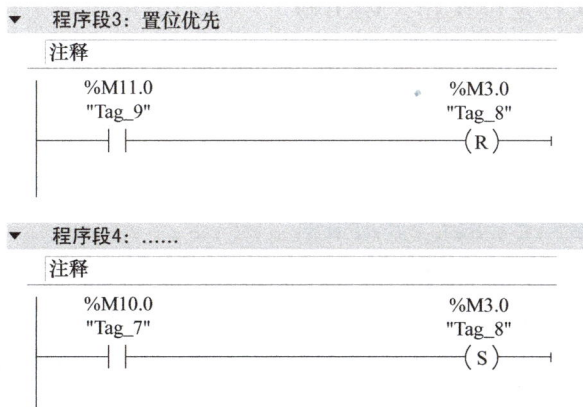

图 2-26　置位优先

2. 置位域、复位域指令

置位域指令主要是针对多个连续的位进行置位，使用时需要指定多个连在一起的位进行置位操作，同时需要指定置位的个数。

复位域指令主要是针对多个连续的位进行复位，使用时需要指定多个连在一起的位进行复位操作，同时需要指定复位的个数。置位域、复位域指令如图 2-27 所示。

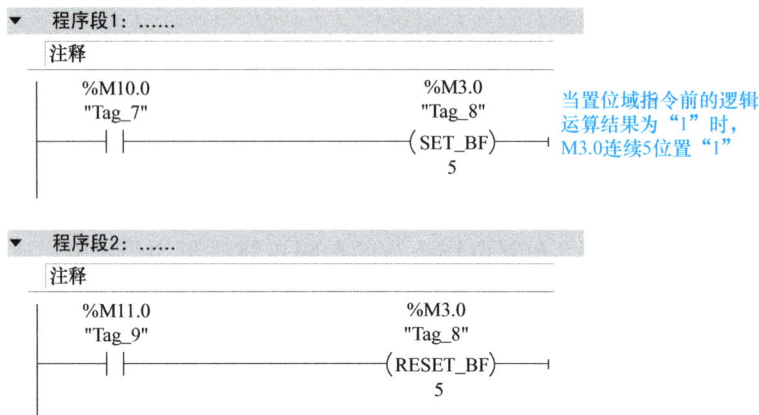

图 2-27　置位域 / 复位域指令

3. 触发器指令

置位 / 复位（SR）触发器又称为复位优先触发器，有 S 输入端和 R 输入端，若 S=1、R=1，则执行 R 动作，也就是对操作数执行复位操作。Q 的状态由 R 决定。

复位 / 置位（RS）触发器又称为置位优先触发器，有 R 输入端和 S 输入端，若 R=1、S=1，则执行 S 动作，也就是对操作数执行置位操作。Q 的状态由 S 决定。为了便于理解，可以认为 SR 触发器和 RS 触发器指令的优先级是 S、R 谁的图形符号中有"1"，谁优先执行。如图 2-28 所示，当 M11.0 和 M10.0 同时置"1"时，最终会执行复位操作，M8.0 输出为"0"；当 M12.0 和 M13.0 同时置"1"时，最终会执行置位操作，M9.0 输出为"1"。

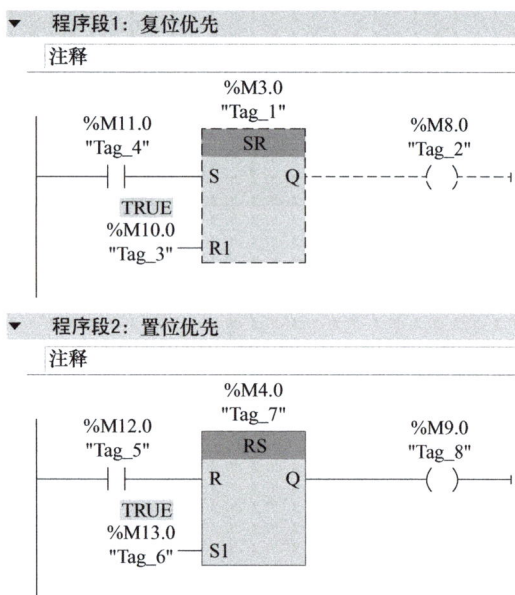

图 2-28　SR 触发器和 RS 触发器

2.2.2　上升沿和下降沿指令

1. 扫描操作数的信号上升沿 / 下降沿指令

1）扫描操作数的信号上升沿指令（见图 2-29a）。指令中的操作数"M_BIT"（操作数 2）和"IN"（操作数 1）均为布尔量，"M_BIT"保存输入的前一个状态的存储位，"IN"检测其跳变沿的输入位。使用扫描操作数的信号上升沿指令，可以确定所指定操作数（操作数 1）的信号状态是否从"0"变为"1"。该指令将比较操作数 1 的当前信号状态与上一次扫描的信号状态，上一次扫描的信号状态保存在边沿存储位（操作数 2）中。若该指令检测到逻辑运算结果从"0"变为"1"，则说明出现了一个上升沿。

2）扫描操作数的信号下降沿指令（见图 2-29b）。使用扫描操作数的信号下降沿指令，可以确定所指定操作数（操作数 1）的信号状态是否从"1"变为"0"。该指令将比较操作数 1 的当前信号状态与上一次扫描的信号状态，上一次扫描的信号状态保存在边沿存储位（操作数 2）中。若该指令检测到逻辑运算结果从"1"变为"0"，则说明出现了一个下降沿。

扫描操作数的信号上升沿指令的应用如图 2-30 所示，当 I0.0 的状态从"0"变为"1"时，Q0.0 接通一个扫描周期，M10.0 用于存储 I0.0 的上一个扫描状态。

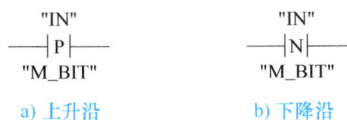

图 2-29　扫描操作数的信号上升沿 / 下降沿指令　　图 2-30　扫描操作数的信号上升沿指令的应用

[例 2-2] 某流水线其中一级的传送带上有一台主电动机正常工作，当主电动机发生故障时，立即切断主电动机的电源，同时报警器工作。PLC 控制梯形图如图 2-31 所示。

值得注意的是，边沿存储位的地址在程序中最多只能使用一次，否则会覆盖该位存储器，影响到边沿检测，从而导致结果不再唯一。边沿存储位的存储区域必须位于数据块存储器（FB 静态区域）或位存储器中。CPU 每次执行指令时，都会查询信号上升沿或者下降沿。当检测到信号上升沿或者下降沿时，操作数 1 的信号状态将在一个程序周期内保持置位为"1"。在其他任何情况下，操作数的信号状态均为"0"。图 2-32 所示为出现信号上升沿和下降沿时信号状态的变化。

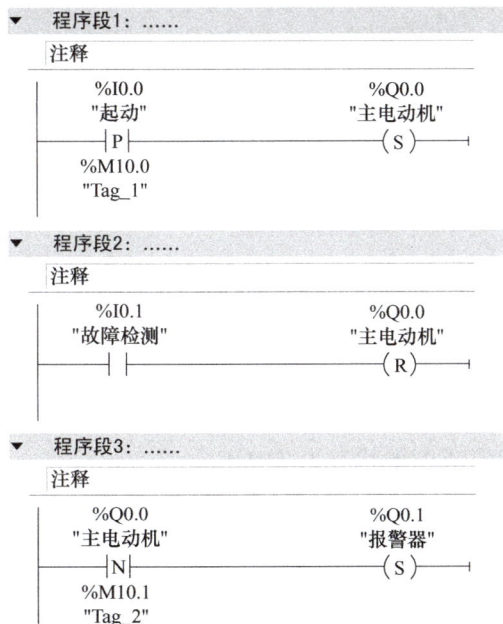

图 2-31　PLC 控制梯形图　　图 2-32　信号状态的变化

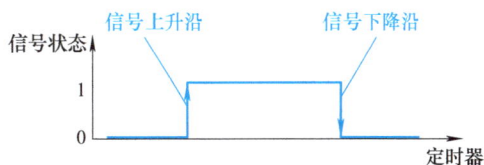

2. 在信号上升沿 / 下降沿置位操作数指令

1）在信号上升沿置位操作数指令（见图 2-33a）。可以使用该指令在逻辑运算结果从

"0"变为"1"时置位指定操作数（操作数 1 "OUT"）。该指令将当前逻辑运算结果与保存在边沿存储位中（操作数 2 "M_BIT"）上次查询的逻辑运算结果进行比较。若该指令检测到逻辑运算结果从"0"变为"1"，则说明出现了一个信号上升沿。

2）在信号下降沿置位操作数指令（见图 2-33b）。可以使用该指令在逻辑运算结果从"1"变为"0"时置位指定操作数（操作数 1 "OUT"）。该指令将当前逻辑运算结果与保存在边沿存储位中（操作数 2 "M_BIT"）上次查询的逻辑运算结果进行比较。若该指令检测到逻辑运算结果从"1"变为"0"，则说明出现了一个信号下降沿。

CPU 每次执行指令时，都会查询信号上升沿或者下降沿。当检测到信号上升沿或者下降沿时，操作数 1 的信号状态将在一个程序周期内保持置位为"1"。在其他任何情况下，操作数的信号状态均为"0"。

在信号上升沿 / 下降沿置位操作数指令的应用如图 2-34 所示。程序段 1 中，若线圈 Q2.0 输入的信号状态从"0"更改为"1"（信号上升沿），则将 Q2.0 置位一个程序周期。在其他任何情况下，Q2.0 的信号状态均为"0"。程序段 2 中，若线圈 Q3.0 输入的信号状态从"1"更改为"0"（信号下降沿），则将 Q3.0 置位一个程序周期。在其他任何情况下，Q3.0 的信号状态均为"0"。

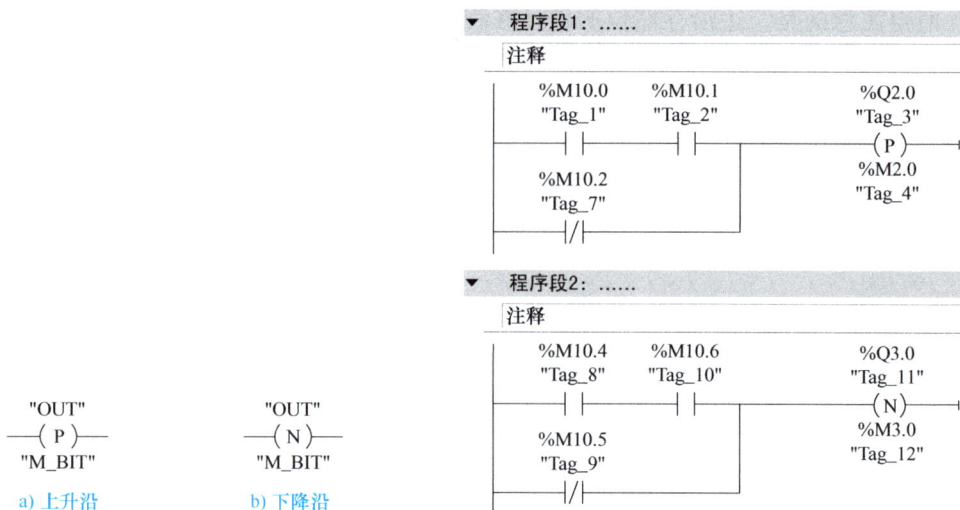

图 2-33　在信号上升沿 / 下降沿置位操作数指令　　图 2-34　在信号上升沿 / 下降沿置位操作数指令的应用

3. 扫描逻辑运算结果的信号上升沿 / 下降沿指令

1）扫描逻辑运算结果的信号上升沿指令（见图 2-35a）。若 CLK 端检测逻辑运算结果的信号状态由从"0"变为"1"，则 Q 端输出能流或逻辑状态为 TRUE。

2）扫描逻辑运算结果的信号下降沿指令（见图 2-35b）。若 CLK 端检测逻辑运算结果的信号状态由从"1"变为"0"，则 Q 端输出能流或逻辑状态为 TRUE。

扫描逻辑运算结果的信号上升沿 / 下降沿指令的应用如图 2-36 所示。程序段 1 中，先前查询的逻辑运算结果保存在边沿存储位 M2.0 中。若检测到逻辑运算结果的信号状态从"0"变为"1"，则置位 Q2.0。程序段 2 中，先前查询的逻辑运算结果保存在边沿存储位 M3.0 中。若检测到逻辑运算结果的信号状态从"1"变为"0"，则置位 Q3.0。

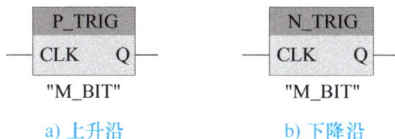

图 2-35　扫描逻辑运算结果的
信号上升沿 / 下降沿指令

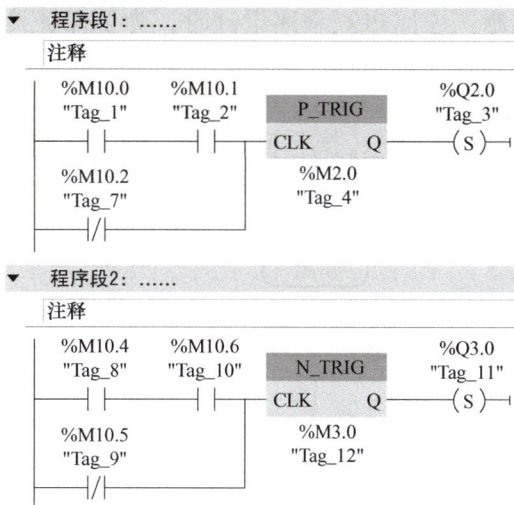

图 2-36　扫描逻辑运算结果的
信号上升沿 / 下降沿指令的应用

2.2.3　梯形图经验设计法

梯形图经验设计法是在典型电路的基础上，根据被控对象对控制系统的具体要求，不断地修改和完善梯形图，有时需要多次反复地进行调试和修改，不断地增加中间编程元件和辅助触点，最终得出符合要求的梯形图程序。因此，经验设计法没有普遍的规律可以遵循，具有很大的试探性和随意性，最后的结果也不唯一，设计所用的时间、设计质量与设计者的经验有很大的关系。经验设计法适用于比较简单的梯形图程序设计。用经验设计法编程，可归纳为以下四个步骤。

（1）根据工艺分析得出控制模块　在准确了解控制要求后，对控制系统中的事件进行模块划分，得出控制要求需要由几个模块组成、每个模块要实现什么功能、模块与模块之间的联系及联络方法等内容，将要编制的梯形图程序分解成功能独立的子梯形图程序。

（2）功能及端口定义　对控制系统中的输入主令元件和输出执行元件进行功能、编码与 I/O 地址的分配，设计外部接线图。为了便于设计，一些用到的内部元件也需要分配地址。

（3）控制模块梯形图程序设计　根据已划分的控制模块，分别进行梯形图程序设计。可以根据实现控制模块的电路原理、电路实践经验及典型的控制程序，逐步由左到右、由上到下编写梯形图程序，然后对梯形图程序进行比较、修改、补充，选择最佳方案。

（4）组合为系统梯形图程序　将各个控制模块的程序进行组合，得出系统梯形图程序，然后对程序进行补充、修改和完善，得出一个功能完整的系统控制程序。

任务实施

1. 工作流程分析

根据任务描述，这个运行过程的本质是三相异步电动机的正反转

三相异步电动机的正反转控制

控制。进行 PLC 程序设计时，为了保证设备运行的可靠性，不仅要在外部接线中进行接触器互锁，而且在程序中也要进行软元件的互锁设计。工作流程图和电路原理图如图 2-37 所示。

控制要求：按下起动按钮 SB1，三相异步电动机正转；按下起动按钮 SB2，三相异步电动机反转；按下停止按钮，三相异步电动机停止。

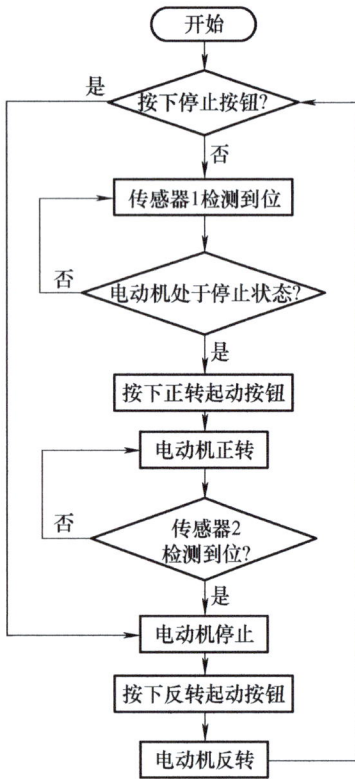

a) 工作流程图

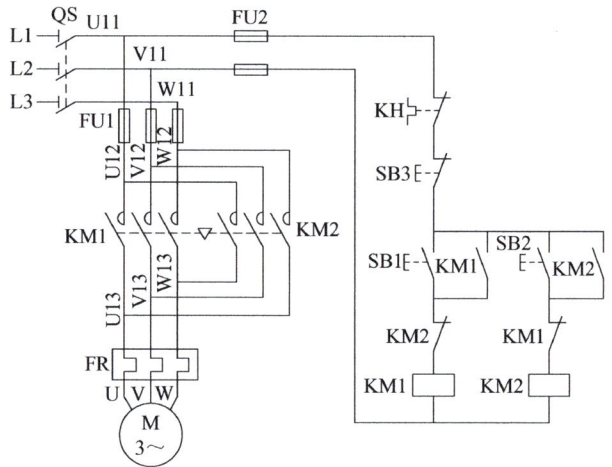

b) 电路原理图

图 2-37　工作流程图和电路原理图

2. 设备 I/O 分配及接线图

1）设备 I/O 分配见表 2-5。

表 2-5　设备 I/O 分配

输入（I）			输出（Q）		
设备	符号	地址	设备	符号	地址
正转起动按钮 SB1	SB1	I0.0	正转接触器 KM1	KM1	Q0.0
反转起动按钮 SB2	SB2	I0.1			
停止按钮 SB3	SB3	I0.2	反转接触器 KM2	KM2	Q0.1
热继电器 FR	FR	I0.3			

2）根据控制要求分析 I/O 设备，分配 I/O 地址，设置变量表，画出 I/O 接线图。本任务以"CPU 1212C AC/DC/Rly"为例进行 I/O 接线图的绘制，在实际设备使用和 I/O 接线图绘制过程中一定要注意 CPU 的型号和 I/O 方式，以确定电源和 I/O 接线。PLC 控制三相异步电动机正反转的 I/O 接线图如图 2-38 所示。

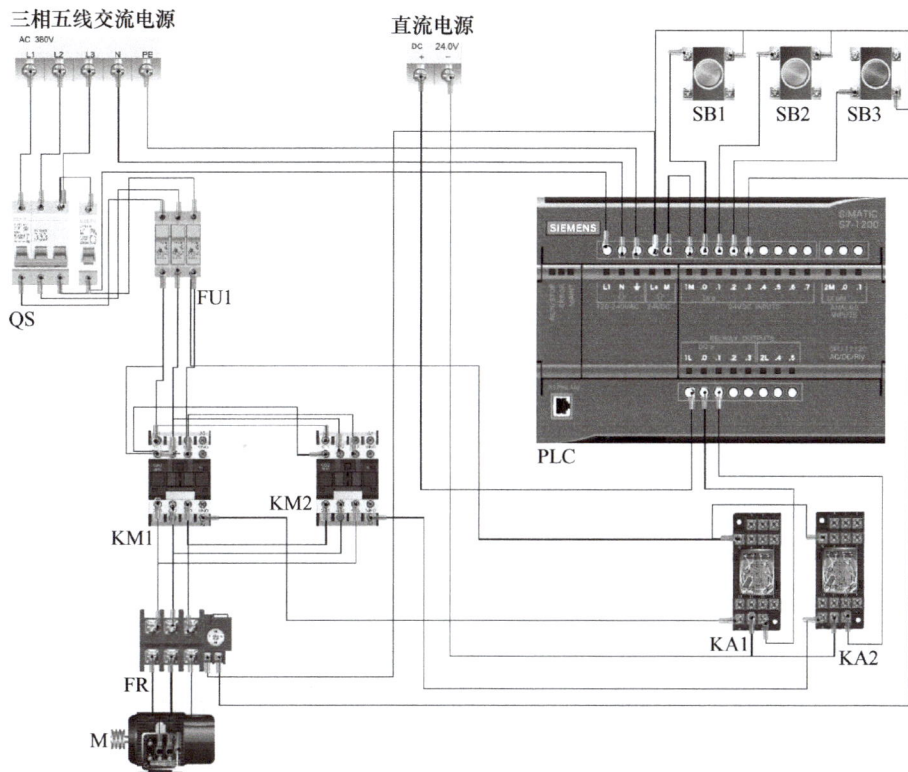

图 2-38　PLC 控制三相异步电动机正反转的 I/O 接线图

3. 项目配置与组态

1）双击桌面图标▨进入 TIA Portal 的 Portal 视图。

2）创建项目。在 Portal 视图中单击"创建新项目"选项，输入项目名称"三相异步电动机正反转控制"，选择项目保存路径，单击"创建"按钮，创建项目完成。

3）添加新设备。在 Portal 视图中单击"打开项目视图"选项，在项目树中打开"三相异步电动机正反转控制"的下级菜单，然后单击"添加新设备"选项，在打开的"添加新设备"对话框中单击"控制器"按钮，在中间的目录树中依次单击"SIMATIC S7-1200"→"CPU"→"CPU 1212C AC/DC/Rly"各选项前面的下拉按钮，或依次双击选项名称，再打开"6ES7 212-1BE40-0XB0"选项，单击对话框右下角的"确定"按钮，添加新设备完成。

4）编辑变量表。在项目树中，依次双击"PLC_1"→"PLC 变量"→"添加新变量表"选项，生成"变量表 _1[0]"。右击"变量表 _1[0]"选项，单击"重命名"命令，将变量表命名为"三相异步电动机正反转控制变量表"，修改完成后，双击"三相异步电动机正反转控制变量表"选项，并根据 I/O 分配编辑变量表，如图 2-39 所示。

图 2-39　编辑变量表

4. 程序编写

在项目树中，依次双击"PLC_1"→"程序块"→"Main[OB1]"选项，打开程序编辑器，在程序编辑区根据控制要求编写梯形图。基于起保停电路的三相异步电动机正反转控制梯形图如图 2-40 所示。

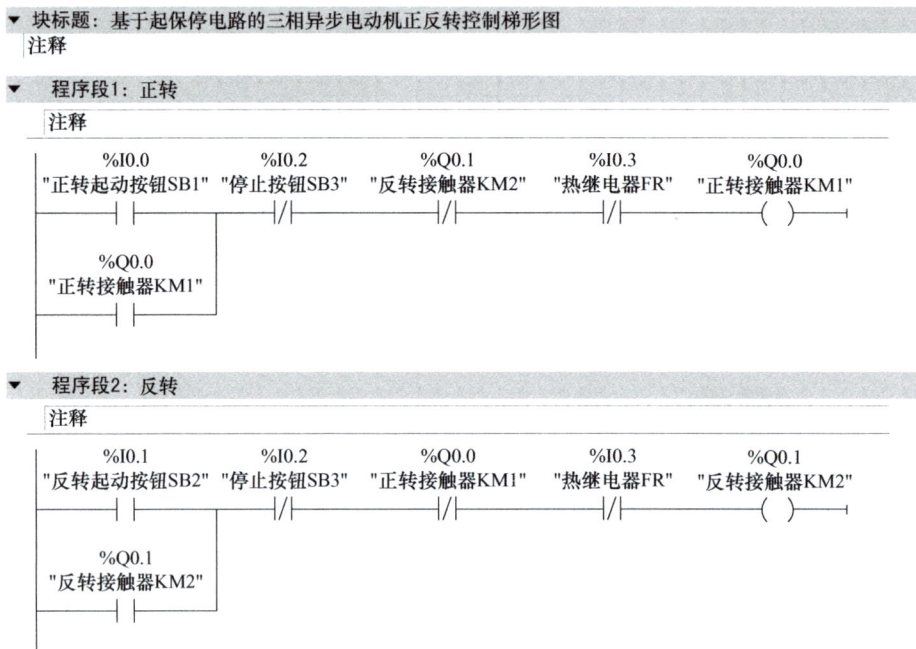

图 2-40　基于起保停电路的三相异步电动机正反转控制梯形图

一般来说，使用经验设计法时，根据程序员编写程序的思路不同，使用的指令方法也会有区别，除了基于起保停电路可以设计三相异步电动机正反转控制梯形图之外，还可以基于置位、复位指令设计三相异步电动机正反转控制梯形图，如图 2-41 所示。

5. 仿真与调试运行

1）单击菜单栏下方的"启动仿真" 图标，装载程序，进入仿真界面。

2）单击仿真界面的"RUN"按钮，启动仿真 PLC，并单击"启用监视"按钮，监控项目树及各参数是否正常。

3）仿真成功后，将设备组态及图 2-40 所示的梯形图程序编译后下载到 CPU 中，启动 CPU，将 CPU 切换至 RUN 模式。按图 2-38 所示的 I/O 接线图正确连接输入设备、输出设备，首先进行系统的空载调试，观察交流接触器能否按控制要求动作，在监视状态下，观察 Q0.0 和 Q0.1 的状态是否与 KM1 和 KM2 动作状态一致，若不一致，则检查电路接线或修改程序，直至交流接触器能按控制要求动作，然后连接电动机，进行带负载动态调试。

▼ 块标题：三相异步电动机正反转控制(基于置位、复位指令)
注释

▼ 程序段1：正转
注释

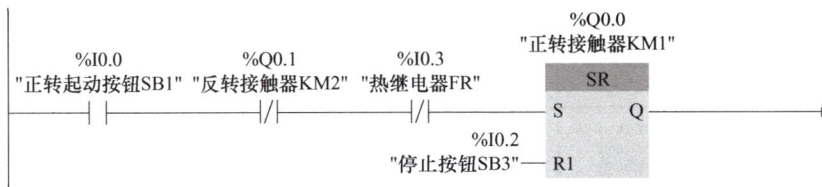

▼ 程序段2：反转
注释

▼ 程序段3：过载保护和停止
注释

图 2-41　基于置位、复位指令的三相异步电动机正反转控制梯形图

任务 2.3　PLC 对三相异步电动机的延时起动控制

任务描述

检测工位检测完毕之后，传送带运行大约 5s，起动横向传送带将产品送入包装线进行包装。可以将任务提炼为三相异步电动机的延时起动控制电路的 PLC 控制设计。

知识链接

2.3.1　定时器

定时器就是对信号触发的时间进行设定，S7-1200 PLC 提供了 4 种 ICE 定时器，见表 2-6。继电器 - 接触器控制系统中的时间继电器就可以用定时器来代替，但定时器的功能和种类远不止这些。

表 2-6　S7-1200 PLC 的定时器

类型	梯形图功能框	梯形图线圈	功能说明
脉冲定时器 TP	IEC_Timer_0 TP Time IN　　Q PT　　ET	TP_DB —(TP)— "PRESET_Tag"	TP 定时器可生成具有预设宽度时间的脉冲
接通延时定时器 TON	IEC_Timer_1 TON Time IN　　Q PT　　ET	TON_DB —(TON)— "PRESET_Tag"	TON 定时器在预设的延时过后将输出端 Q 置 "1"
关断延时定时器 TOF	IEC_Timer_2 TOF Time IN　　Q PT　　ET	TOF_DB —(TOF)— "PRESET_Tag"	TOF 定时器在预设的延时过后将输出端 Q 置 "0"
保持型接通延时定时器 TONR	IEC_Timer_3 TONR Time IN　　Q R　　ET PT	TONR_DB —(TONR)— "PRESET_Tag"	TONR 定时器在预设的延时过后将输出端 Q 置 "1"。在使用 R 端输入重置经过的时间之前，定时器会跨越多个定时时段一直累加经过的时间

1. 脉冲定时器 TP

　　脉冲定时器触发一次就可以计时，梯形图和时序图如图 2-42 所示。图 2-42a 中，"%DB1" 表示定时器的背景 DB（此处只显示了绝对地址，也可以设置显示符号地址）；TP 表示脉冲定时器；PT（Preset Time）为预设时间值；ET（Elapsed Time）为定时开始后经过的时间，称为当前时间值。PT 和 ET 的数据类型为 32 位的 Time，单位为 ms，最大定时时间为 T#24d_20h_31m_23s_647ms，d、h、m、s、ms 分别为日、小时、分、秒、毫秒，可以使用 I（仅用于输入参数）、Q、M、D、L 存储区，PT 可以使用常数。脉冲定时器的梯形图功能框可以放在程序段中间或者结束处。

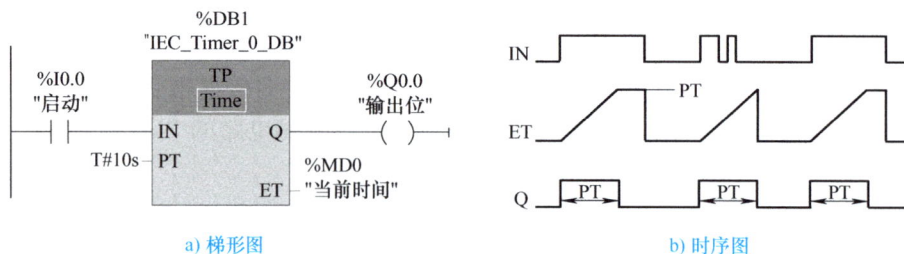

a) 梯形图　　　　　　　　　　b) 时序图

图 2-42　脉冲定时器的梯形图和时序图

　　时序图如图 2-42b 所示，当 I0.0 闭合置 "1" 时，输入端 IN 的逻辑运算结果从 "0" 变成 "1"，定时器启动，此时输出端 Q 也置 "1"，开始输出脉冲，当 ET 端达到预设值 PT 时，输出端 Q 置 "0"。在脉冲输出期间，若未达到预设值就断开 I0.0，则 IN 端能流消失，不影响脉冲的输出。达到预设值后，若输入端 IN 始终置 "1"，则定时器定时且保持当前定时值；若输入端 IN 置 "0"，则定时器定时时间清零。

[**例 2-3**] 按下起动按钮 SB1（I2.0），三相异步电动机（Q2.0）起动，运行 5s 后自动停止。脉冲定时器应用示例如图 2-43 所示。

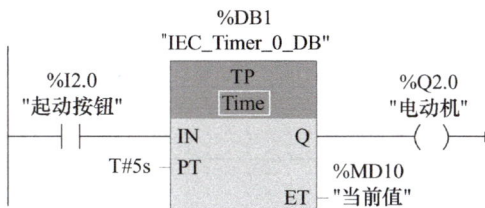

图 2-43　脉冲定时器应用示例

2. 接通延时定时器 TON

接通延时定时器在预设的延时 PT 过后将输出端 Q 的输出设置为"1"。当输入端 IN 的逻辑运算结果由"0"变为"1"时，启动定时器，以预设值 PT 开始计时。达到或超出预设值后，输出端 Q 的信号状态置"1"，只要输入端 IN 始终置"1"，输出端 Q 就保持置"1"。当输入端 IN 由"1"变为"0"时，输出端 Q 置"0"。当输入端 IN 再次检测到新的信号时，定时器将再次启动。定时器在从 T#0s 开始以升序递增到预设值期间，只要输入端 IN 信号消失，输出线圈就复位。接通延时定时器的梯形图和时序图如图 2-44 所示。

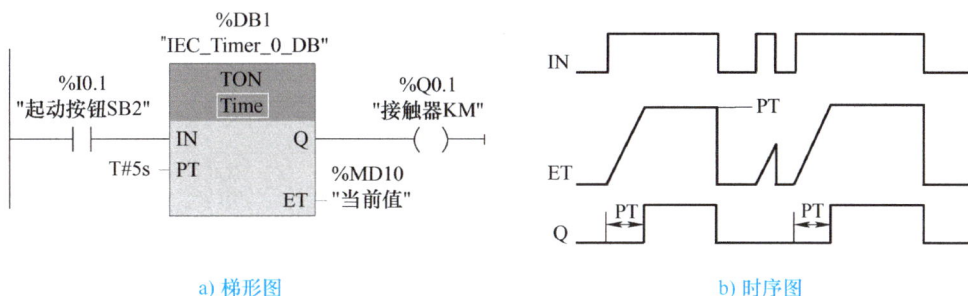

a) 梯形图　　　　　　　　　　　　　　　　b) 时序图

图 2-44　接通延时定时器的梯形图和时序图

[**例 2-4**] 按下起动按钮 SB1（I2.0），三相异步电动机（Q2.0）起动，运行 5s 后自动停止。接通延时定时器应用示例如图 2-45 所示。

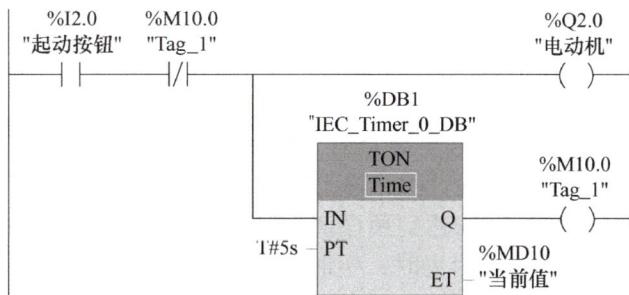

图 2-45　接通延时定时器应用示例（1）

[例 2-5] 按下起动按钮 SB1（I0.0），指示灯 HL1（Q0.0）和 HL2（Q0.1）间隔 1s 循环闪烁；按下急停按钮 SB2（I0.1），闪烁停止。接通延时定时器应用示例如图 2-46 所示。

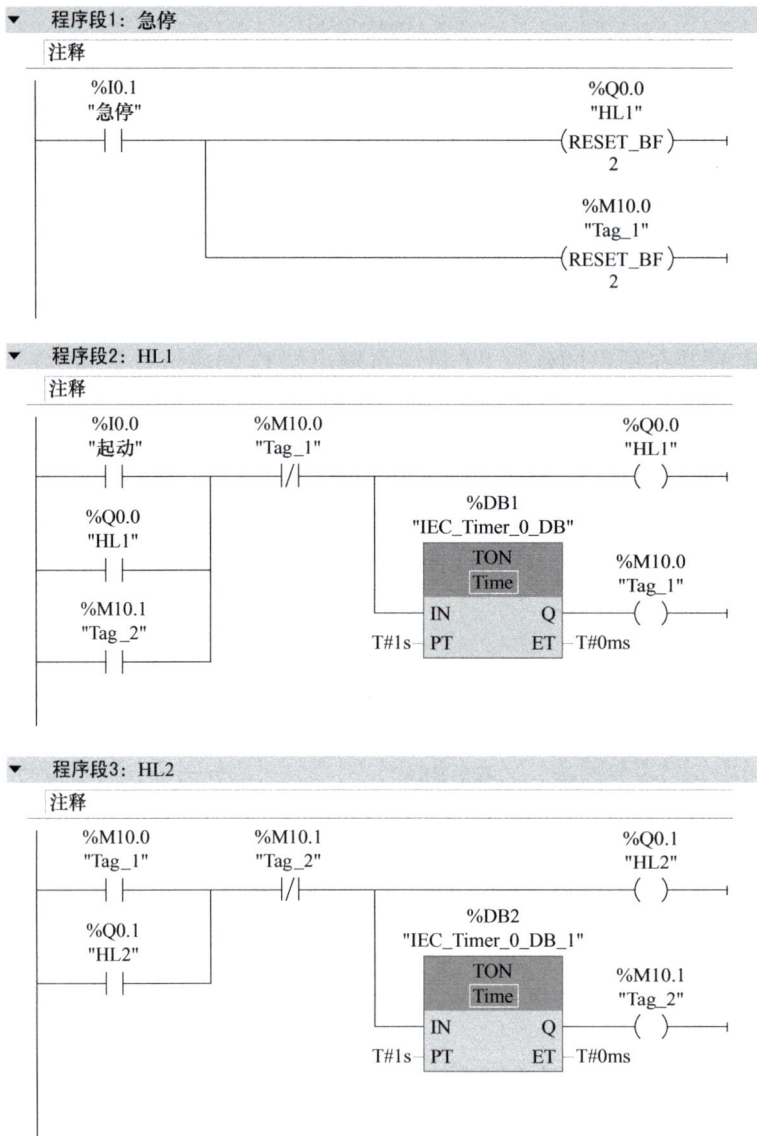

图 2-46　接通延时定时器应用示例（2）

3. 关断延时定时器 TOF

关断延时定时器在预设的延时 PT 过后将输出端 Q 重置为"0"。当输入端 IN 的逻辑运算结果由"0"置"1"时，将输出端 Q 置"1"。当输入端 IN 的信号状态变回"0"时，以预设值 PT 开始计时，只要仍在计时，输出端 Q 就保持置位，计时结束后，将输出端 Q 置"0"。若输入端 IN 的信号在未达到预设值 PT 前又变为"1"，则输出端 Q 的信号状态仍为"1"。当输入端 IN 的信号消失时，定时器再从 T#0s 开始以升序递增到预设值后结束，输出端 Q 置"0"。只要输入端 IN 的信号再次置"1"，输出端 ET 就复位。关断延时定时器的梯形图和时序图如图 2-47 所示。

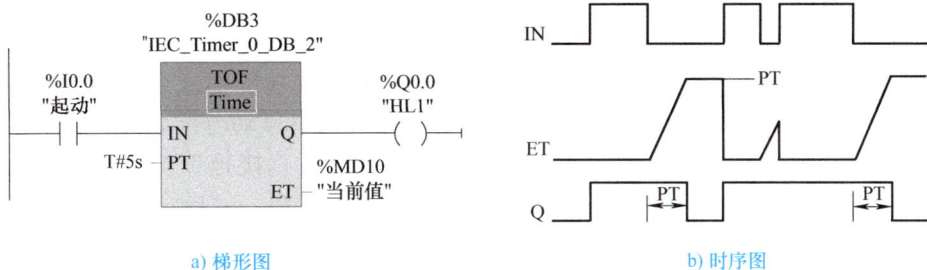

a) 梯形图　　　　　　　　　　　　　b) 时序图

图 2-47　关断延时定时器的梯形图和时序图

[**例 2-6**] 按下起动按钮 SB1（I0.0），电动机（Q0.0）和风扇（Q0.1）同时运行；按下停止按钮 SB2（I0.1），电动机即刻停止，5s 后风扇再停止。关断延时定时器应用示例如图 2-48 所示。

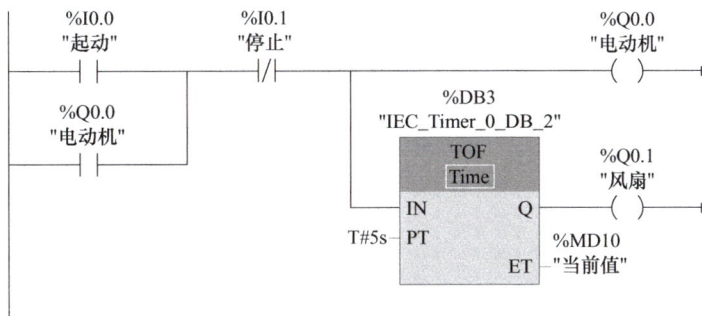

图 2-48　关断延时定时器应用示例

4. 保持型接通延时定时器 TONR

保持型接通延时定时器在预设的延时过后将输出端 Q 置"1"。在使用 R 端输入重置经过的时间之前，定时器会跨越多个定时时段一直累加经过的时间。当输入端 IN 置"1"时，定时器开始计时；当输入端 IN 置"0"时，定时器停止计时并保持当前的计时值；当输入端继续由"0"置"1"时，定时器在上一次计数值的基础上继续计时，达到预设值后输出端 Q 的状态置"1"。当复位端 R 置"1"时，定时器被复位。保持型接通延时定时器的梯形图和时序图如图 2-49 所示。

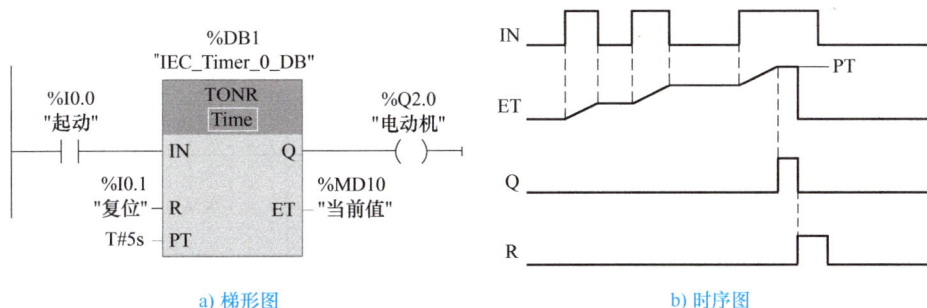

a) 梯形图　　　　　　　　　　　　　b) 时序图

图 2-49　保持型接通延时定时器的梯形图和时序图

2.3.2 创建计时器

使用 S7-1200 PLC 的定时器时需要注意，定时器数据存储在指定的 DB 中。每个定时器使用 16 字节的 IEC_Timer 数据类型的 DB 结构来存储功能框或线圈指令顶部指定的定时器数据，一般采用默认设置，在 OB1 程序里直接调用自动分配背景 DB 来创建定时器。也可以手动创建定时器，在指令栏选中脉冲定时器，直接拖拽至程序编辑区，选择"手动"选项，命名为定时器，编号默认，单击"确定"按钮，完成全局 DB 的手动创建，如图 2-50 所示。

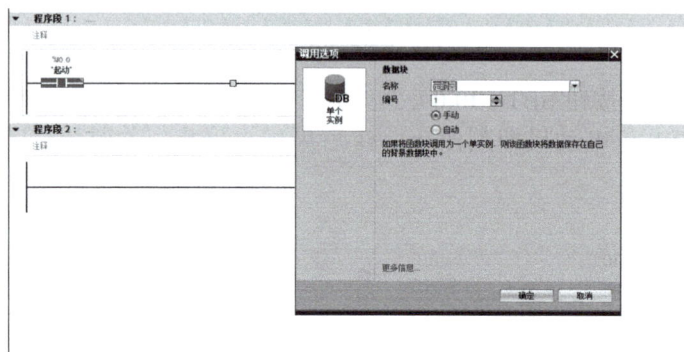

图 2-50 手动创建定时器

任务实施

1. 工作流程分析

按照任务要求，检测工位检测完毕，确认检测结果之后就会起动另一传送带，将产品送入包装线进行包装。工作流程图和电路原理图如图 2-51 所示。

控制要求：按下 SB1，电动机 M1 连续运转；M1 运转 5s 后，M2 自行起动连续运转；按下按钮 SB2，电动机 M1 和 M2 同时停止运转；当 FR1 和 FR2 动作时，M1 和 M2 停止运转。

三相异步电动机顺序启停控制编程与仿真

2. 设备 I/O 分配及接线图

1）设备 I/O 分配见表 2-7。

表 2-7 设备 I/O 分配

输入（I）			输出（Q）		
设备	符号	地址	设备	符号	地址
起动按钮	SB1	I0.0	M1 交流接触器	KM1	Q0.0
停止按钮	SB2	I0.1			
热继电器 FR1	FR1	I0.2	M2 交流接触器	KM2	Q0.1
热继电器 FR2	FR2	I0.3			

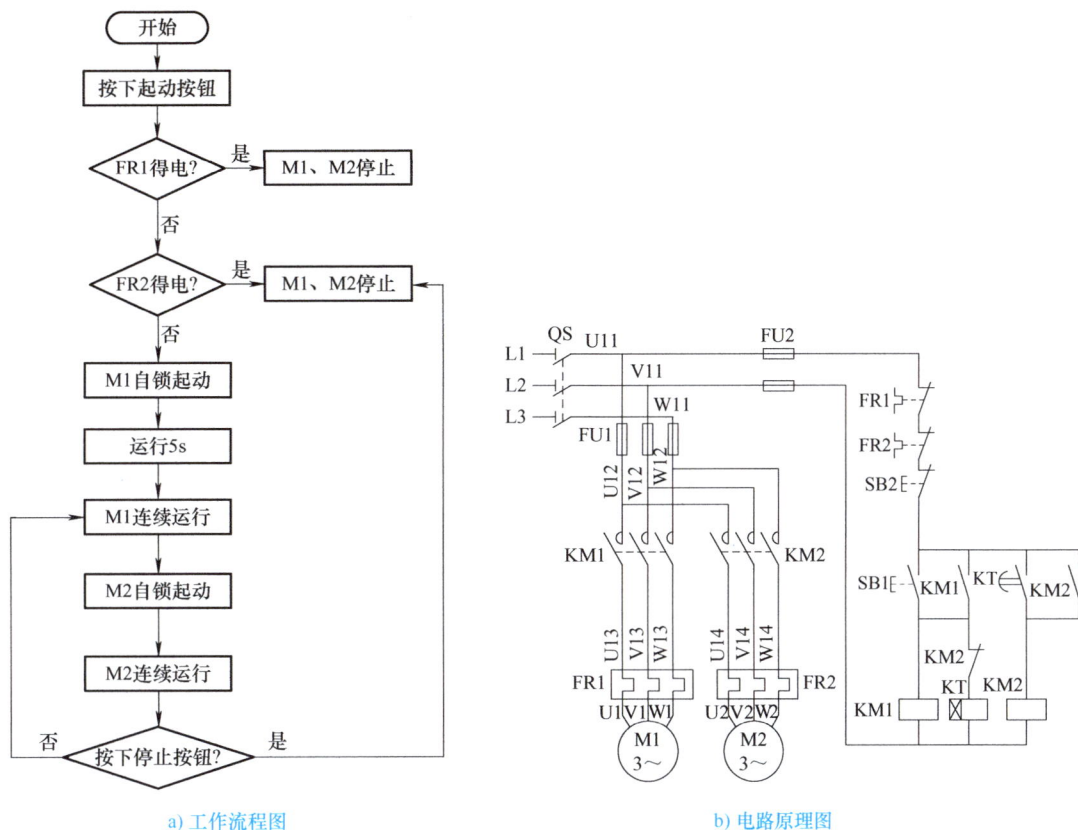

a) 工作流程图　　　　　　　　b) 电路原理图

图 2-51　工作流程图和电路原理图

2）根据控制要求分析 I/O 设备，分配 I/O 地址，设置变量表，画出 I/O 接线图。本任务以"CPU 1212C AC/DC/Rly"为例进行 I/O 接线图的绘制，在实际设备使用和 I/O 接线图绘制过程中一定要注意 CPU 的型号和 I/O 方式，以确定电源和 I/O 接线。PLC 控制三相异步电动机延时起动的 I/O 接线图如图 2-52 所示。

3. 项目配置与组态

1）双击桌面图标 进入 TIA Portal 的 Portal 视图。以下操作可参考项目 2 中的任务 2.1。

2）创建项目。在 Portal 视图中单击"创建新项目"选项，输入项目名称"三相异步电动机延时起动控制"，选择项目保存路径，单击"创建"按钮，创建项目完成。

3）添加新设备。在 Portal 视图中单击"打开项目视图"选项，在项目树中打开"三相异步电动机延时起动控制"的下级菜单，然后单击"添加新设备"选项，在打开的"添加新设备"对话框中单击"控制器"按钮，在中间的目录树中依次单击"SIMATIC S7-1200"→"CPU"→"CPU 1212C AC/DC/Rly"各选项前面的下拉按钮，或依次双击选项名称，再打开"6ES7 212-1BE40-0XB0"选项，单击对话框右下角的"确定"按钮，添加新设备完成。

4）编辑变量表。在项目树中，依次双击"PLC_1"→"PLC 变量"→"添加新变量表"选项，生成"变量表 _1[0]"。右击"变量表 _1[0]"，单击"重命名"命令，将变量表命名为"三相异步电动机延时起动变量表"，修改完成后，双击"三相异步电动机延时起动变量表"选项，并根据 I/O 分配编辑变量表，如图 2-53 所示。

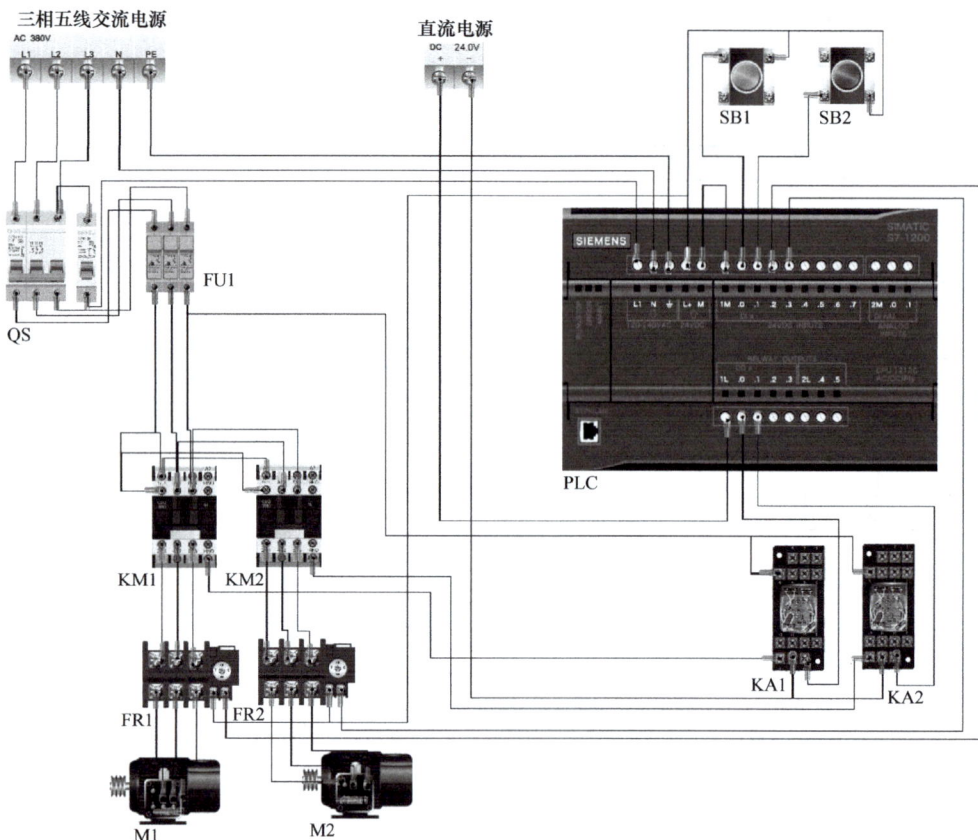

图 2-52　PLC 控制三相异步电动机延时起动的 I/O 接线图

图 2-53　编辑变量表

4. 程序编写

在项目树中，依次双击"PLC_1"→"程序块"→"Main[OB1]"选项，打开程序编辑器，在程序编辑区根据控制要求编写梯形图。三相异步电动机延时起动控制梯形图如图 2-54 所示。

5. 仿真与调试运行

1）单击菜单栏下方的"启动仿真" 图标，装载程序，进入仿真界面。

2）单击仿真界面的"RUN"按钮，启动仿真 PLC，并单击"启用监视"按钮，监控项目数和各参数是否正常。

3）仿真运行如图 2-55 所示。仿真成功后，将设备组态及图 2-54 所示的梯形图程序编译后下载到 CPU 中，启动 CPU，将 CPU 切换至 RUN 模式。按图 2-52 所示的 I/O 接线图正确连接输入设备、输出设备。首先进行系统的空载调试，观察交流接触器能否按控制要求动作。在监视状态下，观察 Q0.0 和 Q0.1 的动作状态是否与 KM1 和 KM2 动作一致，若不一致，则检查电路接线或修改程序，直至交流接触器能按控制要求动作，然后连接电动机，进行带负载动态调试。

▼ 块标题：三相异步电动机延时起动控制
注释

▼ 程序段1：起动M1
注释

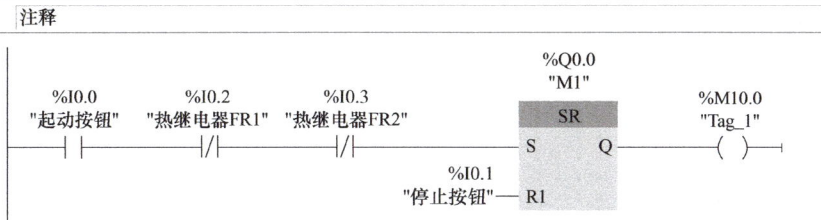

▼ 程序段2：延时5s起动M2
注释

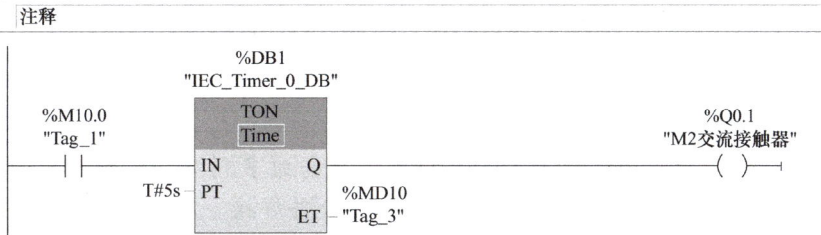

▼ 程序段3：停止和过载保护
注释

图 2-54　三相异步电动机延时起动控制梯形图

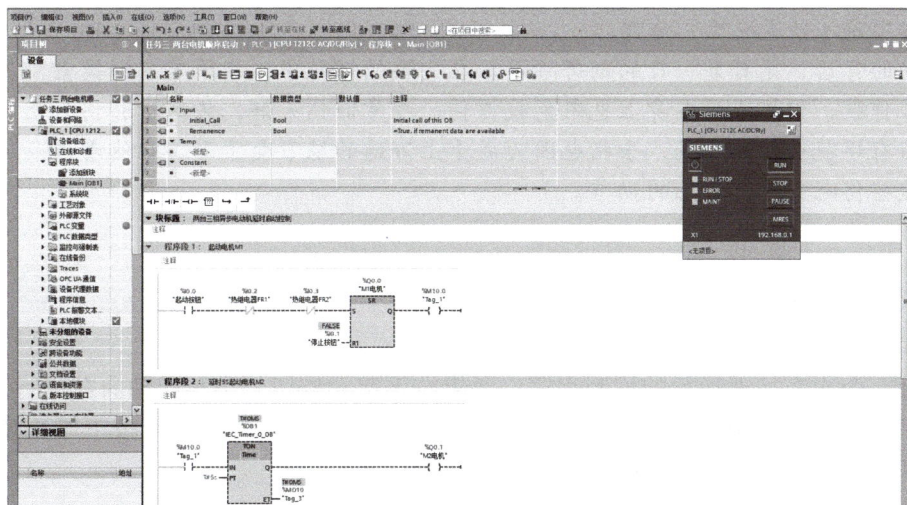

图 2-55　仿真运行

项目小结

本任务主要介绍了西门子 S7-1200 PLC 基本位逻辑指令的使用，以及基于继电器电路结构的 PLC 程序设计法和编程规则，在此基础上将本项目分解进行了实施。通过 I/O 分配及接线图，创建项目与组态，编写梯形图程序，进行仿真与调试运行，将梯形图编程中的典型起保停电路结构进行了验证。本任务还系统学习了定时器的种类和应用，掌握了用定时器完成两个指示灯循环闪烁的典型控制。

素养案例链接

天生我材必有用　千锤百炼成精英

5 月 26 日，2024 全球技能挑战赛在澳大利亚墨尔本落下帷幕，中国代表队胡泽宏参加焊接项目角逐夺得金牌。

2024 全球技能挑战赛由澳大利亚世界技能组织与维多利亚技术和继续教育（TAFE）组织联合举办，本届挑战赛焊接项目分为低碳钢组合件焊接、压力容器组装焊接、铝合金结构件焊接、不锈钢结构件焊接 4 个模块，要求选手在 18 小时内完成。比赛难度大、强度高，选手必须具备极高的技术技能水平。胡泽宏与全球焊接技术精英同台竞技，凭借高超娴熟的焊接技术和稳定的竞赛心态，成功夺冠。

胡泽宏出生在凉山的一个农民家庭，为减轻家里的负担，他经常在家帮忙干农活。2018 年 9 月，他进入中国十九冶攀枝花技师学院，一入校就直接报了焊接技术专业高级班，开始了他的焊接生涯。他努力抓住每一次锻炼学习的机会，拼命练习焊接基本功，最终以第一名的成绩进入攀枝花技师学院焊接精英班。

在随后的各类职业技能竞赛中，胡泽宏连创佳绩，2020 年 10 月参加首届"攀西工匠杯"职业技能大赛，荣获焊接项目三等奖；2020 年 11 月参加攀枝花市中等职业学校技能大赛，荣获焊接技术（个人）一等奖；2021 年 6 月参加四川省职业院校技能大赛（中职组），荣获焊接技术赛项一等奖；2023 年 9 月参加中华人民共和国第二届职业技能大赛，荣获焊接项目（世赛选拔）金牌。

成功的背后，是日复一日的刻苦练习。在飞溅的焊花中，胡泽宏不断摸索，虽然穿着厚厚的工作服，但焊渣掉在身上也不免被烫伤，经常旧伤未好，又落下新伤。至今，他的手上还留有焊花烫伤的疤痕，手指也因为成千上万遍的练习变了形。在他看来，这些都是小事，这些伤疤更像是自己的勋章。

项目拓展

设计一个小车往返运行的控制程序，要求按下起动按钮，小车起动向左运行 15s，停止 3s，自动开始向右运行 15s 后，停止 3s，如此往复循环运行，直至按下停止按钮，无论小车在任何位置，即刻停止运行。

思考与练习

1. 填空题

（1）常开触点的梯形图符号为_____，常闭触点的梯形图符号为_____，赋值指令的梯形图符号为_____。

（2）S7-1200 PLC 的定时器为 IEC 定时器，共有_____种数据类型为 IEC_Timer 的 DB 变量。

（3）SR 触发器中_____优先级高，RS 触发器中_____优先级高。

（4）当接通延时定时器的输入端 IN 的信号为"1"时，输出端 Q 为_____，当前定时时间到达预设值后，输出端 Q 为_____。

（5）梯形图程序编译后下载到 CPU 中，启动 CPU，需要将 CPU 切换至_____模式。

2. 选择题

（1）下列定时器指令中，当前输入端 IN 置"1"，在未达到预设值时输出端 Q 置"1"的是（　　）。

A. TON　　　　　　　　B. TP　　　　　　　　C. TONR　　　　　　　D. TOF

（2）编写梯形图程序时，PLC 内部的软元件（　　）。

A. 同一地址仅可使用一次

B. 可以作为常开、常闭触点反复使用

C. 触点可以放在逻辑行的结束端

D. 同一地址的线圈可以在多个逻辑行同时输出

（3）可以置位多个线圈的指令是（　　）。

A. 置位指令　　　　B. 复位指令　　　　C. 置位域指令　　　D. 复位域指令

（4）在程序中若对 M0.0 多次使用置位、复位指令，则 M0.0 的状态由（　　）。

A. 第一次执行的指令决定　　　　　　　B. 最后执行的指令决定

C. 执行次数多的指令决定　　　　　　　D. 执行次数少的指令决定

（5）（　　）定时器在使能输入为"0"时，保持当前值不变。

A. TON　　　　　　　　B. TONR　　　　　　　C. TOF　　　　　　　D. TP

3. 简答题

利用定时器 TON 和 TOF 设计两台三相异步电动机顺序起动逆序停止的 PLC 控制程序。

项目 3

交通信号灯的 PLC 设计

知识目标

- 掌握时序图的含义及功能。
- 掌握比较指令的功能及用法。
- 掌握 TIA Portal 组态、编程、调试的步骤和方法。

技能目标

- 能够运用时序图解决时间顺序类型的控制任务。
- 能够正确设置比较指令的判断条件，并熟练使用 TIA Portal 对比较指令进行编辑。
- 能够设计交通信号灯的 PLC 梯形图。
- 能够正确分配交通信号灯的 I/O 地址，绘制交通信号灯的 I/O 接线图。
- 能够根据交通信号灯的 I/O 接线图，完成 PLC 的接线，对交通信号灯进行软件和硬件调试。

素养目标

- 通过交通信号灯的学习，让学生了解交通安全的重要性，增强交通安全意识。
- 通过交通信号灯不同方式的 PLC 控制，培养学生创新精神、团队合作精神及责任意识。

项目背景

交通信号灯是日常生活中常见的一种无人控制信号系统，又被称为"无声交通警察"。在当今发达的交通时代，交通信号灯已是维护交通秩序、保障人民出行安全的重要设施。交通信号灯一般由红灯、绿灯、黄灯 3 个颜色组成，红灯表示禁止通行，绿灯表示准许通行，黄灯表示警示，示意图如图 3-1 所示。如何利用 PLC 对交通信号灯进行控制呢？本项目我们一起来学习交通信号灯的 PLC 设计。

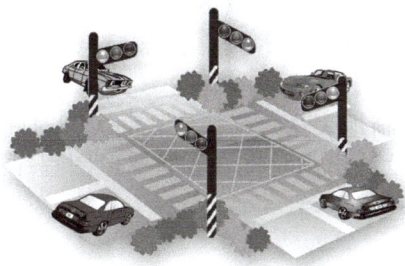

图 3-1　交通信号灯示意图

任务 3.1　东西方向交通信号灯的 PLC 设计

任务描述

设计一个东西方向交通信号灯的 PLC 梯形图程序，当按下起动按钮 SB1 时，绿灯点亮 27s 后熄灭，黄灯点亮 3s 后熄灭，红灯点亮 30s 后熄灭；当按下停止按钮 SB2 时，无论东西方向绿灯、红灯还是黄灯处于什么工作状态，都会熄灭。

知识链接

分析或设计 PLC 梯形图时，经常需要用到时序图来对工作流程进行分析。时序图可以用来显示对象之间的关系，并强调对象之间消息的时间顺序，同时显示了对象之间交互状态。运用时序图可以大大提高梯形图分析和设计的效率。

时序图是显示对象之间交互关系的图形，又称为序列图或者顺序图。它是把对象之间的交互关系转化为一个时间维度和一个其他状态维度的二维图形，水平方向代表时间维度，时间向后延伸；垂直方向代表对象的其他状态维度，显示着参与交互的各个独立对象的状态。

时序图的作用是将任务中所描述的功能转化为更正式、层次更分明的表达。在电工、电子、PLC 控制技术中，时序图就是按照时间顺序画出各个 I/O 脉冲信号的波形对应关系的图，按钮和灯的时序图如图 3-2 所示。

[例 3-1] 依据图 3-2，设计出符合此时序图的梯形图程序。

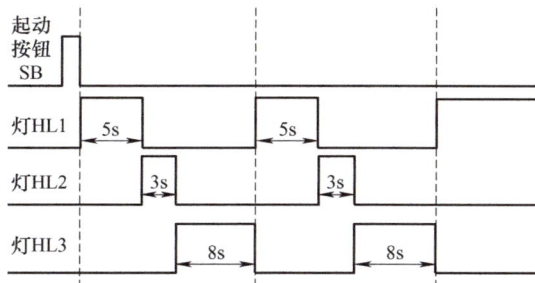

三盏灯循环点亮

图 3-2　按钮和灯的时序图

　　分析图 3-2 所示的时序图，可以得出以下工作流程：当按下起动按钮 SB 时，灯 HL1 点亮，工作 5s 后熄灭，此时灯 HL2 点亮，工作 3s 后熄灭，然后灯 HL3 点亮，工作 8s 后熄灭。此工作过程依次循环进行。

　　图 3-2 说明时序图能够清晰地表达灯与按钮之间关于时间顺序的工作状态关系。

　　可以运用经验设计法，设计出满足图 3-2 的梯形图程序。三盏灯循环点亮梯形图如图 3-3 所示。

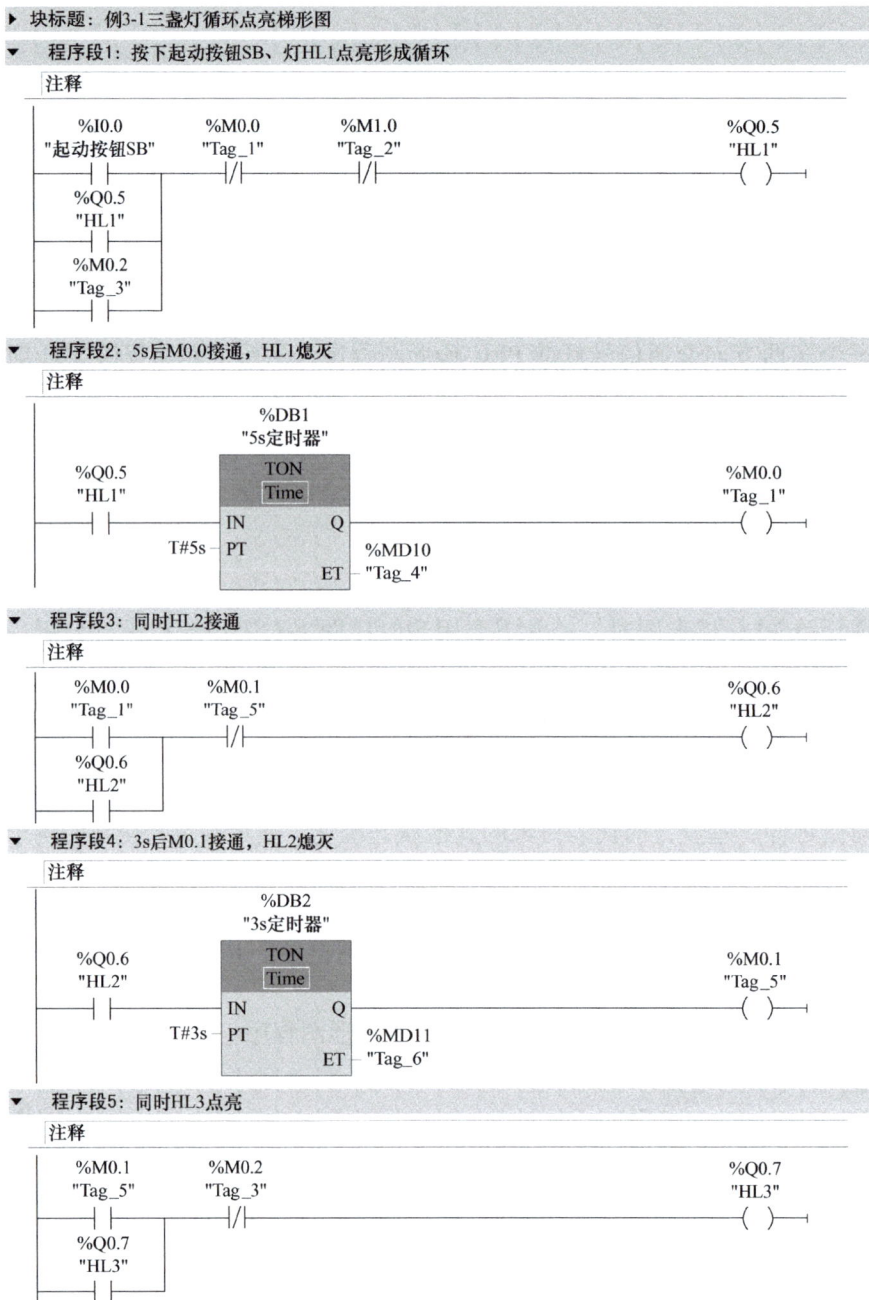

图 3-3　三盏灯循环点亮梯形图

程序段6：8s后HL3熄灭，为HL1点亮做准备

注释

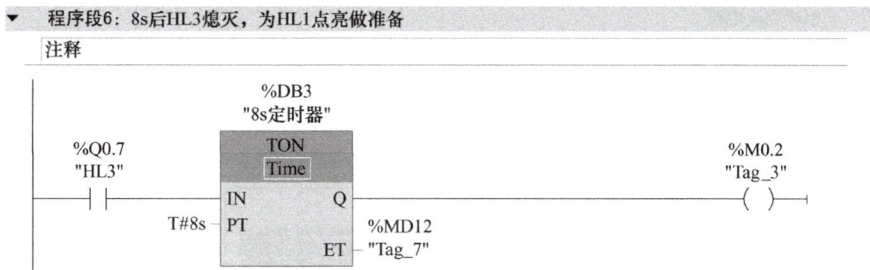

图 3-3　三盏灯循环点亮梯形图（续）

任务实施

1. 工作流程分析

根据本任务的控制要求，画出东西方向交通信号灯的时序图，如图 3-4 所示。

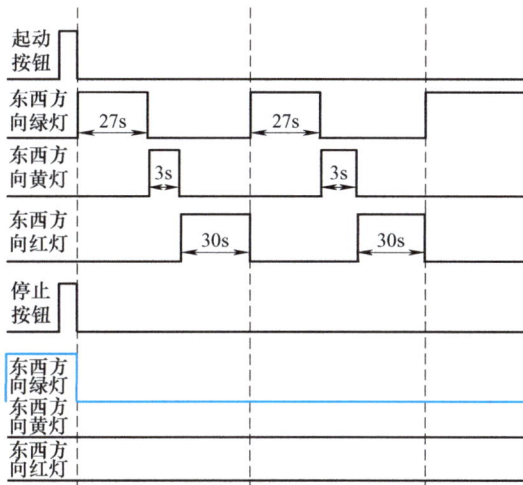

图 3-4　东西方向交通信号灯的时序图

2. 设备 I/O 分配及接线图

1）设备 I/O 分配见表 3-1。

表 3-1　设备 I/O 分配

输入（I）			输出（Q）		
设备	符号	地址	设备	符号	地址
起动按钮	SB1	I0.0	东西方向绿灯	HL1、HL2	Q0.0
停止按钮	SB2	I0.1	东西方向黄灯	HL3、HL4	Q0.1
			东西方向红灯	HL5、HL6	Q0.2

2）东西方向交通信号灯的 I/O 接线图如图 3-5 所示。

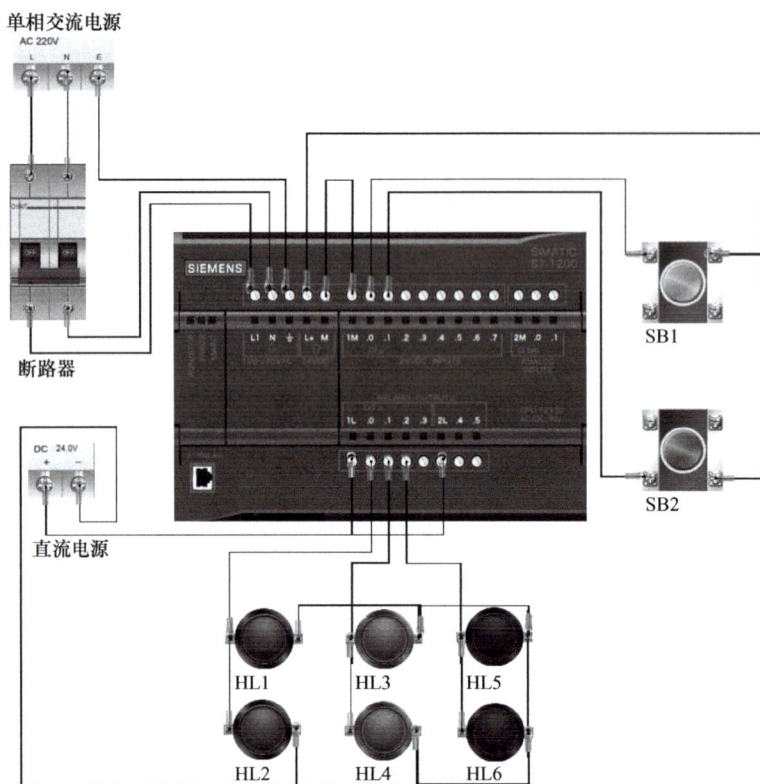

图 3-5　东西方向交通信号灯的 I/O 接线图

3. 项目配置与组态

1）创建工程项目。在 Portal 视图中单击"创建新项目"选项，输入项目名称"东西方向交通信号灯的 PLC 设计"，选择项目保存路径，单击"创建"按钮，创建项目完成。

2）添加新设备。在 Portal 视图中单击"打开项目视图"选项，在项目树中打开"东西方向交通信号灯的 PLC 设计"的下级菜单，然后单击"添加新设备"选项，在打开的"添加新设备"对话框中单击"控制器"按钮，在中间的目录树中依次单击"SIMATIC S7−1200"→"CPU"→"CPU 1212C DC/DC/DC"各选项前面的下拉按钮，或依次双击选项名称，再打开"6ES7 214−1AG40−0XB0"选项，单击对话框右下角的"确定"按钮，添加新设备完成。

3）编辑变量表。在项目树中，依次双击"PLC_1[CPU 1212C DC/DC/DC]"→"PLC变量"→"添加新变量表"选项，生成"变量表_1[0]"。右击"变量表_1[0]"，单击"重命名"命令，将变量表命名为"东西方向交通信号灯"，修改完成后，双击"东西方向交通信号灯"选项，并根据 I/O 分配编辑变量表，如图 3-6 所示。

图 3-6　编辑变量表

4. 程序编写

在项目树中，依次双击"PLC_1[CPU 1212C DC/DC/DC]"→"程序块"→"Main[OB1]"选项，打开程序编辑器，在程序编辑区根据控制要求编写梯形图。东西方向交通信号灯的

PLC 控制梯形图如图 3-7 所示。

▼　块标题：依据时序图设计东西方向交通信号灯的梯形图
　　注释

▼　程序段1：系统起动与停止/东西方向绿灯/循环执行
　　注释

```
    %I0.0              %I0.1         %M20.0                                    %Q0.0
  "系统起动SB1"      "系统停止SB2"   "点亮黄灯/                              "东西方向绿灯"
                                      熄灭绿灯"
  ──┤├──────────────┤/├───────────┤/├────────────────────────────────────( )──
    %Q0.0
  "东西方向绿灯"
  ──┤├──
    %M20.2
  "点亮绿灯/
   熄灭红灯"
  ──┤├──
```

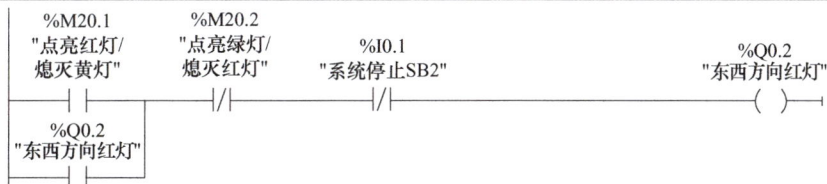

东西方向交
通信号灯的
PLC 设计

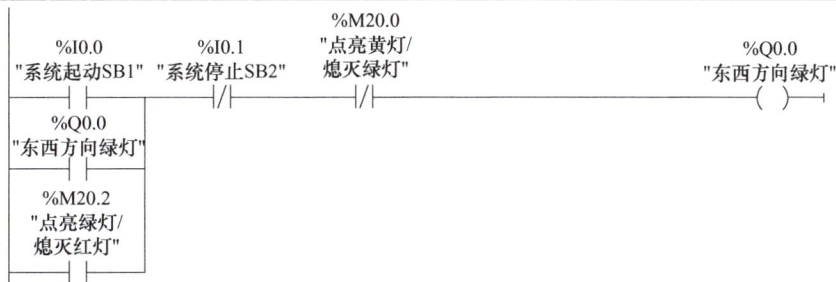

▼　程序段2：东西方向绿灯点亮27s后熄灭
　　注释

```
                       %DB1
                  "IEC_Timer_0_DB"
    %Q0.0              TON                                   %M20.0
  "东西方向绿灯"       Time                                 "点亮黄灯/
                                                             熄灭绿灯"
  ──┤├───────────── IN        Q ──────────────────────────( )──
              T#27s─ PT       ET ─ T#0ms
```

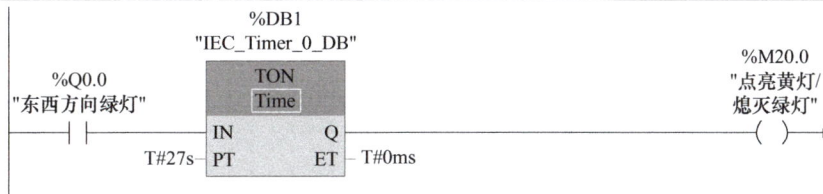

▼　程序段3：东西方向黄灯点亮
　　注释

```
    %M20.0             %M20.1          %I0.1                                   %Q0.1
  "点亮黄灯/          "点亮红灯/      "系统停止SB2"                          "东西方向黄灯"
   熄灭绿灯"           熄灭黄灯"
  ──┤├──────────────┤/├───────────┤/├────────────────────────────────────( )──
    %Q0.1
  "东西方向黄灯"
  ──┤├──
```

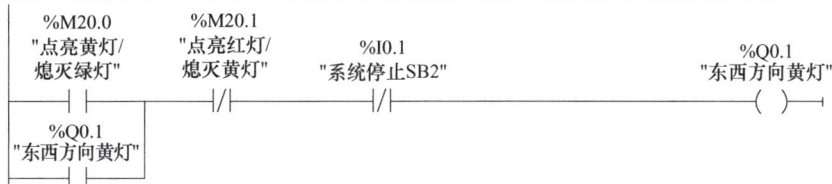

▼　程序段4：东西方向黄灯点亮3s后熄灭
　　注释

```
                       %DB2
                  "IEC_Timer_0_DB_1"
    %Q0.1              TON                                   %M20.1
  "东西方向黄灯"       Time                                 "点亮红灯/
                                                             熄灭黄灯"
  ──┤├───────────── IN        Q ──────────────────────────( )──
               T#3s─ PT       ET ─ T#0ms
```

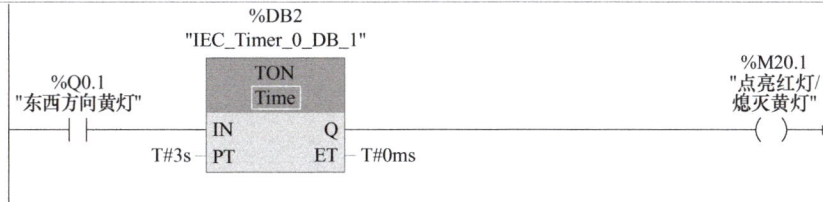

▼　程序段5：东西方向红灯点亮
　　注释

```
    %M20.1             %M20.2          %I0.1                                   %Q0.2
  "点亮红灯/          "点亮绿灯/      "系统停止SB2"                          "东西方向红灯"
   熄灭黄灯"           熄灭红灯"
  ──┤├──────────────┤/├───────────┤/├────────────────────────────────────( )──
    %Q0.2
  "东西方向红灯"
  ──┤├──
```

图 3-7　东西方向交通信号灯的 PLC 控制梯形图

▼ 程序段6：东西方向红灯点亮30s后熄灭

注释

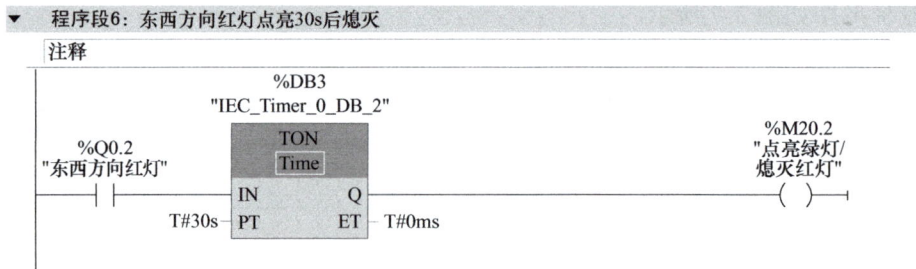

图 3-7　东西方向交通信号灯的 PLC 控制梯形图（续）

5. 安装与调试运行

将设备组态及图 3-7 所示的梯形图程序编译后下载到 CPU 中，启动 CPU，将 CPU 切换至 RUN 模式，在监视状态下，接通 1 次触点 I0.0，Q0.0 得电，27s 后 Q0.0 失电，Q0.1 得电；3s 后 Q0.1 失电，Q0.2 得电；30s 后 Q0.2 失电，Q0.0 得电；27s 后 Q0.0 失电，Q0.1 得电……循环运行。接通 1 次触点 I0.0，系统停止运行。如果不符合此要求，调试程序，直至 Q0.0 ～ Q0.2 能够按照控制要求动作。按图 3-5 所示的 I/O 接线图正确连接输入设备、输出设备，接通电源，按下起动按钮 SB1，观察东西方向交通信号灯 HL1/HL2、HL3/HL4、HL5/HL6 能否按控制要求动作，如果不能按控制要求动作，检查 I/O 接线，更改接线后，再次通电验证。

任务 3.2　东西、南北方向交通信号灯的 PLC 设计

任务描述

某道路十字路口交通信号灯按以下控制要求运行。当按下起动按钮时，交通信号灯开始运行，东西方向，绿灯点亮27s 后熄灭，黄灯点亮3s 后熄灭，红灯点亮30s 后熄灭；同时南北方向，红灯点亮30s 后熄灭，绿灯点亮27s 后熄灭，黄灯点亮3s 后熄灭；依次循环。按下停止按钮后，交通信号灯停止运行。

知识链接

PLC 系统内部的数据计算主要通过二进制数进行，在 PLC 的 I/O 端子和继电器中会用到八进制数进行编码，PLC 位存储器中多以十六进制数进行数据存储，而我们日常生活中主要以十进制数为主。因此在学习 PLC 的过程中，要非常熟练地掌握进制转换，方能高效地掌握 PLC 和梯形图的工作原理。

3.2.1　数制与进制转换

1. 十进制数

十进制数由 0 ～ 9 十个数字组成，满足逢十进一的计算原则。例如，9+1=10，99+1=100，999+1=1000 等。在数制转换中，经常用到位权展开法。位权展开法就是将一

个数字按照其各个位上的数字和权重进行展开和计算。

[例 3-2] 用位权展开法表示十进制数 532。

$$(532)_{10}=5 \times 10^2+3 \times 10^1+2 \times 10^0=500+30+2=532$$

在 [例 3-2] 中，"2" 在个位，代表 2 个 1，可以表示为 2×10^0；"3" 在十位，代表 3 个 10，可以表示为 3×10^1；"5" 在百位，代表 5 个 100，可以表示为 5×10^2；相加之后结果为 532。

2. 二进制数

二进制数只有 "0" 和 "1" 两个数字，满足逢二进一的计算原则。例如，1+1=10，10+1=11，111+1=1000 等。西门子 PLC 梯形图中 1 位二进制数可以用来表示开关量的工作状态，例如，"0" 可以表示触点断开或者线圈失电，"1" 可以表示触点接通或者线圈得电。二进制数常以 2# 开头，例如 2#1111_1111 是一个 8 位二进制数，其转换为十进制数的方法如下：

$$(11111111)_2=1 \times 2^7+1 \times 2^6+1 \times 2^5+1 \times 2^4+1 \times 2^3+1 \times 2^2+1 \times 2^1+1 \times 2^0$$
$$=128+64+32+16+8+4+2+1=(255)_{10}$$

3. 八进制数

八进制数由 0 ～ 7 八个数字组成，满足逢八进一的计算原则。例如，6+1=7，7+1=10，17+1=20 等。西门子 PLC 中 I/O 端子、继电器的编号采用八进制数表示，例如 I0.0 ～ I0.7、Q0.0 ～ Q0.7。八进制数转换为十进制数的方法如下：

$$(11)_8=1 \times 8^1+1 \times 8^0=8+1=(9)_{10}$$

4. 十六进制数

十六进制数由 0 ～ 9 和 A ～ F 十六个数字和字母组成（A 代表十进制数里的 10，B 代表 11，C 代表 12，D 代表 13，E 代表 14，F 代表 15），满足逢十六进一的计算原则。例如，A+1=B，F+1=10，EF+1=F0 等。在西门子 PLC 中，十六进制数用 16# 开头，如 16#A3 表示一个 2 位十六进制数，转换为十进制数为 163。十六进制数也可以用数字加 H 表示，如 A3H，其转换成十进制数也为 163。十六进制数转换为十进制数的方法如下：

$$(FF)_{16}=15 \times 16^1+15 \times 16^0=240+15=(255)_{10}$$

十进制数转换成十六进制数采用位权展开法逆运算进行计算。将十进制数 324 转换成十六进制数的运算过程如下：

$$(324)_{10}=256+64+4=1 \times 16^2+4 \times 16^1+4 \times 16^0=(144)_{16}$$

5. 8421BCD 码

8421BCD 码是一种二进制编码方式，用 4 位二进制数来表示 1 位十进制中的 0 ～ 9 这十个数，它的每一位二值代码的 "1" 都代表一个固定数值，把每一位的 "1" 代表的十进制数加起来，得到的结果就是它所代表的十进制数。

因为代码中从左至右每一位 "1" 分别代表数字 "8""4""2""1"，所以把这种编码方式称为 8421BCD 码。8421BCD 码是 BCD 码中最常用的一种，在 PLC 编程中经常将十进制数转化为二进制数，所以 8421BCD 码在实际应用中较为广泛。8421BCD 码、十进制、十六进制的对应关系见表 3-2。

表 3-2　8421BCD 码、十进制、十六进制之间的对应关系

8421BCD 码	0000	0001	0010	0011	0100	0101	0110	0111
十进制	0	1	2	3	4	5	6	7
十六进制	0	1	2	3	4	5	6	7
8421BCD 码	1000	1001	1010	1011	1100	1101	1110	1111
十进制	8	9	—	—	—	—	—	—
十六进制	8	9	A	B	C	D	E	F

需要注意的是，表 3-2 中表示的是 4 位 8421BCD 码与 1 位十进制数或 1 位十六进制数的对应关系。若用 8421BCD 码表示 2 位及以上的十进制数或十六进制数，则用到 4 的倍数位 8421BCD 码，例如十进制数 29 对应的 8421BCD 码为 0010_1001；十六进制数 AF 对应的 8421BCD 码为 1010_1111。

3.2.2　数据类型

西门子 S7-1200 PLC 中数据存储在位存储器 M 中，数据的类型有很多种，主要分为基本数据类型和复杂数据类型。下面我们一起学习一下常用的数据类型。

S7-1200 PLC 中常用的数据类型见表 3-3。

表 3-3　S7-1200 PLC 中常用的数据类型

数据类型	长度	取值范围	实例
布尔（Bool）	1 位	0，1	True，False，0，1
字节（Byte）	8 位	16#00 ~ 16#FF	16#12，16#AB
字（Word）	16 位	16#0000 ~ 16#FFFF	16#ABCD，16#0001
双字（DWord）	32 位	16#00000000 ~ 16#FFFFFFFF	16#02468ACE
短整数（SInt）	8 位	−128 ~ 127	123，−123
整数（Int）	16 位	−32768 ~ 32767	123，−123
双整数（DInt）	32 位	−2147483648 ~ 2147483647	123，−123
无符号短整数（USInt）	8 位	0 ~ 255	123
无符号整数（UInt）	16 位	0 ~ 65535	123
无符号双整数（UDInt）	32 位	0 ~ 4294967295	123
浮点数（Real）	32 位	$\pm 1.18 \times 10^{-38} \sim \pm 3.4 \times 10^{-38}$	123.456，−3.4，−1.2E+12
长浮点数（LReal）	64 位	$\pm 2.32 \times 10^{-308} \sim \pm 1.79 \times 10^{-308}$	12345.123456789，−1.2E+40
时间（Time）	32 位	T#−24d_20h_31m_23s_648ms ~ T#24d_20h_31m_23s_647ms 存储形式：−2147483648 ~ 2147483647	T#5m_30s，T#−2d，T#1d_2h_15m_30s_45ms
长格式日期和时间（DTL）	12 字节	最小值为 DTL#1970−01−01−00：00：00.0 最大值为 DTL#2554−12−31−23：59：59.999 999 999	DTL#2008−12−16−20：30：20.250
字符（Char）	8 位	16#00 ~ 16#FF	'A'，'t'，'@'
字符串（Sting）	（n+2）字节	n=0 ~ 254B	STRING# 'NAME'

1. 布尔

布尔的长度占 1 位，即只能是 1 位二进制数 "0" 或者 1 位二进制数 "1"。True 可以表示为 "1"，False 可以表示为 "0"，取值范围用二进制数来表示，即 0 和 1。

2. 字节、字、双字

字节、字、双字都是无符号的数据。

1）字节的长度占 8 位，其取值范围用二进制数表示为 2#0000_0000 ～ 2#1111_1111，用十进制数表示为 0 ～ 255，用十六进制数表示为 16#00 ～ 16#FF。

2）字的长度占 16 位，其取值范围用二进制数表示为 2#0000_0000_0000_0000 ～ 2#1111_1111_1111_1111，用十进制数表示为 0 ～ 65535，用十六进制数表示为 16#0000 ～ 16#FFFF。

3）双字的长度占 32 位，其取值范围用二进制数表示为 2#0000_0000_0000_0000_0000_0000_0000_0000 ～ 2#1111_1111_1111_1111_1111_1111_1111_1111，用十进制数表示为 0 ～ 4294967295，用十六进制数表示为 16#00000000 ～ 16#FFFFFFFF。

3. 短整数、整数、双整数

短整数、整数、双整数是有符号的数据。整数的最高位为符号位，最高位为 0 表示正数，为 1 表示负数。有符号数要通过补码规则进行运算，正数的补码就是它本身，负数的补码需要将每一位取反后加 1（最高位不参与运算）。

1）短整数的长度占 8 位，其取值范围用二进制数表示为 2#1000_0000 ～ 2#0111_1111，用十进制数表示为 –128 ～ 127。

2）整数的长度占 16 位，其取值范围用二进制数表示为 2#1000_0000_0000_0000 ～ 2#0111_1111_1111_1111；用十进制数表示为 –32768 ～ 32767。

3）双整数的长度占 32 位，其取值范围用二进制数表示为 2#1000_0000_0000_0000_0000_0000_0000_0000 ～ 2#0111_1111_1111_1111_1111_1111_1111_1111，用十进制数表示为 –2147483648 ～ 2147483647。

4. 无符号短整数、无符号整数、无符号双整数

1）无符号短整数的长度为 8 位，其取值范围用二进制数表示为 2#0000_0000 ～ 2#1111_1111，用十进制数表示为 0 ～ 255，全为正数。

2）无符号整数的长度为 16 位，其取值范围用二进制数表示为 2#0000_0000_0000_0000 ～ 2#1111_1111_1111_1111，用十进制数表示为 0 ～ 65535，全为正数。

3）无符号双整数的长度为 32 位，其取值范围用二进制数表示为 2#0000_0000_0000_0000_0000_0000_0000_0000 ～ 2#1111_1111_1111_1111_1111_1111_1111_1111，用十进制数表示为 0 ～ 4294967295，全为正数。

5. 浮点数和长浮点数

1）浮点数又称实数，占 32 位，最高位（第 31 位）为浮点数的符号位，"0" 表示正数，"1" 表示负数。规定尾数的整数部分总是 "1"，第 0 ～ 22 位是尾数的小数部分。指数 e 占 8 位，加上偏移量 127 后（0 ～ 255），放在第 23 ～ 30 位。浮点数的数据格式如图 3-8 所示。

2）长浮点数为 64 位，比 32 位的浮点数有更大的取值范围。

6. 字符、字符串

1）字符型数据占 8 位，也可以表示为占 1 字节，字符型数据用单引号（英文状态）

表示，如 'A'。

2）字符串是由 0 ～ 254 个字符组成的一维数组，数据长度占字符数量 n+2 字节，其取值范围是 0 ～ 254B。

图 3-8　浮点数的数据格式

3.2.3　寻址

在 PLC 中寻址可以确定数据存储的位置，西门子 S7-1200 PLC 中，寻址方式主要有直接寻址、间接寻址、DB 寻址、符号寻址。直接寻址又包含位寻址、字节寻址、字址、双字寻址等，下面我们一起学习一下直接寻址。

从表 3-3 中可以看出位、字节、字和双字之间的关系，即 1 字节 =8 位，1 字 =2 字节，1 双字 =2 字。为便于对寻址方式进行学习，可以将数据的最低位用 LSB 表示，最高位用 MSB 表示，位、字节、字、双字之间的关系如图 3-9 所示。

图 3-9　位、字节、字、双字之间的关系

图 3-9 说明，字节数据的第 0 位用 LSB 表示，第 7 位用 MSB 表示；字数据的第 0 位用 LSB 表示，第 15 位用 MSB 表示；双字数据的第 0 位用 LSB 表示，第 31 位用 MSB 表示。

S7-1200 PLC 的 CPU 不同的存储单元都以字节为单位进行数据存储，其示意图如图 3-10 所示。

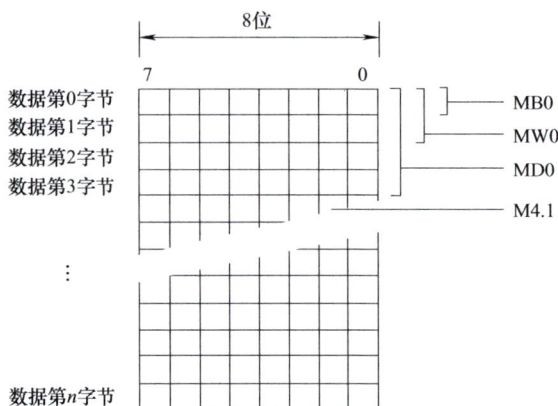

图 3-10　存储单元示意图

1. 位寻址

位存储单元的地址由字节地址和位地址组成，如 I3.1 中"I"表示过程映像输入区，字节地址为 3，位地址为 1，"."为字节地址与位地址之间的分隔符，这种寻址方式称为位寻址，如图 3-11 所示。

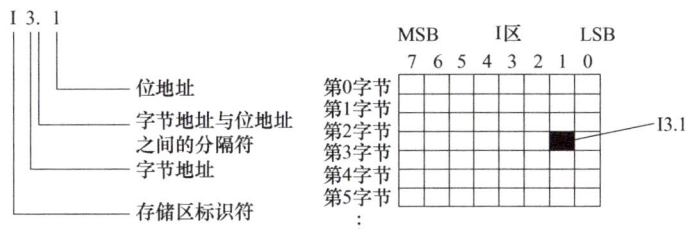

图 3-11　位寻址举例

2. 字节、字、双字寻址

对字节、字和双字数据寻址时需要指明存储区标识符、数据类型和存储区域内的起始字节地址。例如，MB10 表示由 M10.7 ～ M10.0 这 8 位（高位地址在前，低位地址在后）构成的 1 字节，"M"为位存储器的标识符，"B"表示字节，"10"为起始字节地址，即寻址位存储器的第 11 字节。相邻的 2 字节构成 1 字，例如 MW10 由 MB10 和 MB11 组成，"M"为位存储器标识符，"W"表示寻址长度为 1 字（即 2 字节），"10"为起始字节地址。同理，MD10 表示由 MB10 ～ MB13 组成的 1 双字，"M"为位存储器标识符，"D"表示寻址长度为 1 双字（即 2 字，4 字节），"10"表示起始字节地址。

3.2.4　比较指令

西门子 S7-1200 PLC 中，比较指令有触点比较指令和范围比较指令两种。比较指令可以使复杂的控制逻辑变得简单，在梯形图编写中应用比较广泛。

1. 触点比较指令

触点比较指令其实是一个可设置通断条件的触点，当相比较的两个操作数 IN1 和 IN2 符合比较条件时，触点接通，能流经过触点向右侧流动；否则触点断开，能流被触点阻断。触点比较指令的结构组成如图 3-12 所示。

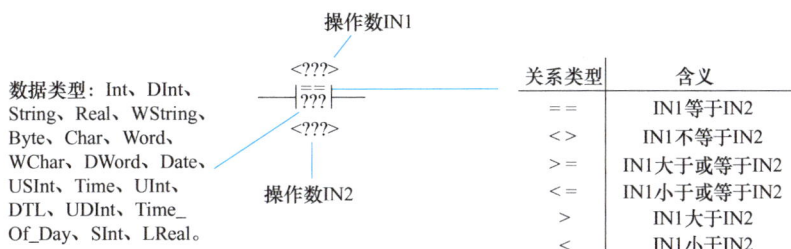

图 3-12　触点比较指令的结构组成

💡 **小提示：**

1）相比较的两个操作数 IN1、IN2 数据类型必须相同。

2）操作数可以是 I、Q、M、L、D 存储区中的变量或常数。

[例 3-3] 用触点比较指令实现东西方向的绿灯在 0 ~ 27s 之间点亮。

依据之前讲过的定时器知识，用起保停电路设计一个带自复位的定时器，如图 3-13a 所示。在图 3-13a 中，M10.2 为定时器的自复位设计，目的是使下一次定时器能够重新计时，MD6 用来存储定时器的时间值。

在图 3-13b 中，用触点比较指令实现东西方向绿灯点亮 27s。设置大于比较指令时，双击指令顶端的"<???>"，将操作数 IN1 的值修改为 MD6；双击指令中间的"???"，将数据类型修改为 Time；双击指令下面的"<???>"，将操作数 IN2 的值修改为 T#0s；小于或等于比较指令的设置方法与大于比较指令相同。

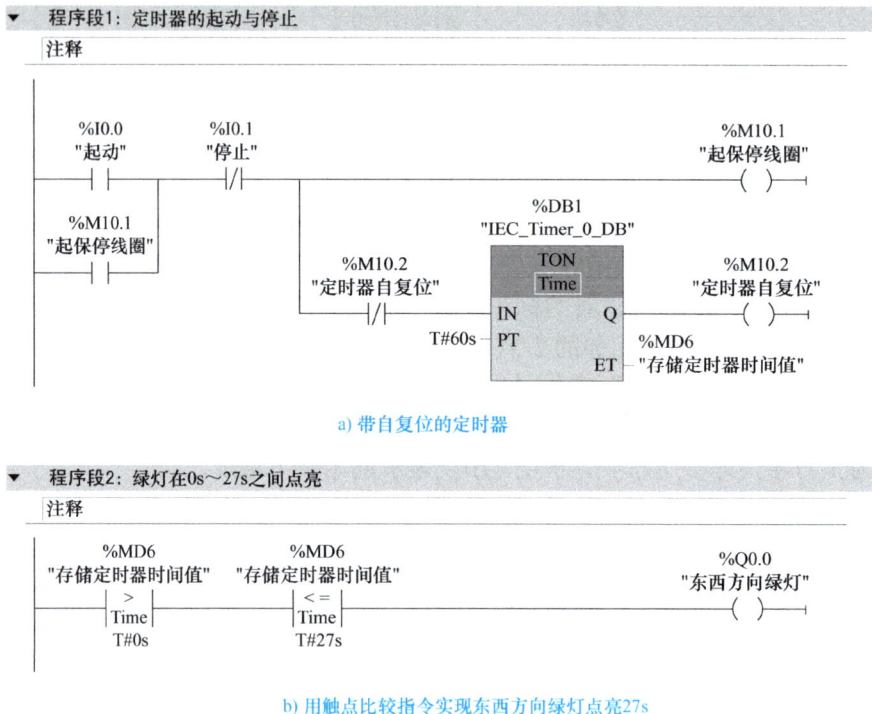

a) 带自复位的定时器

b) 用触点比较指令实现东西方向绿灯点亮27s

图 3-13　触点比较指令的使用方法

2. 范围比较指令

（1）IN_RANGE 指令（值在范围内比较指令）　西门子 S7-1200 PLC 中的 IN_RANGE 指令是指通过比较指令来确定输入值 VAL 是否在参数 MIN 和 MAX 的取值范围内。若输入值 VAL 在 MIN 和 MAX 的取值范围内，则指令输出状态为"1"；若输入值 VAL 小于或等于 MIN，或者大于或等于 MAX，则指令输出状态为"0"。IN_RANGE 指令的结构如图 3-14 所示，引脚定义见表 3-4。

图 3-14　IN_RANGE 指令的结构

范围比较指令的使用方法

表 3-4　IN_RANGE 指令的引脚定义

引脚	引脚定义
MIN	最小值，数据类型为 SInt、Int、DInt、USInt、UInt、UDInt、Real、LReal、常数
VAL	输入值，数据类型为 SInt、Int、DInt、USInt、UInt、UDInt、Real、LReal、常数
MAX	最大值，数据类型为 SInt、Int、DInt、USInt、UInt、UDInt、Real、LReal、常数

下面通过一段梯形图程序来说明 IN_RANGE 指令，如图 3-15 所示。

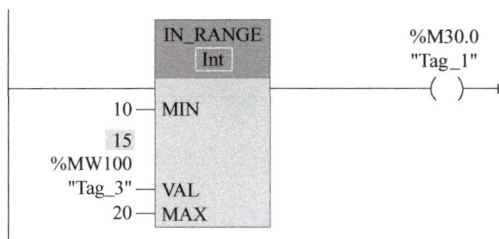

a) 输入值在比较范围内

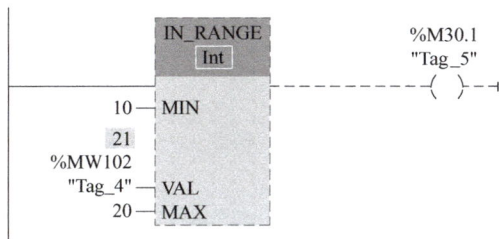

b) 输入值在比较范围外

图 3-15　IN_RANGE 指令

图 3-15a 说明，当 MW100 中存储的数据（15）在 10 ~ 20 之间时，能流通过 IN_RANGE 指令块，线圈 M30.0 得电。

图 3-15b 说明，当 MW102 中存储的数据（21）超出了 MAX 的值（20）时，能流不通过 IN_RANGE 指令块，线圈 M30.1 不能得电。

（2）OUT_RANGE 指令（值在范围外比较指令）　与 IN_RANGE 指令相反，OUT_RANGE 指令是指通过比较指令来确定输入值 VAL 是否在参数 MIN 和 MAX 的取值范围外，若输入值 VAL 小于或等于 MIN 或者大于或等于 MAX，则指令输出状态为"1"；若输入值 VAL 在 MIN 和 MAX 的取值范围内，则指令输出状态为"0"。OUT_RANGE 指令的结构如图 3-16 所示，引脚定义见表 3-5。

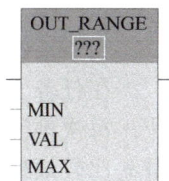

图 3-16　OUT_RANGE 指令的结构

表 3-5　OUT_RANGE 指令的引脚定义

引脚	引脚定义
MIN	最小值，数据类型为 SInt、Int、DInt、USInt、UInt、UDInt、Real、LReal、常数
VAL	输入值，数据类型为 SInt、Int、DInt、USInt、UInt、UDInt、Real、LReal、常数
MAX	最大值，数据类型为 SInt、Int、DInt、USInt、UInt、UDInt、Real、LReal、常数

下面通过一段梯形图程序来说明 OUT_RANGE 指令，如图 3-17 所示。

图 3-17a 说明，当 MW104 中存储的数据（15）在 10 ~ 20 之间时，能流不会通过 OUT_RANGE 指令块，线圈 M30.2 不得电。

图 3-17b 说明，当 MW106 中存储的数据（21）不在 10 ~ 20 之间时，能流会通过 OUT_RANGE 指令块，线圈 M30.3 得电。

由此可以看出，IN_RANGE 指令和 OUT_RANGE 指令的判断条件刚好相反。

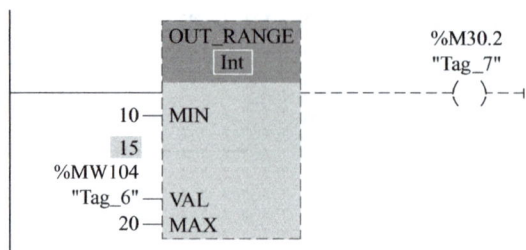

a) 输入值在比较范围内

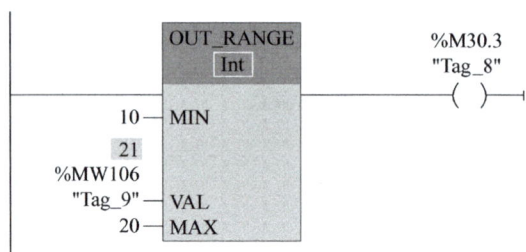

b) 输入值在比较范围外

图 3-17　OUT_RANGE 指令

任务实施

1. 工作流程分析

在任务 3.1 中，我们依据时序图，利用定时器对东西方向交通信号灯进行了梯形图设计，每次都需要用到一个定时器来点亮下一组信号灯、熄灭上一组信号灯，这样的设计逻辑上比较烦琐。在本任务中，共有东西、南北 6 个输出端，如果按照任务 3.1 的设计思路，会用到 6 个定时器。本任务中讲解了触点比较指令，我们可以将定时器的值存在位存储器 M 中，依据时序图设计比较条件，对 6 个输出端的得电和断电的条件进行规划，这样能够减少定时器的数量，从而减轻工作量。图 3-18 所示为交通信号灯的时序图。

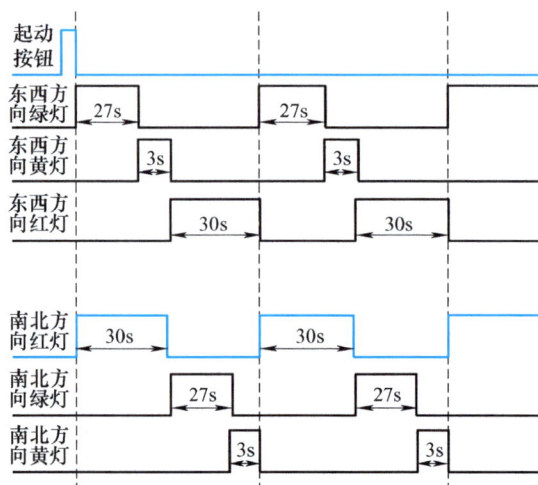

图 3-18　交通信号灯的时序图

依据图 3-18 可以推断出东西、南北方向 6 组灯的得电状态与定时器时间值的关系，交通信号灯的工作流程如图 3-19 所示。

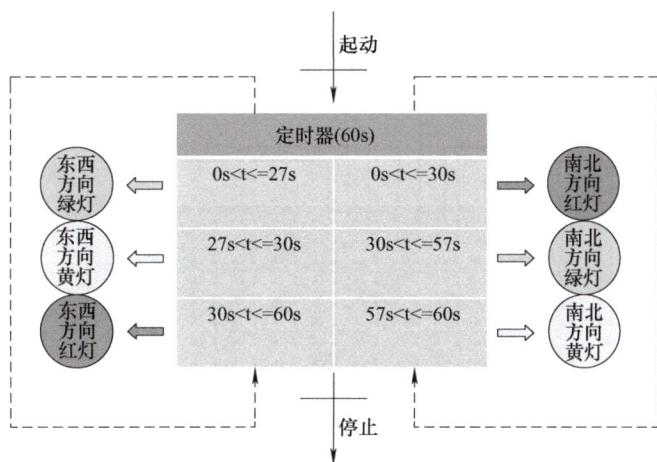

图 3-19　交通信号灯的工作流程

2. 设备 I/O 分配及接线图

1）设备 I/O 分配见表 3-6。

表 3-6　设备 I/O 分配

输入（I）			输出（Q）		
设备	符号	地址	设备	符号	地址
起动按钮	SB1	I0.0	东西方向绿灯	HL1、HL2	Q0.0
			东西方向黄灯	HL3、HL4	Q0.1
			东西方向红灯	HL5、HL6	Q0.2
停止按钮	SB2	I0.1	南北方向红灯	HL7、HL8	Q0.3
			南北方向绿灯	HL9、HL10	Q0.4
			南北方向黄灯	HL11、HL12	Q0.5

2）交通信号灯的 I/O 接线图如图 3-20 所示。

3. 项目配置与组态

1）创建工程项目。在 Portal 视图中单击"创建新项目"选项，输入项目名称"交通信号灯的 PLC 设计"，选择项目保存路径，单击"创建"按钮，创建项目完成。

2）添加新设备。在 Portal 视图中单击"打开项目视图"选项，在项目树中打开"交通信号灯的 PLC 设计"的下级菜单，然后单击"添加新设备"选项，在打开的"添加新设备"对话框中单击"控制器"按钮，在中间的目录树中依次单击"SIMATIC S7-1200"→"CPU"→"CPU 1212C AC/DC/Rly"各选项前面的下拉按钮，或依次双击选项名称，再打开"6ES7 214-1AG40-0XB0"选项，单击对话框右下角的"确定"按钮，添加新设备完成。

3）编辑变量表。在项目树中依次双击"PLC_1[CPU 1212C AC/DC/Rly]"→"PLC 变量"→"添加新变量表"选项，生成"变量表_1[0]"。右击"变量表_1[0]"，单击"重命名"命令，将变量表命名为"交通信号灯变量表"，修改完成后，双击"交通信号灯变量表"选项，并根据 I/O 分配编辑变量表，如图 3-21 所示。

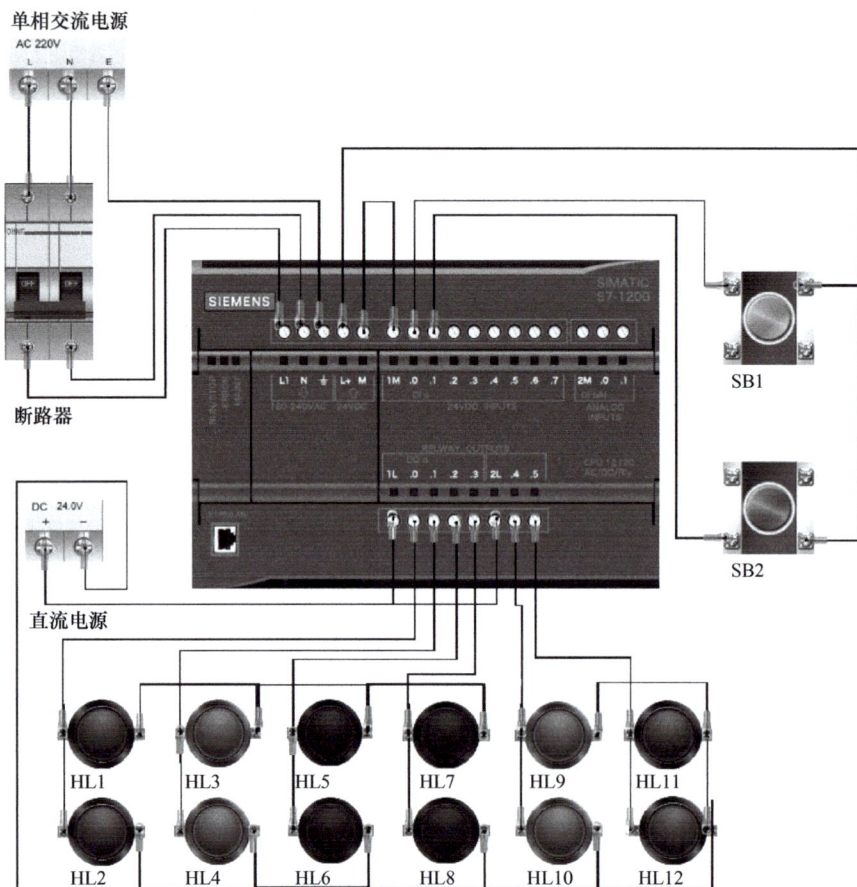

图 3-20　交通信号灯的 I/O 接线图

图 3-21　编辑变量表

4. 程序编写

在项目树中，依次双击"PLC_1[CPU 1212C AC/DC/Rly]"→"程序块"→"Main[OB1]"选项，打开程序编辑器，在程序编辑区根据控制要求编写梯形图。交通信号灯的 PLC 控制梯形图如图 3-22 所示。

▶ 块标题：交通信号灯的PLC控制梯形图

▼ 程序段1：交通信号灯系统起动与停止

注释

```
    %I0.0          %I0.1                                              %M14.1
   "起动按钮"      "停止按钮"                                        "起保停线圈"
     ┤├            ─┤/├─                                               ─( )─
    %M14.1                                  %DB1
   "起保停线圈"                          "IEC_Timer_0_DB"
     ┤├                                   ┌──────────────┐
                                          │     TON      │
                            %M14.2        │    Time      │        %M14.2
                          "定时器自复位"   │              │     "定时器自复位"
                            ─┤/├─ ────────┤IN          Q├──────── ─( )─
                                   T#60s ─┤PT         ET├─  %MD10
                                          └──────────────┘  "存储定时器时间值"
```

▼ 程序段2：东西方向绿灯点亮27s

注释

```
    %MD10              %MD10                                          %Q0.0
 "存储定时器时间值"  "存储定时器时间值"                              "东西方向绿灯"
     │ > │             │ <= │                                         ─( )─
     │Time│            │Time│
     T#0s              T#27s
```

▼ 程序段3：东西方向黄灯点亮3s

注释

```
    %MD10              %MD10                                          %Q0.1
 "存储定时器时间值"  "存储定时器时间值"                              "东西方向黄灯"
     │ > │             │ <= │                                         ─( )─
     │Time│            │Time│
     T#27s             T#30s
```

▼ 程序段4：东西方向红灯点亮30s

注释

```
    %MD10              %MD10                                          %Q0.2
 "存储定时器时间值"  "存储定时器时间值"                              "东西方向红灯"
     │ > │             │ <= │                                         ─( )─
     │Time│            │Time│
     T#30s             T#60s
```

▼ 程序段5：南北方向红灯点亮30s

注释

```
    %MD10              %MD10                                          %Q0.3
 "存储定时器时间值"  "存储定时器时间值"                              "南北方向红灯"
     │ > │             │ <= │                                         ─( )─
     │Time│            │Time│
     T#0s              T#30s
```

▼ 程序段6：南北方向绿灯点亮27s

注释

```
    %MD10              %MD10                                          %Q0.4
 "存储定时器时间值"  "存储定时器时间值"                              "南北方向绿灯"
     │ > │             │ <= │                                         ─( )─
     │Time│            │Time│
     T#30s             T#57s
```

东西南北方向交通信号灯 PLC 设计

图 3-22　交通信号灯的 PLC 控制梯形图

▼　程序段7：南北方向黄灯闪烁3s

注释

```
     %MD10               %MD10                                    %Q0.5
 "存储定时器时间值"      "存储定时器时间值"                          "南北方向黄灯"
     ┤ > ├               ┤ <= ├                                   ( )
     Time                Time
     T#57s               T#60s
```

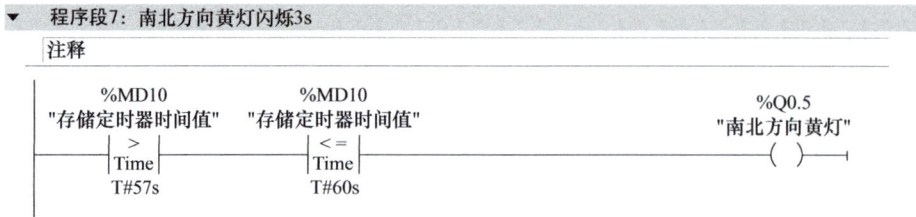

图 3-22　交通信号灯的 PLC 控制梯形图（续）

5. 安装与调试运行

将设备组态及图 3-22 所示的梯形图程序编译后下载到 CPU 中，启动 CPU，将 CPU 切换至 RUN 模式，在监视状态下，闭合触点 I0.0，0 ～ 27s，Q0.0 和 Q0.3 得电；27 ～ 30s，Q0.1 和 Q0.3 得电；30 ～ 57s，Q0.2 和 Q0.4 得电；57 ～ 60s，Q0.2 和 Q0.5 得电。观察 Q0.0 ～ Q0.5 的动作状态是否与控制要求一致，若不符合要求，则调试程序，直至 Q0.0 ～ Q0.5 的指示灯能够按照控制要求动作。按图 3-20 所示的 I/O 接线图正确连接输入设备、输出设备，接通电源，按下起动按钮 SB1，观察东西方向的指示灯 HL1/HL2、HL3/HL4、HL5/HL6 和南北方向的指示灯 HL7/HL8、HL9/HL10、HL11/HL12 能否按控制要求动作，如果不能按控制要求动作，检查 I/O 接线，更改接线后，再次通电验证。

项目小结

本项目主要介绍了时序图、数制与进制转换、数据类型、寻址、比较指令。本项目以交通信号灯的 PLC 设计为载体，以 TIA Portal 仿真软件为工具，以时序图为切入点，对交通信号灯的 PLC 控制进行流程分析，通过设备组态、I/O 接线、程序编写、调试运行等步骤进行任务实施，达成对数制的识读、数据类型的转换、比较指令和位存储器的使用及操作目标，同时通过对交通信号灯工作原理的学习，提升学生的交通安全意识。

素养案例链接

攻坚克难，中国再次唱响"东方红"

中国的西部，世界的东方，这里是坐落在"天府之国"成都的东方电气集团。

1959 年，在德阳西街的一间民房里，德阳水力发电设备厂（现为东方电机有限公司）克服缺少资源、没有设备等困难，造出了第一台电动机。

1979 年，东方电机成功研制了迄今世界上转轮直径最大的葛洲坝 170MW 轴流转桨式水电机组，1981 年机组并网发电，1985 年获得了首届国家科学技术进步奖特等奖。

如今，东方电机清洁能源装备重型制造数字化车间云集了一批中国乃至世界一流的加工设备，由于其超大的规模和超强的制造能力，曾被誉为"中华第一跨"。东方电机成功研制三峡水电站 700MW 水电机组，从左岸到右岸，从跟跑到并跑，东方电机为三峡大坝装上了"中国心"，实现了"中国装备，装备中国"的新跨越。

除了举世瞩目的三峡、溪洛渡、白鹤滩等巨型水电机组，台山 175 万 kW 核能发电机组、华龙一号、国和一号核能发电机重要部件都产自这里。

值得一提的是，葛洲坝 170MW 轴流转桨式水轮发电机组的 11.3 米轮转直径创造了当时的世界之最。

项目拓展

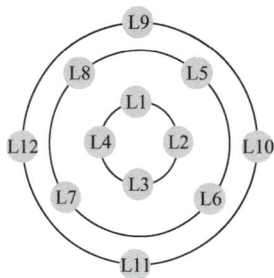

图 3-23　天塔之光示意图

图 3-23 所示为天塔之光示意图，请设计一段梯形图程序，满足以下控制要求。

1）系统有起动和停止功能。

2）系统起动后，内圈灯亮 1s 后熄灭，中圈灯亮 2s 后熄灭，外圈灯亮 3s 后熄灭。

3）外圈灯亮 1s 后熄灭，中圈灯亮 2s 后熄灭，内圈灯亮 3s 后熄灭。

4）按照要求 2）、3）循环进行，直到手动停止系统。

思考与练习

1. 填空题

（1）每一位 8421BCD 码用_____位二进制数来表示，其取值范围为二进制数 2#_____～ 2#_____，8421BCD 码 2#0000 0010 1000 1001 对应的十进制数为_____。

（2）进行位寻址时要明确存储器标识符、_____和_____。

（3）Q4.2 是输出第_____字节的第_____位。

（4）S7-1200 PLC 中 CPU 可以按位、_____、字、_____对存储单元进行寻址。

（5）MW4 由_____和_____组成，MB4 是它的高位字节。

2. 选择题

（1）1 个布尔型数据即 1 位，占（　　　）位二进制数。

A. 1　　　　　　　　B. 2　　　　　　　　C. 3　　　　　　　　D. 4

（2）字、字节、双字类型的数据取值范围用（　　　）进制数表示。

A. 二　　　　　　　　B. 八　　　　　　　　C. 十　　　　　　　　D. 十六

（3）-40000 可以用（　　　）数据来表示。

A. SInt　　　　　　　B. Int　　　　　　　C. DInt　　　　　　　D. UInt

（4）（　　　）属于双字寻址。

A. MB10　　　　　　B. MD10　　　　　　C. MW10　　　　　　D. Q1.0

（5）若 QW0=1，则以下正确的是（　　　）。

A. Q0.0=1　　　　　B. QB0=1　　　　　　C. QB1=1　　　　　　D. Q1.0=0

3. 简答题

当 MW10 中的数据等于 237 或者 MW14 中的数据大于 4756 时，将 M20.1 置位，否则 M20.1 复位，用比较指令设计出满足要求的程序。

项目4

竞赛抢答器的 PLC 设计

知识目标

- 掌握移动指令的功能及用法。
- 掌握程序控制指令的功能及用法。
- 掌握 TIA Portal 组态、编程、调试的步骤和方法。

技能目标

- 能够使用 TIA Portal 对移动指令、跳转指令进行编辑。
- 能够设计竞赛抢答器的 PLC 控制梯形图。
- 能够正确分配竞赛抢答器的 I/O 地址，绘制竞赛抢答器的 I/O 接线图。
- 能够根据竞赛抢答器的 I/O 接线图，完成 PLC 的接线，对竞赛抢答器进行软件和硬件调试。

素养目标

- 通过对竞赛抢答器的学习，鼓励学生积极参与竞争，增强学生的竞争意识。
- 通过设计违规抢答和正常抢答，增强学生的规矩意识和纪律意识。

项目背景

竞赛抢答器是一种在竞赛、问答等活动中广泛使用的设备，用于确定哪个参与者首先按下按钮或发出响应以获得回答问题或进行其他行动的机会。竞赛抢答器主要由开始抢答按钮、复位按钮、参赛选手抢答按钮和显示屏等部件组成。现需要通过 PLC 设计一个 4 人竞赛抢答器，能够实现有效抢答和违规抢答的提示功能，并且具备选手编号显示功能。

任务 4.1　竞赛抢答器显示屏的 PLC 设计

任务描述

设计一个有 4 位参赛选手的竞赛抢答器显示屏，控制要求如下：主持人按下开始抢答按钮后，若选手 1 按下抢答按钮，则七段数码管显示 "1"，其他人不得抢答；若选手 2 按下抢答按钮，则七段数码管显示 "2"，其他人不得抢答；若选手 3 按下抢答按钮，则七段数码管显示 "3"，其他人不得抢答；若选手 4 按下抢答按钮，则七段数码管显示 "4"，其他人不得抢答。主持人按下复位按钮后，系统复位，为下一次抢答做准备。

知识链接

在进行梯形图设计的过程中，需要通过移动指令对一些存储器进行赋值，或者将一些数据类型不同的数据转换成数据类型相同的数据以便进行运算和比较。

移动指令是指将数据元素复制到新的存储器地址并从一种数据类型转换为另一种数据类型的指令，移动过程不会更改源数据。常用的移动指令有 MOVE 指令（单值移动指令）、MOVE_BLK 指令（块移动指令）、FILL_BLK 指令（可中断块填充指令）、UFILL_BLK 指令（不可中断块填充指令）、SWAP 指令（交换指令）等。

图 4-1　MOVE 指令的结构

1. MOVE 指令

MOVE 指令用于将单个数据元素从 IN 端指定的源地址复制到 OUT 指定的目标地址。MOVE 指令的结构如图 4-1 所示，引脚定义见表 4-1。

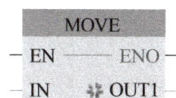

表 4-1　MOVE 指令的引脚定义

引脚	引脚定义	
EN	使能输入端	
IN	源地址	
OUT1	目标地址	单个目标地址
		多个目标地址。添加多个目标地址时，请单击"创建"（Create）图标　，或右击现有 OUT 的输出短线，并单击"插入输出"（Insert output）命令
ENO	使能输出端	1：无错误，成功复制了全部元素
		0：源地址 IN 或目标地址 OUT 超出可用存储区

MOVE 指令的用法如图 4-2 所示。

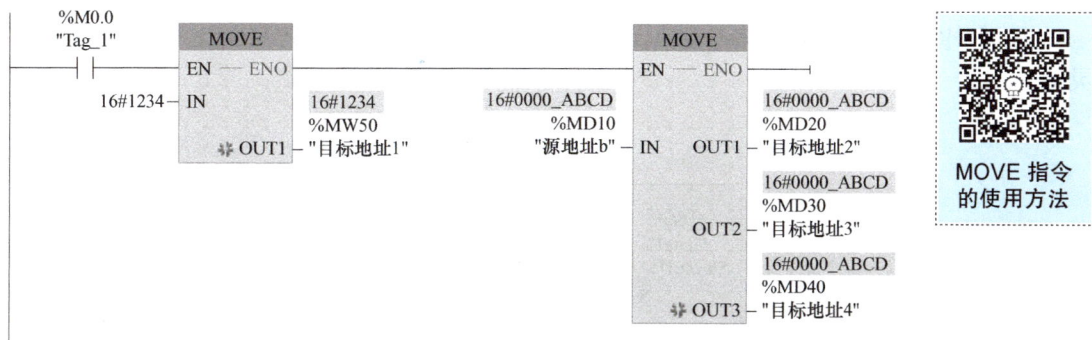

图 4-2　MOVE 指令的用法

在图 4-2 中，MOVE 指令的源地址 IN 可以是定量，也可以是变量。在左侧的 MOVE 指令中，接通 M0.0 时，MOVE 指令被触发，在源地址 IN 中输入 16#1234，这时 MOVE 指令将数据 16#1234 复制到 MW50 中存储。在右侧的 MOVE 指令中可以添加多个目标地址，左侧 MOVE 指令的使能输出触发该 MOVE 指令的使能输入，这时将变量 MD10 中的数据 16#0000_ABCD 同时复制到 MD20、MD30、MD40 中进行存储。

2. MOVE_BLK 指令

MOVE_BLK 指令可以将一个 DB（数组）从 IN 的源起始地址复制到 OUT 的目标起始地址中，在执行期间可进行排队并处理中断事件。若 MOVE_BLK 指令的操作被中断，则最后移动的一个数据元素在目标地址中是完整并且一致的。MOVE_BLK 指令的操作会在中断 OB 执行完成后继续执行。MOVE_BLK 指令的结构如图 4-3 所示，引脚定义见表 4-2 所示。

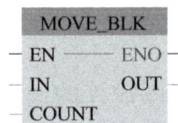

图 4-3 MOVE_BLK 指令的结构

MOVE_BLK 指令的使用方法

表 4-2 MOVE_BLK 指令的引脚定义

引脚	引脚定义	
EN	使能输入端	
IN	源起始地址	
COUNT	要复制的数据元素个数，数据类型只能是 UInt	
OUT	目标起始地址	
ENO	使能输出端	1：无错误，成功复制了全部的 COUNT 个元素
		0：源地址范围或目标地址范围超出可用存储区

MOVE_BLK 指令的用法如图 4-4 所示。

在图 4-4a 中，MOVE_BLK 指令可以将数组 data1 的 ShuZu1[1] ~ ShuZu1[5] 连续 5 个元素复制到数组 data2 的 ShuZu2[6] ~ ShuZu2[10] 中，其中 ShuZu1[1] 为源起始地址，值为 16#02，ShuZu2[2] 为目标起始地址，值为 16#02。MOVE_BLK 指令复制前和复制后的数组状态如图 4-4b 和图 4-4c 所示。

由此可以看出，当复制多个数据元素时，MOVE_BLK 指令比 MOVE 指令更加方便、灵活。

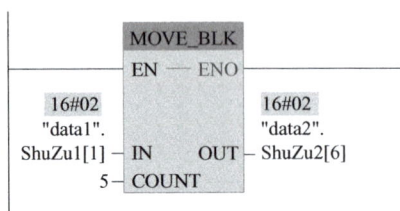

a) 用法举例

图 4-4 MOVE_BLK 指令的用法

b) MOVE_BLK指令复制前的数组状态

c) MOVE_BLK指令复制后的数组状态

图 4-4　MOVE_BLK 指令的用法（续）

3. UMOVE_BLK 指令（无中断块移动指令）

UMOVE_BLK 指令与 MOVE_BLK 指令的不同之处在于，在完成数据复制前进行排队但不处理中断事件。若在执行中断 OB 子程序前必须完成移动操作且目标数据必须一致，则使用 UMOVE_BLK 指令。UMOVE_BLK 指令的结构如图 4-5 所示，引脚定义见表 4-3。

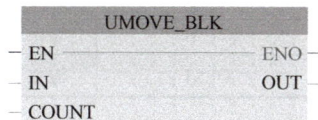

图 4-5　UMOVE_BLK 指令的结构

表 4-3　UMOVE_BLK 指令的引脚定义

引脚	引脚定义	
EN	使能输入端	
IN	源起始地址	
COUNT	要复制的数据元素个数，数据类型只能是 UInt	
OUT	目标起始地址	
ENO	使能输出端	1：无错误。成功复制了全部的 COUNT 个元素
		0：源地址范围或目标地址范围超出可用存储区

数据复制操作遵循以下规则。

1）复制布尔型数据，应使用置位域、复位域、置位、复位指令或输出线圈指令。

2）复制单个基本数据类型，应使用 MOVE 指令。

3）复制基本数据类型数组，应使用 MOVE_BLK 指令或 UMOVE_BLK 指令。

4）复制结构，应使用 MOVE 指令。

5）复制字符串，应使用 S_MOVE 指令（移动字符串指令）。

6）复制字符串中的单个字符，应使用 MOVE 指令。

7）MOVE_BLK 指令和 UMOVE_BLK 指令不能用于将数组或结构复制到 I、Q 或 M 存储区。

4. MOVE_BLK_VARIANT 指令（移动块指令）

MOVE_BLK_VARIANT 指令与 MOVE_BLK 指令的作用类似，但是 MOVE_BLK_VARIANT 指令的用法更加灵活，它可以使用 SRC 将源地址的全部 DB 或者部分数据元素复制到目标地址的指定位置，源地址 DB 中的元素个数可以与目标地址 DB 中的元素个数不同（可以复制数组中的多个或单个元素）。MOVE_BLK_VARIANT 指令的结构如图 4-6 所示，引脚定义见表 4-4。

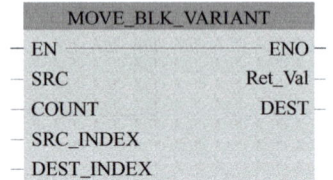

图 4-6　MOVE_BLK_VARIANT 指令的结构

表 4-4　MOVE_BLK_VARIANT 指令的引脚定义

引脚	引脚定义
EN	使能输入端
SRC	要进行复制操作的源数据块，数据类型为 Variant（指向数组或单独的数组元素）
COUNT	要复制的数据元素个数，数据类型只能是 UInt
SRC_INDEX	SRC 数组的零基索引，数据类型为 DInt
DEST_INDEX	DEST 数组的零基索引
ENO	使能输出端
Ret_Val	错误信息，数据类型为 Int
DEST	源数据块内容所要复制到的目标区域，数据类型为 Variant（指向数组或单独的数组元素）

5. Deserialize 指令（反序列化指令）

Deserialize 指令可将 PLC 数据类型（UDT）块的顺序表示转换回 PLC 数据类型并填充所有内容。若比较结果为 True，则指令输出为 True。Deserialize 指令的结构如图 4-7 所示，引脚定义见表 4-5。

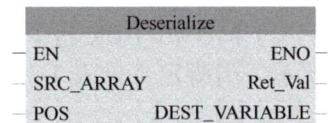

图 4-7　Deserialize 指令的结构

表 4-5　Deserialize 指令的引脚定义

引脚	引脚定义
EN	使能输入端
SRC_ARRAY	包含数据流的全局 DB，数据类型为 Variant
POS	已转换的 PLC 数据类型所使用的字节数，数据类型为 DInt
ENO	使能输出端
Ret_Val	错误信息，数据类型为 Int
DEST_VARIABLE	已转换的 PLC 数据类型存储所在的变量，数据类型为 Variant

6. Serialize 指令（序列化指令）

Serialize 指令将多个 PLC 数据类型转换成按顺序表达的版本，并且不丢失结构。可以使用此指令将程序中的多个结构化数据项暂时保存到缓存区中（例如保存到全局 DB 中），并发送给另一 CPU。存储已转换的 PLC 数据类型的存储区必须采用 Array of Byte 数据类型，并且已声明为标准访问方式。转换前要确保有足够的存储空间。Serialize 指令的结构如图 4-8 所示，引脚定义见表 4-6。

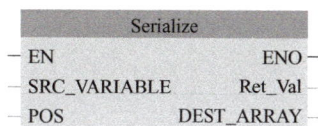

图 4-8　Serialize 指令的结构

表 4-6　Serialize 指令的引脚定义

引脚	引脚定义
EN	使能输入端
SRC_VARIABLE	待转换为按顺序表达版本 PLC 数据类型，数据类型为 Variant
POS	已转换的 PLC 数据类型所使用的字节数。计算出的 POS 参数是从 0 开始的，数据类型为 DInt
ENO	使能输出端
Ret_Val	错误信息，数据类型为 Int
DEST_ARRAY	所生成的数据流的存储目标 DB，数据类型为 Variant

7. FILL_BLK 指令（可中断块填充指令）

使用 FILL_BLK 指令可将源地址数据元素 IN 复制到通过参数 OUT 指定的目标起始地址中。复制过程不断重复并填充相邻的一组地址，直到副本数等于 COUNT 参数。在 FILL_BLK 指令执行期间排队并处理中断事件。FILL_BLK 指令的结构如图 4-9 所示，引脚定义见表 4-7。

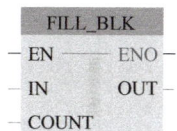

图 4-9　FILL_BLK 指令的结构

表 4-7　FILL_BLK 指令的引脚定义

引脚	引脚定义	
EN	使能输入端	
IN	数据源地址	
COUNT	要复制的数据元素个数，数据类型为 UDInt、USInt、UInt	
OUT	数据目标起始地址	
ENO	使能输出端	1：无错误，IN 中的元素成功复制到全部的 COUNT 个目标中
		0：目标地址范围超出可用存储区

FILL_BLK 指令的用法如图 4-10 所示。

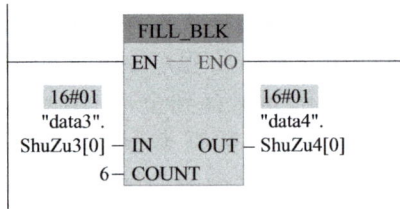

a) 用法举例

b) FILL_BLK指令执行前的数组状态

c) FILL_BLK指令执行后的数组状态

图 4-10　FILL_BLK 指令的用法

在图 4-10a 中，FILL_BLK 指令可以将 data3 中单个 ShuZu3[0] 的值 16#01 填充到 data4 的 ShuZu4[0] ～ ShuZu4[5] 中，填充的数据元素个数为 6。FILL_BLK 指令执行前和执行后的数组状态分别如图 4-10b 和图 4-10c 所示。

与 MOVE_BLK 指令不同的是，FILL_BLK 指令中 IN 的元素是单一的，而 MOVE_BLK 指令中 IN 的元素可以是连续多个。

8. UFILL_BLK 指令（不可中断块填充指令）

使用 UFILL_BLK 指令可将源地址数据元素 IN 复制到通过参数 OUT 指定的目标起始地址中。复制过程不断重复并填充相邻的一组地址，直到副本数等于 COUNT 参数。在 UFILL_BLK 指令执行期间排队但不处理中断事件。UFILL_BLK 指令的结构如图 4-11 所示，引脚定义见表 4-8。

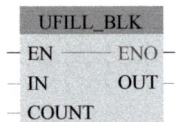

图 4-11　UFILL_BLK 指令的结构

表 4-8　UFILL_BLK 指令的引脚定义

引脚	引脚定义	
EN	使能输入端	
IN	数据源地址	
COUNT	要复制的数据元素个数，数据类型为 UDInt、USInt、UInt	
OUT	数据目标起始地址	
ENO	使能输出端	1：无错误，IN 中的元素成功复制到全部的 COUNT 个目标中
		0：目标地址范围超出可用存储区

9. SCATTER 指令（将位序列解析为单个位）

SCATTER 指令用于将数据类型为 Byte、Word 或 DWord 的变量解析为单个位，并保存在仅包含 Array of Bool、Struct 或 PLC 数据类型中，Array of Bool 不能为多维数组。例如，SCATTER 指令可以解析状态字，并使用索引读取和改变单个位的状态。SCATTER 指令的结构如图 4-12 所示，引脚定义见表 4-9。

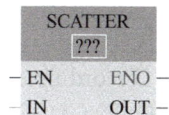

图 4-12　SCATTER 指令的结构

表 4-9　SCATTER 指令的引脚定义

引脚	引脚定义
EN	使能输入端
IN	所解析的位序列。这些值不得位于 I/O 区域或工艺对象的 DB 内。存储区为 I、Q、M、D、L
OUT	保存 Array of Bool、Struct 或 PLC 数据类型的各个位。存储区为 I、Q、M、D、L
ENO	使能输出端　若满足下列条件之一，则使能输出端 ENO 将返回信号状态"0"： ① 使能输入端 EN 的信号状态为"0" ② Array、Struct 或 PLC 数据类型中包含的 Bool 元素数目不足

10. SCATTER_BLK 指令（将 Array 型位序列中的元素解析为单个位）

SCATTER_BLK 指令用于将 Array of Byte、Array of Word 或 Array of DWord 的一个或多个元素解析为多个位，并保存在仅包含布尔型元素的 Struct、PLC 数据类型或 Array of Bool 中。SCATTER_BLK 指令的结构如图 4-13 所示，引脚定义见表 4-10。

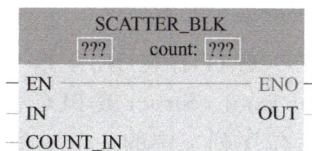

图 4-13　SCATTER_BLK 指令的结构

表 4-10　SCATTER_BLK 指令的引脚定义

引脚	引脚定义
EN	使能输入端
IN	所要解析的 Array of Byte、Array of Word 或 Array of DWord 中的一个或多个元素。这些值不得位于 I/O 区域或工艺对象的 DB 内。存储区为 I、Q、M、D、L
COUNT_IN	对被解析源数组中的元素数量进行计数
OUT	保存各个位的 Array、Struct 或 PLC 数据类型。存储区为 I、Q、M、D、L

（续）

引脚		引脚定义
ENO	使能输出端	若 ENO 为 False，则不会将任何数据写入输出端。若满足下列条件之一，则 ENO 将返回信号状态"0"： ① 使能输入端 EN 的信号状态为"0" ② 源数组中的元素数量少于 COUNT_IN 参数中的指定数量 ③ 目标数组的索引不以 Byte、Word 或 DWord 限值开始，在这种情况下，将不向 Array of Bool 中写入任何结果 ④ Array of Bool、Struct 或 PLC 数据类型未提供所需的元素数量

11. GATHER 指令（将单个位组合成一个位序列）

GATHER 指令用于将 Array of Bool、Struct 或 PLC 数据类型中的各个位组合为一个位序列。位序列保存在数据类型为 Byte、Word 或 DWord 的变量中。GATHER 指令的结构如图 4-14 所示，引脚定义见表 4-11。

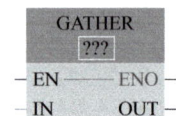

图 4-14　GATHER 指令的结构

表 4-11　GATHER 指令的引脚定义

引脚	引脚定义
EN	使能输入端
IN	Array、Struct 或 PLC 数据类型，这些数据类型中的各个位将组合为一个位序列。这些值不得位于 I/O 区域或工艺对象的 DB 内。存储区为 I、Q、M、D、L
OUT	组合后的位序列，保存在一个变量中。存储区为 I、Q、M、D、L
ENO	若满足下列条件之一，则使能输出端 ENO 将返回信号状态"0"： ① 使能输入端 EN 的信号状态为"0" ② Array、Struct 或 PLC 数据类型中 Bool 元素的数量少于或多于位序列所指定的数量，此时系统不传送 Bool 元素 ③ 可用的元素数少于所需的位数量 ④ Array of Bool、Struct 或 PLC 数据类型未提供所需的元素数量

12. GATHER_BLK 指令（将单个位组合为 Array 型位序列中的多个元素）

GATHER_BLK 指令用于将仅包含 Bool 元素的 Array of Bool、Struct 或 PLC 数据类型中的各个位组合为 Array of <位序列>中的一个或多个元素。GATHER_BLK 指令的结构如图 4-15 所示，引脚定义见表 4-12。

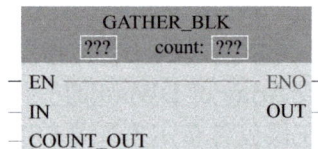

图 4-15　GATHER_BLK 指令的结构

表 4-12　GATHER_BLK 指令的引脚定义

引脚	引脚定义
EN	使能输入端
IN	Array of Bool、Struct 或 PLC 数据类型中的一个数组的元素，其中的各个位将组合为 OUT 参数。这些值不得位于 I/O 区域或工艺对象的 DB 内。存储区为 I、Q、M、D、L
OUT	组合后的位序列，保存在一个变量中。存储区为 I、Q、M、D、L
COUNT_OUT	计数要描述的目标数组中元素的数量。存储区为 I、Q、M、D、L

（续）

引脚	引脚定义
ENO	若 ENO 为 False，则不会将任何数据写入输出端。若满足下列条件之一，使能输出端 ENO 将返回信号状态 "0"： ① 使能输入端 EN 的信号状态为 "0" ② 源数组的索引不以 Byte、Word 或 DWord 限值开始，此时不会向 "Array of < 位序列 >" 中写入任何结果 ③ "ARRAY[*] of < 位序列 >" 中未提供所需的元素数量

注：ARRAY[*] 中的 "[*]" 是数组数据中的数组维度，其格式为 [维度 1 下限　维度 1 上限，维度 2 下限　维度 2 上限…]，最多包含 6 个维度。

13. SWAP 指令（交换指令）

SWAP 指令用于反转 2 字节和 4 字节数据元素的字节顺序，但不改变每个字节中的位顺序。SWAP 指令的结构如图 4-16 所示，引脚定义见表 4-13。

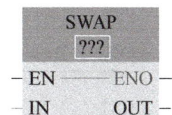

图 4-16　SWAP 指令的结构

表 4-13　SWAP 指令的引脚定义

引脚	引脚定义
EN	使能输入端
IN	有序数据字节。数据类型为 Word、DWord
OUT	反转有序数据字节。数据类型为 Word、DWord
ENO	使能输出端。执行 SWAP 指令之后，ENO 始终为 TRUE

SWAP 指令的用法，如图 4-17 所示。

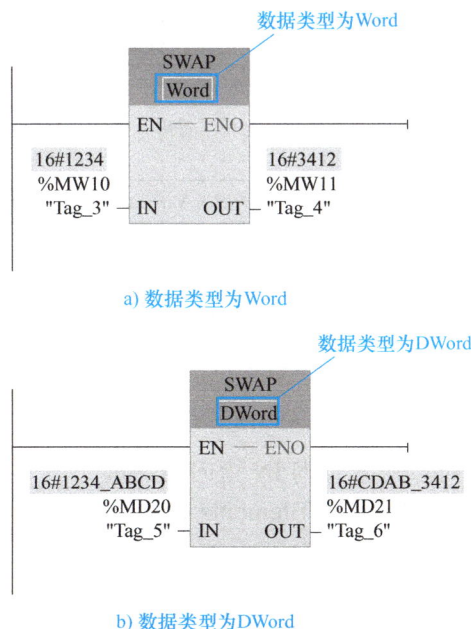

a) 数据类型为Word

b) 数据类型为DWord

图 4-17　SWAP 指令的用法

SWAP 指令的数据类型只能是 Word 或 DWord。如图 4-17a 所示，当需要进行字交换时，数据类型应选择为 Word，当 IN 端输入 16#1234 时，OUT 端输出 16#3412。如图 4-17b

所示，当需要进行双字交换时，数据类型应选择为 DWord，此时 IN 端输入 16#1234_ABCD，OUT 端输出 16#CDAB_3412。

14. VariantGet 指令（读取 VARIANT 变量值）

VariantGet 指令用于读取 SRC 所指向的变量值，并将其写入到 DST 所指向的变量中。VariantGet 指令的结构如图 4-18 所示，引脚定义见表 4-14。

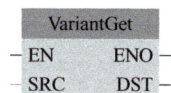

图 4-18　VariantGet 指令的结构

表 4-14　VariantGet 指令的引脚定义

引脚	引脚定义	
EN	使能输入端	
SRC	指向源数据的指针，数据类型为 Variant	
DST	将要写入数据的目标地址。数据类型为位字符串、整数、浮点数、定时器、日期和时间、字符串、Array 元素、PLC 数据类型	
ENO	使能输出端	1：无错误，指令会将 SRC 所指向的变量数据复制到 DST 所指向的变量中
		0：使能输入端 EN 的信号状态为 "0"，或数据类型不匹配，指令不复制任何数据

15. VariantPut 指令（写入 Variant 变量值）

VariantPut 指令用于将 SRC 所引用的变量写入到 DST 所指向的变量中。VariantPut 指令的结构如图 4-19 所示，引脚定义见表 4-15。

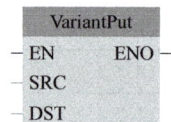

图 4-19　VariantPut 指令的结构

表 4-15　VariantPut 指令的引脚定义

引脚	引脚定义	
EN	使能输入端	
SRC	指向源数据的指针。数据类型为位字符串、整数、浮点数、定时器、日期和时间、字符串、Array 元素、PLC 数据类型	
DST	将要写入数据的目标地址。数据类型为 Variant	
ENO	使能输出端	1：无错误，指令会将 DST 所指向的变量数据复制到 SRC 所指向的变量中
		0：使能输入端 EN 的信号状态为 "0"，或数据类型不匹配，指令不复制任何数据

16. CountOfElements 指令（获取 Array 元素数量）

CountOfElements 指令可以用来查询 IN 指向的变量中所含有的 Array 元素数量。CountOfElements 指令的结构如图 4-20 所示，引脚定义见表 4-16。

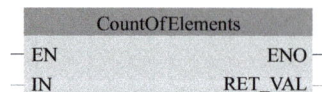

图 4-20　CountOfElements 指令的结构

表 4-16　CountOfElements 指令的引脚定义

引脚	引脚定义
EN	使能输入端
IN	待计算数组元素个数的变量，数据类型为 Variant

（续）

引脚		引脚定义
RET_VAL		指令结果，数据类型为 UDInt
ENO	使能输出端	1：无错误，指令将返回数组元素的数目
		0：使能输入端 EN 的信号状态为"0"或变量未指向数组，指令返回 0

17. LOWER_BOUND 指令（读取 Array 下限）

LOWER_BOUND 指令允许读取 Array 的变量下限。LOWER_BOUND 指令的结构如图 4-21 所示，引脚定义见表 4-17。

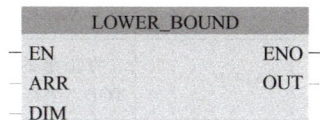

图 4-21　LOWER_BOUND 指令的结构

表 4-17　LOWER_BOUND 指令的引脚定义

引脚		引脚定义
EN		使能输入端
ARR		待读取可变下限的 Array，数据类型为 Array [*]
DIM		待读取可变下限的 Array 维数，数据类型为 UDInt
OUT		结果，数据类型为 DInt
ENO	使能输出端	若满足下列条件之一，则使能输出端 ENO 的信号状态为"0"： ① 使能输入端 EN 的信号状态为"0" ② 输入端 DIM 指定的维数不存在

18. UPPER_BOUND 指令（读取 Array 上限）

UPPER_BOUND 指令允许读取 Array 的变量上限。UPPER_BOUND 指令的结构如图 4-22 所示，引脚定义见表 4-18。

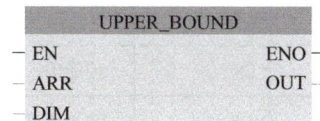

图 4-22　UPPER_BOUND 指令的结构

表 4-18　UPPER_BOUND 指令的引脚定义

引脚		引脚定义
EN		使能输入端
ARR		待读取可变上限的 Array，数据类型为 Array [*]
DIM		待读取可变上限的 Array 维数，数据类型为 UDInt
OUT		结果，数据类型为 DInt
ENO	使能输出端	若满足下列条件之一，则使能输出端 ENO 的信号状态为"0"： ① 使能输入端 EN 的信号状态为"0" ② 输入端 DIM 指定的维数不存在

19. FieldRead 指令（读取域指令）

FieldRead 指令用于将 INDEX 索引对应的 MEMBER 数组中的元素读取出来传送到 VALUE 中。FieldRead 指令的结构如图 4-23 所示，引脚定义见表 4-19。

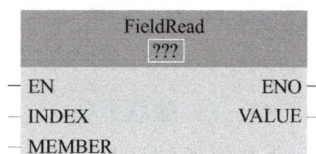

图 4-23　FieldRead 指令的结构

表 4-19　FieldRead 指令的引脚定义

引脚	引脚定义
EN	使能输入端
INDEX	输入要读取的数组元素的索引号，数据类型为 DInt
MEMBER	输入在全局 DB 或块接口中定义的一维数组的第一个元素的位置。数据类型为二进制数、整数、浮点数、定时器、Date、TOD 以及作为 Array 变量元素的字符和宽字符（WChar）。数据类型必须与 VALUE 相同
VALUE	将指定的数组元素复制到的位置。数据类型为二进制数、整数、浮点数、定时器、Date、TOD、字符、宽字符。数据类型必须与 MEMBER 相同
ENO	使能输出端　若满足下列条件之一，则使能输出端 ENO 的信号状态为"0"： ① 使能输入端 EN 的信号状态为"0" ② 在 MEMBER 参数引用的数组中未定义 INDEX 参数指定的数组元素 ③ 处理过程中发生溢出类错误

20. FieldWrite 指令（写入域指令）

FieldWrite 指令用于将 VALUE 的值通过 INDEX 索引写入 MEMBER 所在的数组元素中。该值将传送给由 INDEX 参数指定数组索引的数组元素。FieldWrite 指令的结构如图 4-24 所示，引脚定义见表 4-20。

图 4-24　FieldWrite 指令的结构

表 4-20　FieldWrite 指令的引脚定义

引脚	引脚定义
EN	使能输入端
INDEX	输入要读取或写入的数组元素的索引号，数据类型为 DInt
MEMBER	输入在全局 DB 或块接口中定义的一维数组的第一个元素的位置。数据类型为二进制数、整数、浮点数、定时器、Date、TOD 以及作为 Array 变量元素的字符和宽字符。数据类型必须与 VALUE 相同
VALUE	被复制到指定的数组元素的值的位置。数据类型为二进制数、整数、浮点数、定时器、Date、TOD、字符、宽字符。数据类型必须与 MEMBER 相同
ENO	使能输出端　若满足下列条件之一，则使能输出端 ENO 的信号状态为"0"： ① 使能输入端 EN 的信号状态为"0" ② 在 MEMBER 参数引用的数组中未定义 INDEX 参数指定的数组元素 ③ 处理过程中发生溢出类错误

任务实施

1. 工作流程分析

竞赛抢答器显示屏的工作流程如图 4-25 所示。

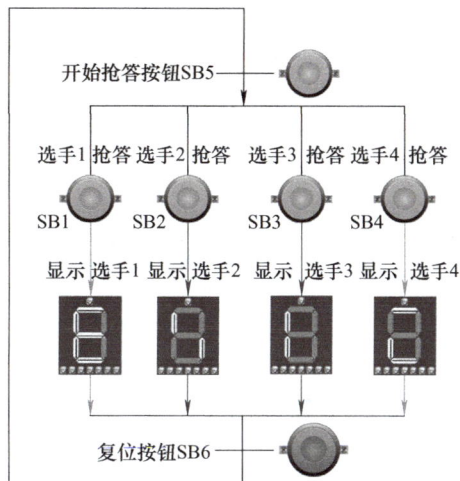

图 4-25　竞赛抢答器显示屏的工作流程

2. 设备 I/O 分配及接线图

1）设备 I/O 分配见表 4-21。

表 4-21　设备 I/O 分配

输入（I）			输出（Q）		
设备	符号	地址	设备	符号	地址
选手 1	SB1	I0.0	七段数码管 a 段	a	Q2.0
选手 2	SB2	I0.1	七段数码管 b 段	b	Q2.1
选手 3	SB3	I0.2	七段数码管 c 段	c	Q2.2
选手 4	SB4	I0.3	七段数码管 d 段	d	Q2.3
开始抢答按钮	SB5	I0.4	七段数码管 e 段	e	Q2.4
复位按钮	SB6	I0.5	七段数码管 f 段	f	Q2.5
			七段数码管 g 段	g	Q2.6

2）竞赛抢答器显示屏的 I/O 接线图如图 4-26 所示。

3. 项目配置与组态

1）创建工程项目。在 Portal 视图中单击"创建新项目"选项，输入项目名称"抢答器显示屏的 PLC 设计"，选择项目保存路径，单击"创建"按钮，创建项目完成。

2）添加新设备。在 Portal 视图中单击"打开项目视图"选项，在项目树中打开"抢答器显示屏的 PLC 设计"的下级菜单，然后单击"添加新设备"选项，在打开的"添加新设备"对话框中单击"控制器"按钮，在中间的目录树中依次单击"SIMATIC S7-1200"→"CPU"→"CPU 1212C AC/DC/Rly"各选项前面的下拉按钮，或依次双击选项名称，再打开"6ES7 214-1AG40-0XB0"选项，单击对话框右下角的"确定"按钮，添加新设备完成。

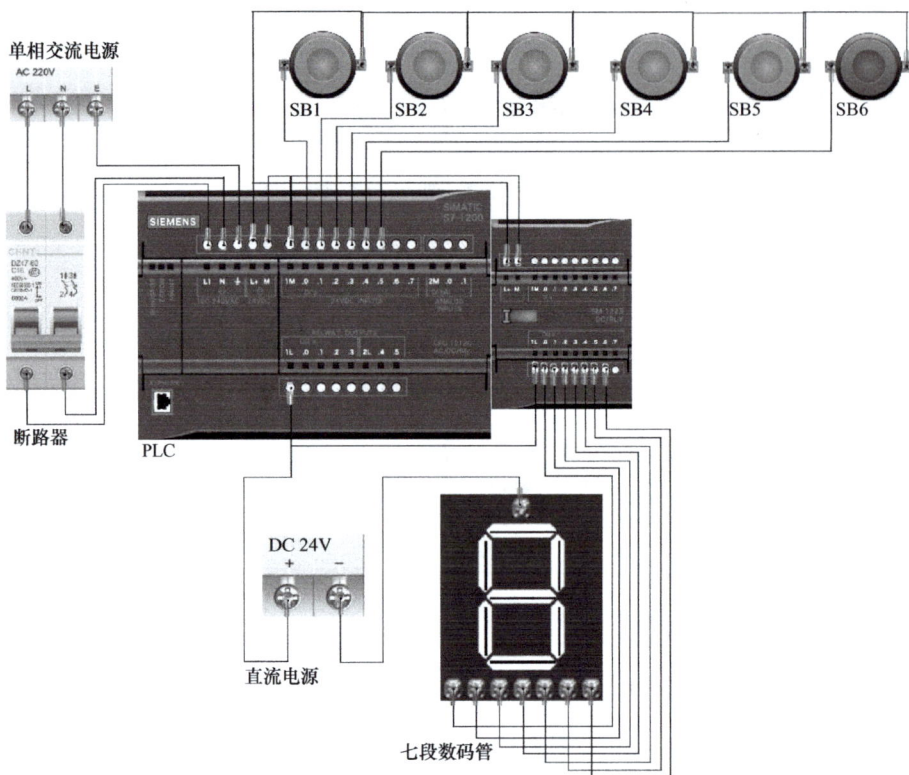

图 4-26　竞赛抢答器显示屏的 I/O 接线图

3）编辑变量表。在项目树中，依次双击"PLC_1[CPU 1212C AC/DC/Rly]"→"PLC 变量"→"添加新变量表"，生成"变量表_1[0]"。右击"变量表_1[0]"，单击"重命名"命令，将变量表命名为"抢答器显示屏变量表"，修改完成后，双击"抢答器显示屏变量表"选项，并根据 I/O 分配编辑变量表，如图 4-27 所示。

	名称	数据类型	地址	保持	从 H...	从 H...	在 H...	注释
1	选手1	Bool	%I0.0		✓	✓	✓	
2	选手2	Bool	%I0.1		✓	✓	✓	
3	选手3	Bool	%I0.2		✓	✓	✓	
4	选手4	Bool	%I0.3		✓	✓	✓	
5	开始抢答按钮	Bool	%I0.4		✓	✓	✓	
6	复位按钮	Bool	%I0.5		✓	✓	✓	
7	七段数码管a段	Bool	%Q2.0		✓	✓	✓	
8	七段数码管b段	Bool	%Q2.1		✓	✓	✓	
9	七段数码管c段	Bool	%Q2.2		✓	✓	✓	
10	七段数码管d段	Bool	%Q2.3		✓	✓	✓	
11	七段数码管e段	Bool	%Q2.4		✓	✓	✓	
12	七段数码管f段	Bool	%Q2.5		✓	✓	✓	
13	七段数码管g段	Bool	%Q2.6		✓	✓	✓	
14	选手编号	Byte	%MB10		✓	✓	✓	
15	七段码显示	Byte	%QB2		✓	✓	✓	
16	<新增>				✓	✓	✓	

图 4-27　编辑变量表

4. 程序编写

竞赛抢答器显示屏的 PLC 控制梯形图如图 4-28 所示。

竞赛抢答器
显示屏的
PLC 设计

▶　块标题：抢答器显示屏的PLC控制梯形图

▼　程序段1：抢答器起动及抢答系统复位

注释

```
        %I0.4                                                        %M20.0
     "开始抢答按钮"                                                    "Tag_2"
      ┤├─────────────────────────────────────────────────────────────( S )──┤

        %I0.5                        ┌─── MOVE ───┐                    %M20.0
      "复位按钮"                      │EN      ENO│                     "Tag_2"
      ┤├────────────────────────────┤            ├───────────────────(RESET_BF)
                          16#00 ─── IN          │                        S
                                     │    OUT1├── %MB10               %Q2.0
                                     └────────────┘  "选手编号"      "七段数码管a段"
                                                                    (RESET_BF)
                                                                        S
```

▼　程序段2：选手1抢答及状态显示

注释

```
    %I0.0        %M20.0       %M20.2       %M20.3       %M20.4       %M20.1
   "选手1"       "Tag_2"      "Tag_15"     "Tag_16"     "Tag_17"     "Tag_7"
   ┤├──────────┤├──────────┤/├──────────┤/├──────────┤/├──────────( )──┤

   %M20.1
   "Tag_7"
   ┤├────────┘

   %M20.1                  ┌─── MOVE ───┐
   "Tag_7"                 │EN      ENO│
   ┤├─────────────────────┤            ├──────────┤
                           │            │
                 16#06 ─── IN          │
                           │    OUT1├── %MB10
                           └────────────┘  "选手编号"
```

▼　程序段3：选手2抢答及状态显示

注释

```
    %I0.1        %M20.0       %M20.1       %M20.3       %M20.4       %M20.2
   "选手2"       "Tag_2"      "Tag_7"      "Tag_16"     "Tag_17"     "Tag_15"
   ┤├──────────┤├──────────┤/├──────────┤/├──────────┤/├──────────( )──┤

   %M20.2
   "Tag_15"
   ┤├────────┘

   %M20.2                  ┌─── MOVE ───┐
   "Tag_15"                │EN      ENO│
   ┤├─────────────────────┤            ├──────────┤
                           │            │
                 16#5B ─── IN          │
                           │    OUT1├── %MB10
                           └────────────┘  "选手编号"
```

▼　程序段4：选手3抢答及状态显示

注释

```
    %I0.2        %M20.0       %M20.1       %M20.2       %M20.4       %M20.3
   "选手3"       "Tag_2"      "Tag_7"      "Tag_15"     "Tag_17"     "Tag_16"
   ┤├──────────┤├──────────┤/├──────────┤/├──────────┤/├──────────( )──┤

   %M20.3
   "Tag_16"
   ┤├────────┘

   %M20.3                  ┌─── MOVE ───┐
   "Tag_16"                │EN      ENO│
   ┤├─────────────────────┤            ├──────────┤
                           │            │
                 16#4F ─── IN          │
                           │    OUT1├── %MB10
                           └────────────┘  "选手编号"
```

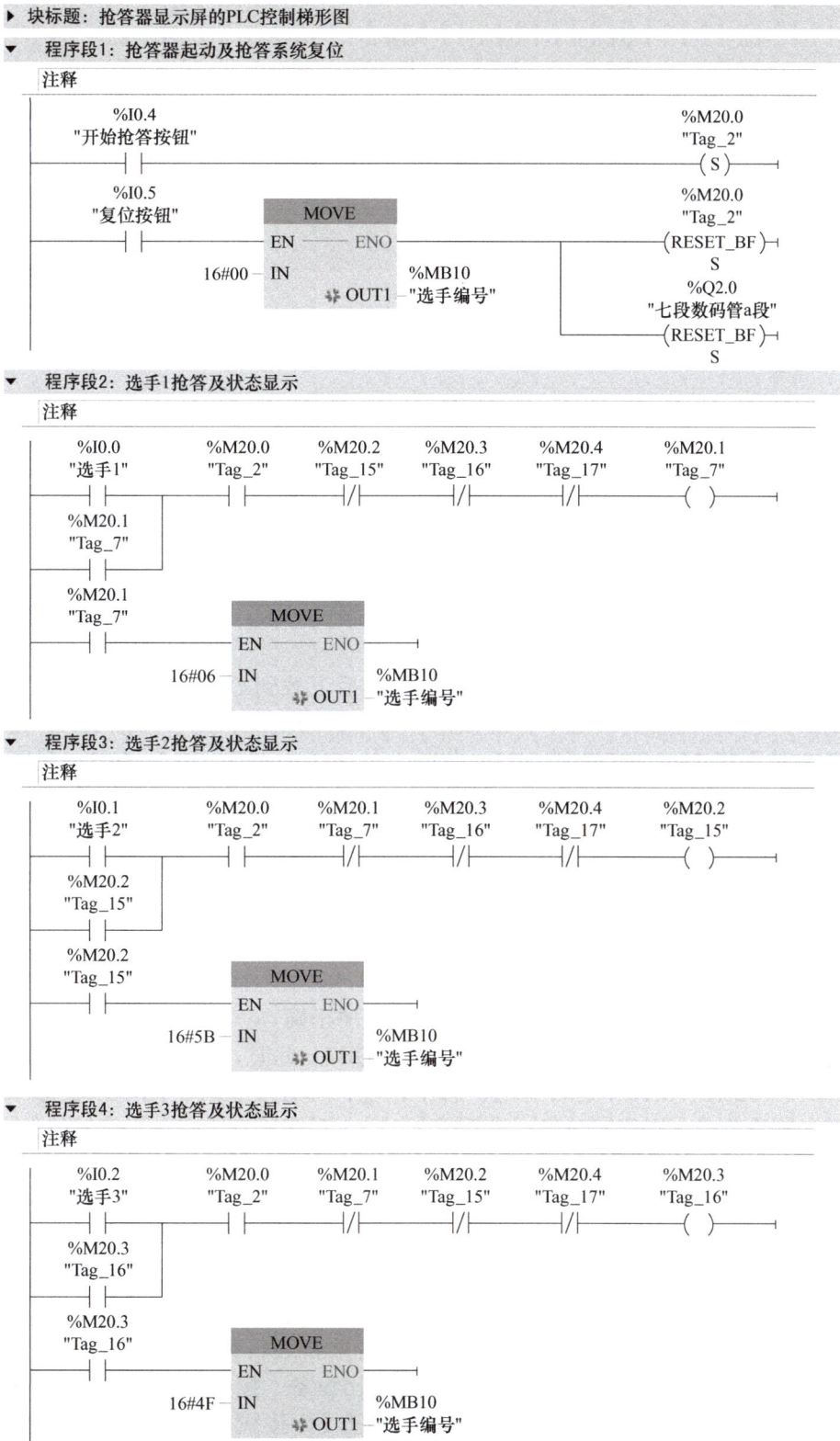

图 4-28　竞赛抢答器显示屏的 PLC 控制梯形图

▼ 程序段5：选手4抢答及状态显示

注释

```
%I0.3        %M20.0       %M20.1       %M20.2       %M20.3       %M20.4
"选手4"       "Tag_2"      "Tag_7"      "Tag_15"     "Tag_16"     "Tag_17"
──┤├─────────┤├─────────┤/├─────────┤/├─────────┤/├─────────( )──

%M20.4
"Tag_17"
──┤├──

%M20.4
"Tag_17"                 MOVE
──┤├──              ┌──────────────┐
                    │ EN       ENO ├──
            16#66 ──┤ IN           │
                    │      OUT1 ├── %MB10
                    └──────────────┘  "选手编号"
```

▼ 程序段6：显示选手编号

注释

```
%M20.0
"Tag_2"             MOVE
──┤├──          ┌──────────────┐
                │ EN       ENO ├──
        %MB10   │              │
      "选手编号" ─┤ IN      OUT1 ├── %QB2
                └──────────────┘  "七段码显示"
```

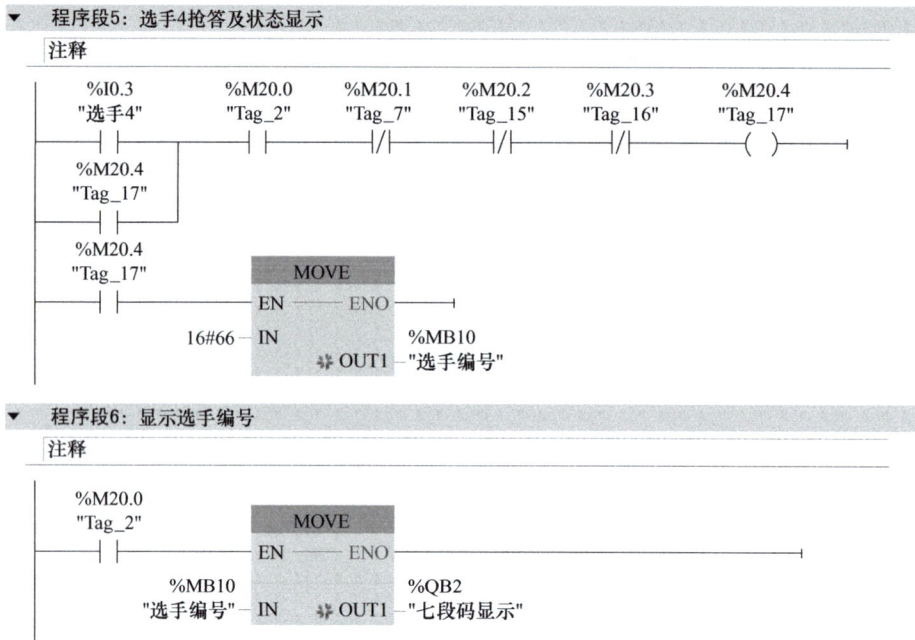

图 4-28　竞赛抢答器显示屏的 PLC 控制梯形图（续）

5. 安装与调试运行

将设备组态及图 4-28 所示的梯形图程序编译后下载到 CPU 中，启动 CPU，将 CPU 切换至 RUN 模式，在监视状态下，模拟抢答器运行的情况，闭合触点 I0.4，接通 I0.0，观察 MB10 是否将 16#06 传递到 QB2；此时，分别接通 I0.1、I0.2、I0.3，观察 M20.2、M20.3、M20.4 是否得电，若不得电，则程序正确；同时观察 QB2 的数值是否改变，若不改变，则程序正确；最后闭合 I0.5，观察所有线圈是否能复位；再次闭合 I0.4，查看 QB2 的数据是否为 16#00，若是，则程序正确。

接通 I0.1，观察 MB10 是否将 16#5B 传递到 QB2。此时，分别接通 I0.0、I0.2、I0.3，观察 M20.1、M20.3、M20.4 是否得电，若不得电，则程序正确；同时观察 QB2 的数值是否改变，若不改变，则程序正确；最后闭合 I0.5，观察所有线圈是否能复位；再次闭合 I0.4，查看 QB2 的数据是否为 16#00，若是，则程序正确。

接通 I0.2，观察 MB10 是否将 16#4F 传递到 QB2。此时，分别接通 I0.0、I0.1、I0.3，观察 M20.1、M20.2、M20.4 是否得电，若不得电，则程序正确；同时观察 QB2 的数值是否改变，若不改变，则程序正确；最后闭合 I0.5，观察所有线圈是否能复位；再次闭合 I0.4，查看 QB2 的数据是否为 16#00，若是，则程序正确。

接通 I0.3，观察 MB10 是否将 16#66 传递到 QB2。此时，分别接通 I0.0、I0.1、I0.2，观察 M20.1、M20.2、M20.3 是否得电，若不得电，则程序正确；同时观察 QB2 的数值是否改变，若不改变，则程序正确；最后闭合 I0.5，观察所有线圈是否能复位；再次闭合 I0.4，查看 QB2 的数据是否为 16#00，若是，则程序正确。

若不能满足以上工作流程，则程序错误，请重新编辑程序。确保程序无误后，按图 4-26 所示的 I/O 接线图正确连接输入设备、输出设备，接通电源，按照调试程序的步骤继续进行验证，如果不能按控制要求动作，检查 I/O 接线，更改接线后，再次通电验证，直至程序和硬件符合控制要求。

任务 4.2　竞赛抢答器的 PLC 设计

任务描述

结合任务 4.1，设计一个竞赛抢答器，实现以下功能。

1）主持人按下开始抢答按钮后，允许抢答指示灯点亮，参赛选手可以按下抢答按钮，此时为正常抢答；若主持人没有按下开始抢答按钮，则参赛选手按下抢答按钮视为违规抢答。

2）正常抢答中任何一位参赛选手抢答成功时，该抢答位对应的指示灯点亮，同时显示屏上会显示选手编号，其他选手不能参与抢答。

3）若参赛选手出现违规抢答，则该抢答位指示灯不亮，但显示屏上会显示选手编号且蜂鸣器会提示，此时其他选手不能参与抢答。

4）当答题完毕或者出现违规抢答时，主持人按下复位按钮，进行系统复位，为下一次竞赛做准备。

知识链接

4.2.1　程序控制指令

程序控制指令是用于控制梯形图程序执行流程的指令，它们可以改变程序的执行顺序，使程序能够根据不同的条件执行不同的操作。程序控制指令可以实现复杂的逻辑和控制流程，使程序更加的灵活和高效。在西门子 S7-1200 PLC 中，程序控制指令主要包括跳转指令（JMP 指令、JMPN 指令），跳转列表指令（JMP_LIST 指令）、跳转分配器（SWITCH 指令）、返回指令（RET 指令）等。

1. JMP 指令

JMP 指令可以使当前的程序跳转到指定的程序段，必须与跳转标签 Label_name 配合使用，跳转标签 Label_name 的作用是声明 JMP 指令将要跳转到目标程序段的位置。JMP 指令介绍见表 4-22。

表 4-22　JMP 指令介绍

梯形图	函数块图	说明
<???> —(JMP)—┤	<???> JMP …	逻辑运算结果为"1"时跳转。若有能流通过 JMP 线圈或者 JMP 函数块图的输入为 True，则程序将从指定标签后的第一条指令继续执行
<???>	<???>	JMP 跳转指令的目标标签

2. JMPN 指令

JMPN 指令与 JMP 指令的功能一样，只不过是在逻辑运算结果为"0"时执行跳转。JMPN 指令介绍见表 4-23。

表 4-23　JMPN 指令介绍

梯形图	函数块图	说明
<???> —(JMPN)—⊣	<???> JMPN <??.?>	逻辑运算结果为"0"时跳转。若没有能流通过 JMPN 线圈或者 JMPN 函数块图的输入为 False，则程序将从指定标签后的第一条指令继续执行
<???>	<???>	JMPN 跳转指令的目标标签

使用跳转指令时，需要注意以下事项。

1）各标签在代码块内必须唯一。

2）可以在代码块中进行跳转，但不能从一个代码块跳转到另一个代码块。

3）可以向前或向后跳转。

4）可以在同一代码块中从多个位置跳转到同一标签。

[例 4-1] 在铸造行业中，孕育剂加料系统控制有手动加料和自动加料两种运行模式，I0.2 为手动/自动模式转换开关。当自动模式接通时，加料机自行起动并按照运行 20s、停止 10s 的规律循环运行；当手动模式接通时，加料机的起动和停止需要分别通过 I0.0 和 I0.1 来实现，加料机不再需要计时。跳转指令的应用如图 4-29 所示。

跳转指令的
使用方法

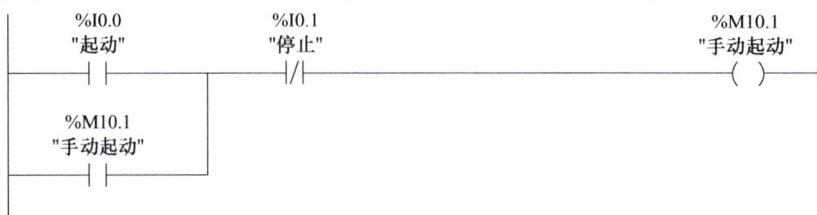

图 4-29　跳转指令的应用

程序段3：自动模式起动与停止

注释

A1

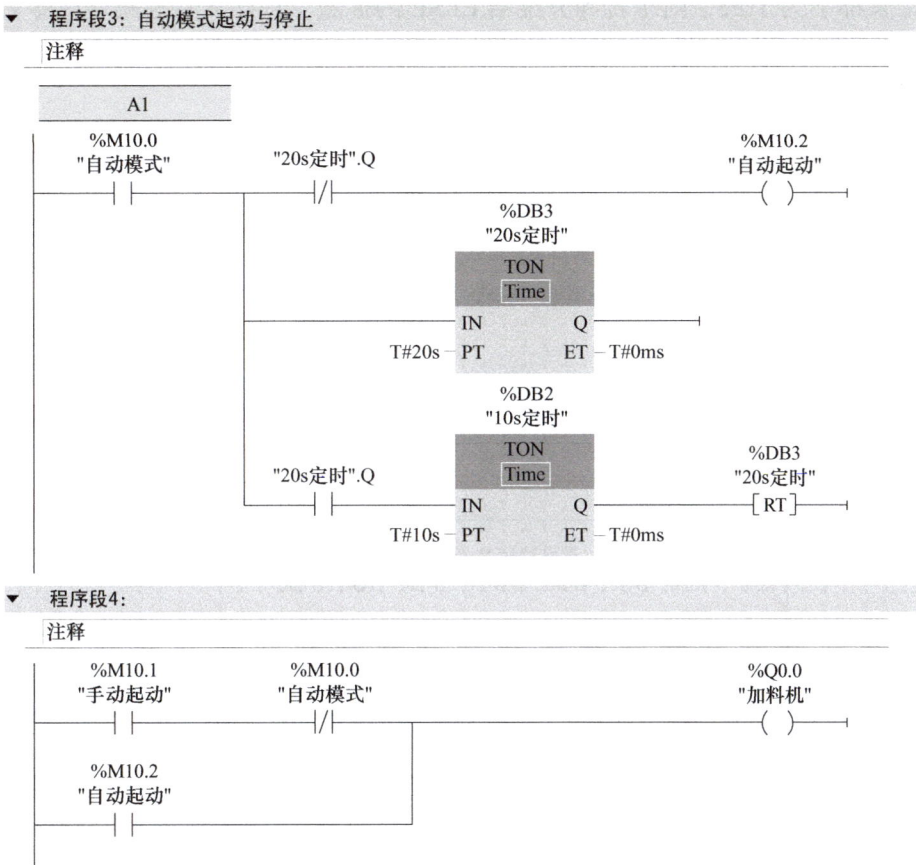

图 4-29　跳转指令的应用（续）

3. JMP_LIST 指令

JMP_LIST 指令用作程序跳转分配器，控制程序段的执行。根据 K 输入的值跳转到相应的程序标签，程序从目标跳转标签后面的程序指令继续执行。若 K 输入的值超过标签数，则不进行跳转，继续处理下一程序段。JMP_LIST 指令的结构如图 4-30 所示，引脚定义见表 4-24。

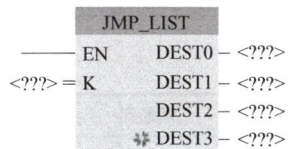

图 4-30　JMP_LIST 指令的结构

表 4-24　JMP_LIST 指令的引脚定义

引脚	引脚定义
EN	使能输入端
K	跳转分配器控制值，数据类型为 UInt
DEST0，DEST1，…DEST*n*	与特定 K 参数值对应的目标跳转标签。若 K 输入的值为 0，则跳转到分配给 DEST0 输出的程序标签。若 K 输入的值为 1，则跳转到分配给 DEST1 输出的程序标签，以此类推。若 K 输入的值超过标签数，则不进行跳转，继续处理下一程序段

4. SWITCH 指令

SWITCH 指令也用作程序跳转分配器，控制程序段的执行。通过 K 输入的值与分配给指定比较输入的值的比较结果，跳转到与第一个为 True 的比较测试相对应的程序标签。

若比较结果都不为 True，则跳转到分配给 ELSE 的标签。程序从目标跳转标签后面的程序指令继续执行。SWITCH 指令的结构如图 4-31 所示，引脚定义见表 4-25。

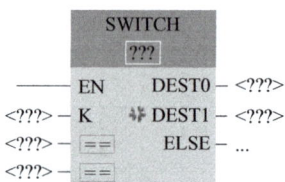

图 4-31　SWITCH 指令的结构

表 4-25　SWITCH 指令的引脚定义

引脚	引脚定义
EN	使能输入端
K	常用比较值输入
"==" "<>" "<" "<=" ">" ">="	分隔比较值输入，获得特定比较类型。数据类型为 SInt、Int、DInt、USInt、UInt、UDInt、Real、LReal、Byte、Word、DWord、Time、TOD、Date
DEST0, DEST1, … DESTn, ELSE	与特定比较值对应的目标跳转标签。首先处理 K 输入下面的第一个比较值输入，若 K 输入的值与该输入的比较结果为 True，则跳转到分配给 DEST0 的标签。下一比较值测试使用接下来的下一个输入，若比较结果为 True，则跳转到分配给 DEST1 的标签。依次对其他比较值进行类似的处理，若比较结果都不为 True，则跳转到分配给 ELSE 输出的标签

注：K 输入和分隔比较值输入（"=="""<>""<""<=""">"">="）的数据类型必须相同。

5. RET 指令

RET 指令用于终止当前块的执行。当且仅当有能流通过 RET 线圈或者当 RET 函数块图的输入为 True 时，当前块的程序执行将在该点终止，并且不执行 RET 指令以后的指令。RET 指令见表 4-26。

表 4-26　RET 指令

梯形图	函数块图	说明
<??.?> —(RET)—	<??.?> RET ...	终止当前块的执行

4.2.2　字逻辑运算指令

字逻辑运算指令是西门子 S7-1200 PLC 基本指令中常见的指令，其主要功能是对字数据进行逻辑运算，并将结果存储到指定的输出地址当中。字逻辑运算指令主要包括与运算（AND）、或运算（OR）、异或运算（XOR）、求反码（INV）、解码（DECO）、编码（ENCO）、选择（SEL）、多路复用（MUX）、多路分用（DEMUX）等指令。

1. AND 指令

AND 指令将操作数 IN1 和 IN2 进行逻辑与运算，将结果存储到 OUT 当中。AND 指令的结构如图 4-32 所示，引脚定义见表 4-27。

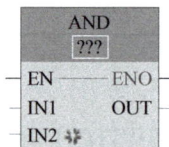

图 4-32　AND 指令的结构

表 4-27　AND 指令的引脚定义

引脚	引脚定义
EN	使能输入端
ENO	使能输出端
IN1	操作数 IN1 逻辑输入，数据类型为 Byte、Word、DWord
IN2	操作数 IN2 逻辑输入，数据类型为 Byte、Word、DWord
OUT	逻辑输出，数据类型为 Byte、Word、DWord

[例 4-2] 与运算举例如图 4-33 所示，分析程序中 IN1 与 IN2 进行与运算后 OUT 的结果。

在图 4-33 中，MB10 中存储的是 16#03（2#00000011），MB20 中存储的是 16#FE（2#11111110），MB10 与 MB20 进行与运算的过程是将两个字节数据的二进制数中的每一位进行与运算，运算结果为 2#00000010，并将运算结果转换为 16#02 进行输出，存在 MB30 中。

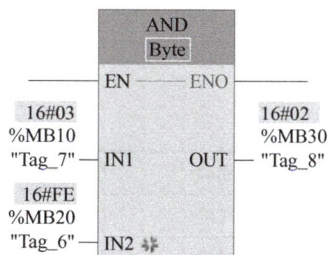

图 4-33　与运算举例

2. OR 指令

OR 指令将操作数 IN1 和 IN2 进行逻辑或运算，将结果存储到 OUT 当中。OR 指令的结构如图 4-34 所示，引脚定义见表 4-28。

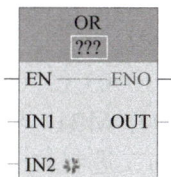

图 4-34　OR 指令的结构

表 4-28　OR 指令的引脚定义

引脚	引脚定义
EN	使能输入端
ENO	使能输出端
IN1	操作数 IN1 逻辑输入，数据类型为 Byte、Word、DWord
IN2	操作数 IN2 逻辑输入，数据类型为 Byte、Word、DWord
OUT	逻辑输出，数据类型为 Byte、Word、DWord

[例 4-3] 或运算举例如图 4-35 所示，分析程序中 IN1 与 IN2 进行或运算后 OUT 的结果。

在图 4-35 中，MB10 中存储的是 16#03（2#00000011），MB20 中存储的是 16#FE（2#11111110），MB10 与 MB20 进行或运算的过程是将两个字节数据的二进制数中的每一位进行或运算，运算结果为 2#11111111，并将运算结果转换为 16#FF 进行输出，存在 MB30 中。

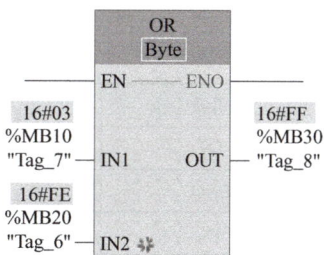

图 4-35　或运算举例

3. XOR 指令

XOR 指令将操作数 IN1 和 IN2 进行异或运算，将结果存储到 OUT 当中。XOR 指令的结构如图 4-36 所示，引脚定义见表 4-29。

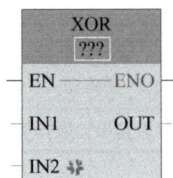

图 4-36　XOR 指令的结构

表 4-29　XOR 指令的引脚定义

引脚	引脚定义
EN	使能输入端
ENO	使能输出端
IN1	操作数 IN1 逻辑输入，数据类型为 Byte、Word、DWord
IN2	操作数 IN2 逻辑输入，数据类型为 Byte、Word、DWord
OUT	逻辑输出，数据类型为 Byte、Word、DWord

[例 4-4] 异或运算举例如图 4-37 所示，分析程序中 IN1 与 IN2 进行异或运算后 OUT 的结果。

在图 4-37 中，MB10 中存储的是 16#03（2#00000011），MB20 中存储的是 16#FE（2#11111110），MB10 与 MB20 进行异或运算的过程是将两个字节数据的二进制数中的每一位进行异或运算，运算结果为 2#11111101，并将运算结果转换为 16#FD 进行输出，存在 MB30 中。

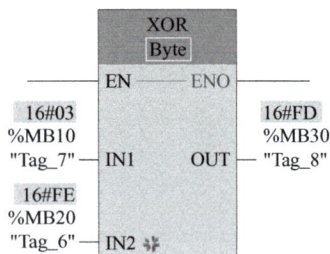

图 4-37　异或运算举例

4. INV 指令

INV 指令将参数 IN 中的每一个二进制位进行取反，将结果存储到 OUT 当中。INV 指令的结构如图 4-38 所示，引脚定义见表 4-30。

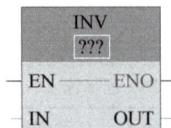

图 4-38　INV 指令的结构

表 4-30　INV 指令的引脚定义

引脚	引脚定义
EN	使能输入端
ENO	使能输出端
IN	要取反的数据元素，数据类型为 SInt、Int、DInt、USInt、UInt、UDInt、Byte、Word、DWord
OUT	取反后的输出，数据类型为 SInt、Int、DInt、USInt、UInt、UDInt、Byte、Word、DWord

[例 4-5] 求反码运算举例如图 4-39 所示，分析程序中 IN 求反码运算后 OUT 的结果。

在图 4-39 中，MB10 中存储的是 16#00（2#00000000），进行求反码运算的过程是将 MB10 字节数据的二进制数中的每一位取反，即"0"变为"1"，运算结果为 2#11111111，并将运算结果转换为 16#FF 进行输出，存在 MB20 中。

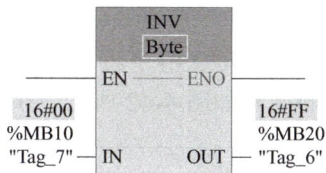

图 4-39   求反码运算举例

5. DECO 指令

DECO 指令将参数 IN 中相对应的二进制位置"1"，其他所有二进制位置"0"，进行输出。DECO 指令的结构如图 4-40 所示，引脚定义见表 4-31。

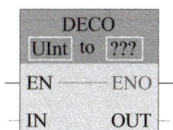

图 4-40   DECO 指令的结构

表 4-31   DECO 指令的引脚定义

引脚	引脚定义
EN	使能输入端
ENO	使能输出端
IN	要解码的值，数据类型为 UInt
OUT	解码后的位序列，数据类型为 Byte、Word、DWord

在 DECO 指令中，若 OUT 数据类型选择为 Byte，则 OUT 的数据最多不能超过 8 位，若 IN 中的数据超过 8 位，则 OUT 中的数据继续从第 0 位开始循环计算。

[例 4-6] 解码运算举例如图 4-41 所示，分析程序进行解码运算后的结果。

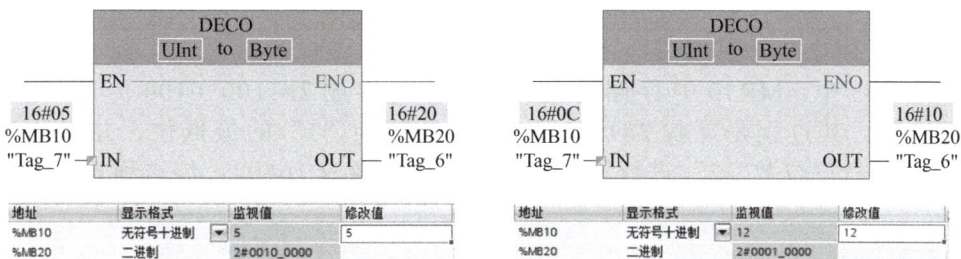

a) IN 的数据位长度不超过 8 位   b) IN 的数据位长度超过 8 位

图 4-41   解码运算举例

在图 4-41a 中，MB10 中存储的是十进制数 5，进行解码运算的过程是将 MB10 的二进制数中的第 5 位（从最右边开始为第 0 位）置"1"，其他 7 位全部置"0"，即生成 2#0010_0000，最后将结果转换为 16#20 保存在 MB20 中。

在图 4-41b 中，MB10 中存储的是十进制数 12，进行解码运算的过程是将 MB10 的二进制数中的第 4 位（12÷8 取余数 4）置"1"，其他 7 位全部置"0"，即生成 2#0001_0000，最后将结果转换为 16#10 保存在 MB20 中。

6. ENCO 指令

ENCO 指令将参数 IN 中二进制数最低位的位数值传给 OUT 进行输出。ENCO 指令的结构如图 4-42 所示，引脚定义见表 4-32。

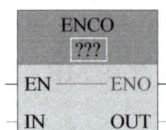

图 4-42　ENCO 指令的结构

表 4-32　ENCO 指令的引脚定义

引脚	引脚定义
EN	使能输入端
ENO	使能输出端
IN	要编码的位序列，数据类型为 Byte、Word、DWord
OUT	编码后的值，数据类型为 UInt

[例 4-7] 编码运算举例如图 4-43 所示，分析程序进行编码运算后的结果。

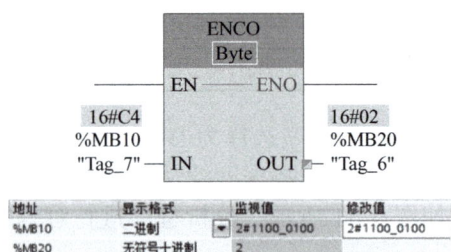

图 4-43　编码运算举例

在图 4-43 中，MB10 中存储的是 16#C4，转换成 2#1100_0100 传送到 IN 中进行编码运算，其过程是寻找 2#1100_0100 中数值为 "1" 的最低位，并将这个数值为 "1" 的最低位位数 "2" 进行输出，输出结果转换成 16#02，传送到 MB20 中进行存储。

7. SEL 指令

SEL 指令根据参数 G 的 Bool 状态将 IN0 或 IN1 的值选择性地分配给 OUT 进行输出。SEL 指令的结构如图 4-44 所示，引脚定义见表 4-33。

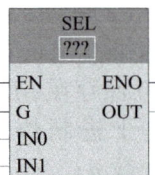

图 4-44　SEL 指令的结构

表 4-33　SEL 指令的引脚定义

引脚	引脚定义
EN	使能输入端
ENO	使能输出端
G	选择开关，为 "0" 时选择 IN0 进行输出，为 "1" 时选择 IN1 进行输出
IN0、IN1	输入，数据类型为 SInt、Int、DInt、USInt、UInt、UDInt、Real、LReal、Byte、Word、DWord、Time、Date、TOD、Char、WChar
OUT	输出，数据类型为 SInt、Int、DInt、USInt、UInt、UDInt、Real、LReal、Byte、Word、DWord、Time、Date、TOD、Char、WChar

[例 4-8] 选择运算举例如图 4-45 所示，分析程序进行选择运算后的结果。

在图 4-45 中，当 M0.0 断开时，IN0 将 MB10 中的数据 16#33 进行输出，存储到 MB30 中；当 M0.0 闭合时，IN1 将 MB20 中的数据 16#11 进行输出，存储到 MB30 中，以实现选择运算。

8. MUX 指令

MUX 指令根据参数 K 将 IN0、IN1、ELSE 的值选择性地分配给 OUT 进行输出。MUX 指令的结构如图 4-46 所示，引脚定义见表 4-34。

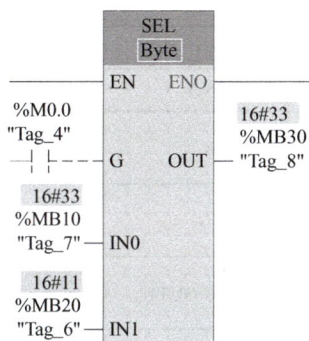

图 4-45　选择运算举例

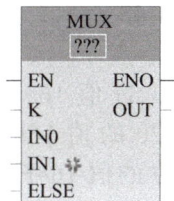

图 4-46　MUX 指令的结构

表 4-34　MUX 指令的引脚定义

引脚	引脚定义
EN	使能输入端
ENO	使能输出端
K	选择开关，K=0 时选择 IN0 进行输出，K=1 时选择 IN1 进行输出，K>1 时选择 ELSE 进行输出
IN0、IN1	输入，数据类型为 SInt、Int、DInt、USInt、UInt、UDInt、Real、LReal、Byte、Word、DWord、Time、Date、TOD、Char、WChar
ELSE	输入替换值，数据类型为 SInt、Int、DInt、USInt、UInt、UDInt、Real、LReal、Byte、Word、DWord、Time、Date、TOD、Char、WChar
OUT	输出，数据类型为 SInt、Int、DInt、USInt、UInt、UDInt、Real、LReal、Byte、Word、DWord、Time、Date、TOD、Char、WChar

9. DEMUX 指令

DEMUX 指令根据参数 K 将 IN 的值选择性地分配给 OUT0、OUT1、ELSE 进行输出。

DEMUX 指令的结构如图 4-47 所示，引脚定义见表 4-35。

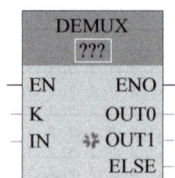

图 4-47　DEMUX 指令的结构

表 4-35　DEMUX 指令的引脚定义

引脚	引脚定义
EN	使能输入端
ENO	使能输出端
K	选择开关，K=0 时将 IN 的值输出到 OUT0，K=1 时将 IN 的值输出到 OUT1，K>1 时将 IN 的值输出到 ELSE
IN	输入，数据类型为 SInt、Int、DInt、USInt、UInt、UDInt、Real、LReal、Byte、Word、DWord、Time、Date、TOD、Char、WChar
OUT0、OUT1	输出，数据类型为 SInt、Int、DInt、USInt、UInt、UDInt、Real、LReal、Byte、Word、DWord、Time、Date、TOD、Char、WChar
ELSE	替换输出，数据类型为 SInt、Int、DInt、USInt、UInt、UDInt、Real、LReal、Byte、Word、DWord、Time、Date、TOD、Char、WChar

[例 4-9] 多路分用运算举例如图 4-48 所示，分析程序进行多路分用运算后的结果。

在图 4-48 中，当 K=0 时，MB20 的值 16#FE 将传送到 OUT0 进行输出；当 K=1 时，MB20 的值 16#FE 将传送到 OUT1 进行输出；当 K>1 时，MB20 的值 16#FE 将传送到 ELSE 进行输出，以实现多路分用。

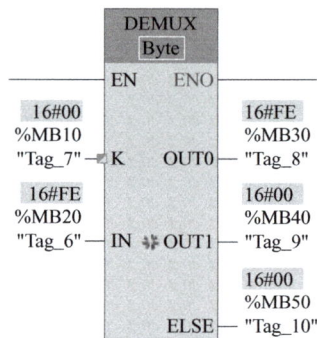

图 4-48　多路分用运算举例

4.2.3　移位和循环移位指令

移位和循环移位指令是西门子 S7-1200 PLC 基本指令中常见的指令，其主要功能是对二进制数进行位序列移动，主要包括右移（SHR 指令）、左移（SHL 指令）、循环右移（ROR 指令）、循环左移（ROL 指令）。

1. SHR 指令

SHR 指令使 IN 的位序列向右移动 N 位。SHR 指令的结构如图 4-49 所示，引脚定义见表 4-36。

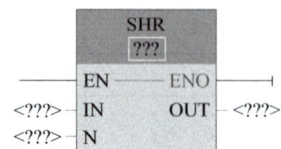

图 4-49　SHR 指令的结构

表 4-36　SHR 指令的引脚定义

引脚	引脚定义
EN	使能输入端
ENO	使能输出端
IN	要移位的位序列

（续）

引脚	引脚定义
N	要移位的位数，数据类型为 USInt、UDInt
OUT	移位操作后的位序列，数据类型为 Int

[例 4-10] SHR 指令的用法如图 4-50 所示，将 16#F0（2#11110000）右移 1 位进行输出。

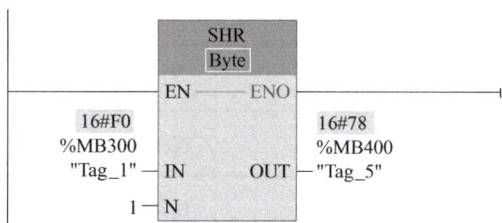

图 4-50　SHR 指令的用法

选择 SHR 指令，将 16#F0（2#11110000）赋值给 MB300，将 N 设置为"1"，将输出值存到 MB400 中，SHR 指令的输出结果如图 4-51 所示。

图 4-51　SHR 指令的输出结果

在图 4-51 所示的监控与强制表中将 MB300、MB400 的显示格式设置为"二进制"，可以看出，MB300 中的数据 2#1111_0000 右移 1 位后变为 2#0111_1000，再转成 16#78 存储在 MB400 中，结果如图 4-50 所示。

图 4-52　SHL 指令的结构

2. SHL 指令

SHL 指令使 IN 的位序列向左移动 N 位。SHL 指令的结构如图 4-52 所示，引脚定义见表 4-37。

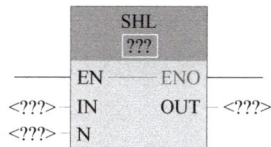

表 4-37　SHL 指令的引脚定义

引脚	引脚定义
EN	使能输入端
ENO	使能输出端
IN	要移位的位序列
N	要移位的位数，数据类型为 USInt、UDInt
OUT	移位操作后的位序列，数据类型为 Int

3. ROR 指令

ROR 指令用于将参数 IN 的位序列循环向右移位，结果分配给参数 OUT。ROR 指令的结构如图 4-53 所示，引脚定义见表 4-38。

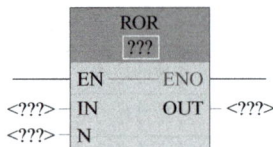

图 4-53　ROR 指令的结构

表 4-38　ROR 指令的引脚定义

引脚	引脚定义
EN	使能输入端
ENO	使能输出端
IN	要循环移位的位序列
N	要循环移位的位数，数据类型为 USInt、UDInt
OUT	循环移位操作后的位序列，数据类型为 Int

4. ROL 指令

ROL 指令用于将参数 IN 的位序列循环向左移位，结果分配给参数 OUT。ROL 指令的结构如图 4-54 所示，引脚定义见表 4-39。

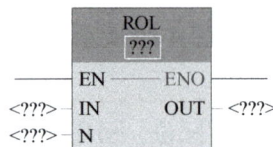

图 4-54　ROL 指令的结构

表 4-39　ROL 指令的引脚定义

引脚	引脚定义
EN	使能输入端
ENO	使能输出端
IN	要循环移位的位序列
N	要循环移位的位数，数据类型为 USInt、UDInt
OUT	循环移位操作后的位序列，数据类型为 Int

任务实施

1. 工作流程分析

竞赛抢答器工作流程如图 4-55 所示。

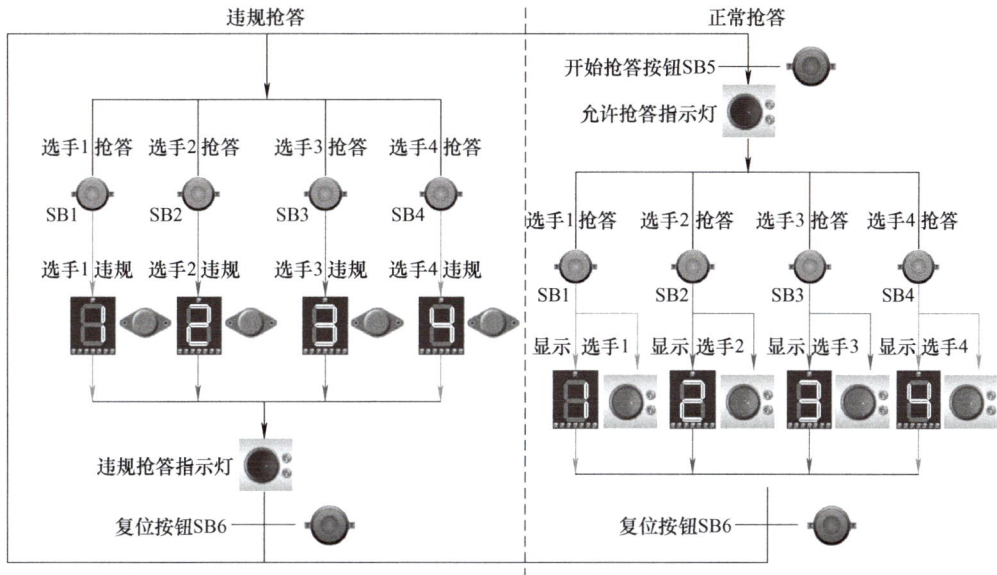

图 4-55   竞赛抢答器工作流程

2. 设备 I/O 分配及接线图

1）设备 I/O 分配见表 4-40。

表 4-40   设备 I/O 分配

输入（I）			输出（Q）		
设备	符号	地址	设备	符号	地址
选手 1	SB1	I0.0	选手 1 指示灯	HL1	Q0.0
			选手 2 指示灯	HL2	Q0.1
			选手 3 指示灯	HL3	Q0.2
选手 2	SB2	I0.1	选手 4 指示灯	HL4	Q0.3
			允许抢答指示灯	HL5	Q0.4
选手 3	SB3	I0.2	违规抢答指示灯	HL6	Q0.5
			七段数码管 a 段	a	Q2.0

（续）

输入（I）			输出（Q）		
设备	符号	地址	设备	符号	地址
			七段数码管 b 段	b	Q2.1
选手 4	SB4	I0.3	七段数码管 c 段	c	Q2.2
			七段数码管 d 段	d	Q2.3
开始抢答按钮	SB5	I0.4	七段数码管 e 段	e	Q2.4
			七段数码管 f 段	f	Q2.5
复位按钮	SB6	I0.5	七段数码管 g 段	g	Q2.6
			蜂鸣器	HA	Q2.7

2）竞赛抢答器的 I/O 接线图如图 4-56 所示。

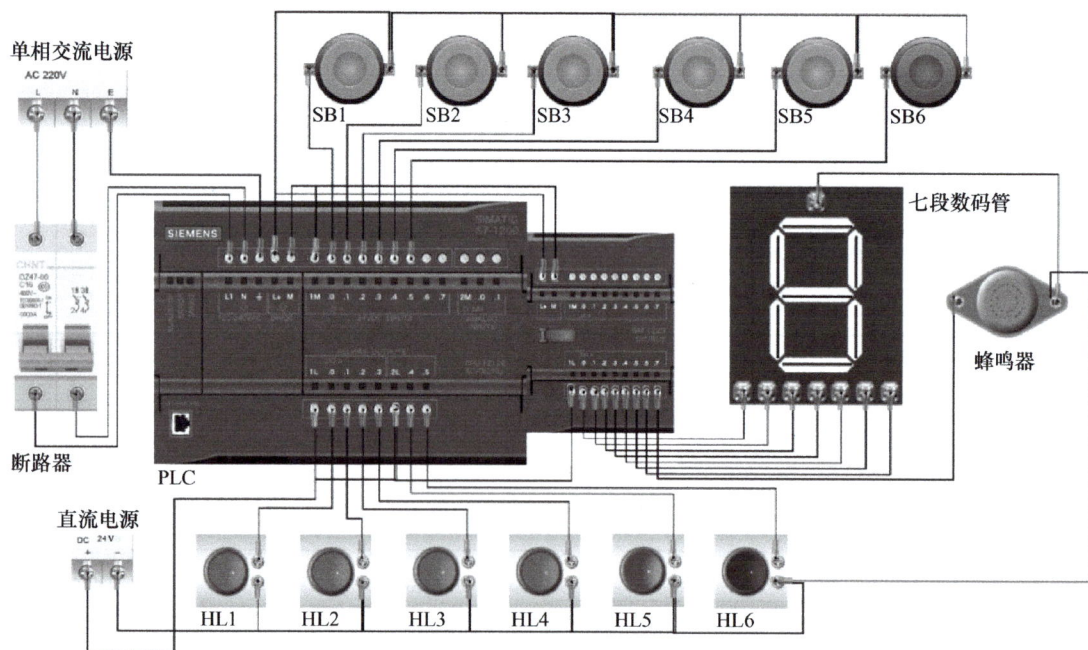

图 4-56　竞赛抢答器的 I/O 接线图

3. 项目配置与组态

1）创建工程项目。在 Portal 视图中单击"创建新项目"选项，输入项目名称"抢答器的 PLC 设计"，选择项目保存路径，单击"创建"按钮，创建项目完成。

2）添加新设备。在 Portal 视图中单击"打开项目视图"选项，在项目树中打开"抢答器的 PLC 设计"的下级菜单，然后单击"添加新设备"选项，在打开的"添加新设备"对话框中单击"控制器"按钮，在中间的目录树中依次单击"SIMATIC S7-1200"→"CPU"→"CPU 1214C DC/DC/DC"各选项前面的下拉按钮，或依次双击选项名称，再打开"6ES7 214-1AG40-0XB0"选项，单击对话框右下角的"确定"按钮，添加新设备完成。

3）编辑变量表。在项目树中，依次双击"PLC_1[CPU 1214C DC/DC/DC]"→"PLC 变量"→"添加新变量表"选项，生成"变量表_1[0]"。右击"变量表_1[0]"，单击"重命名"命令，将变量表命名为"抢答器变量表"，修改完成后，双击"抢答器变量表"选项，并根据 I/O 分配编辑变量表，如图 4-57 所示。

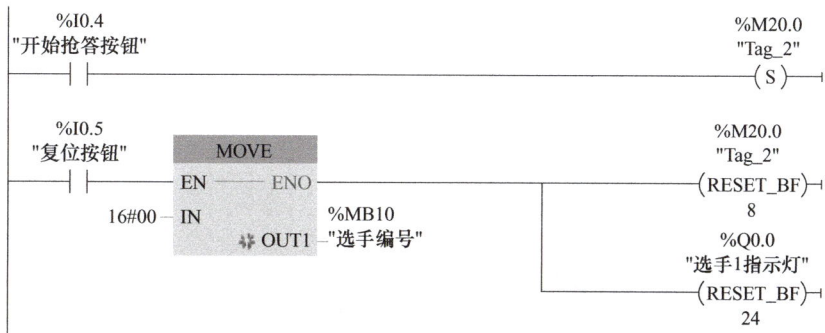

	名称	数据类型	地址	保持	从 H...	从 H...	在 H...	注释
1	选手1	Bool	%I0.0		✓	✓	✓	
2	选手2	Bool	%I0.1		✓	✓	✓	
3	选手3	Bool	%I0.2		✓	✓	✓	
4	选手4	Bool	%I0.3		✓	✓	✓	
5	开始抢答按钮	Bool	%I0.4		✓	✓	✓	
6	复位按钮	Bool	%I0.5		✓	✓	✓	
7	七段数码管a段	Bool	%Q2.0		✓	✓	✓	
8	七段数码管b段	Bool	%Q2.1		✓	✓	✓	
9	七段数码管c段	Bool	%Q2.2		✓	✓	✓	
10	七段数码管d段	Bool	%Q2.3		✓	✓	✓	
11	七段数码管e段	Bool	%Q2.4		✓	✓	✓	
12	七段数码管f段	Bool	%Q2.5		✓	✓	✓	
13	七段数码管g段	Bool	%Q2.6		✓	✓	✓	
14	选手编号	Byte	%MB10		✓	✓	✓	
15	选手1指示灯	Bool	%Q0.0		✓	✓	✓	
16	选手2指示灯	Bool	%Q0.1		✓	✓	✓	
17	选手3指示灯	Bool	%Q0.2		✓	✓	✓	
18	选手4指示灯	Bool	%Q0.3		✓	✓	✓	
19	允许抢答指示灯	Bool	%Q0.4		✓	✓	✓	
20	违规抢答指示灯	Bool	%Q0.5		✓	✓	✓	
21	蜂鸣器	Bool	%Q2.7		✓	✓	✓	
22	<新增>				✓	✓	✓	

图 4-57 编辑变量表

4. 程序编写

竞赛抢答器的 PLC 控制梯形图如图 4-58 所示。

图 4-58 竞赛抢答器的 PLC 控制梯形图

▼ 程序段2：允许抢答开始跳转到A1段程序

注释

```
   %M20.0                                                    A1
   "Tag_2"                                                 (JMP)
     ┤├
```

▼ 程序段3：选手1违规抢答

注释

```
  %I0.0        %M20.0       %M20.2       %M20.3       %M20.4       %M20.1
  "选手1"       "Tag_2"      "Tag_15"     "Tag_16"     "Tag_17"     "Tag_7"
   ┤├      ┬    ┤/├          ┤/├          ┤/├          ┤/├          ( )
           │
  %M20.1   │
  "Tag_7"  │
   ┤├      ┘

  %M20.1
  "Tag_7"              ┌──── MOVE ────┐
   ┤├                  │ EN      ENO  │
              16#86 ───┤ IN           │
                       │         OUT1 ├─── %MB10
                       └──────────────┘    "选手编号"
```

▼ 程序段4：选手2违规抢答

注释

```
  %I0.1        %M20.0       %M20.1       %M20.3       %M20.4       %M20.2
  "选手2"       "Tag_2"      "Tag_7"      "Tag_16"     "Tag_17"     "Tag_15"
   ┤├      ┬    ┤/├          ┤/├          ┤/├          ┤/├          ( )
           │
  %M20.2   │
  "Tag_15" │
   ┤├      ┘

  %M20.2
  "Tag_15"            ┌──── MOVE ────┐
   ┤├                 │ EN      ENO  │
              16#DB ──┤ IN           │
                      │         OUT1 ├─── %MB10
                      └──────────────┘    "选手编号"
```

▼ 程序段5：选手3违规抢答

注释

```
  %I0.2        %M20.0       %M20.1       %M20.2       %M20.4       %M20.3
  "选手3"       "Tag_2"      "Tag_7"      "Tag_15"     "Tag_17"     "Tag_16"
   ┤├      ┬    ┤/├          ┤/├          ┤/├          ┤/├          ( )
           │
  %M20.3   │
  "Tag_16" │
   ┤├      ┘

  %M20.3
  "Tag_16"            ┌──── MOVE ────┐
   ┤├                 │ EN      ENO  │
              16#CF ──┤ IN           │
                      │         OUT1 ├─── %MB10
                      └──────────────┘    "选手编号"
```

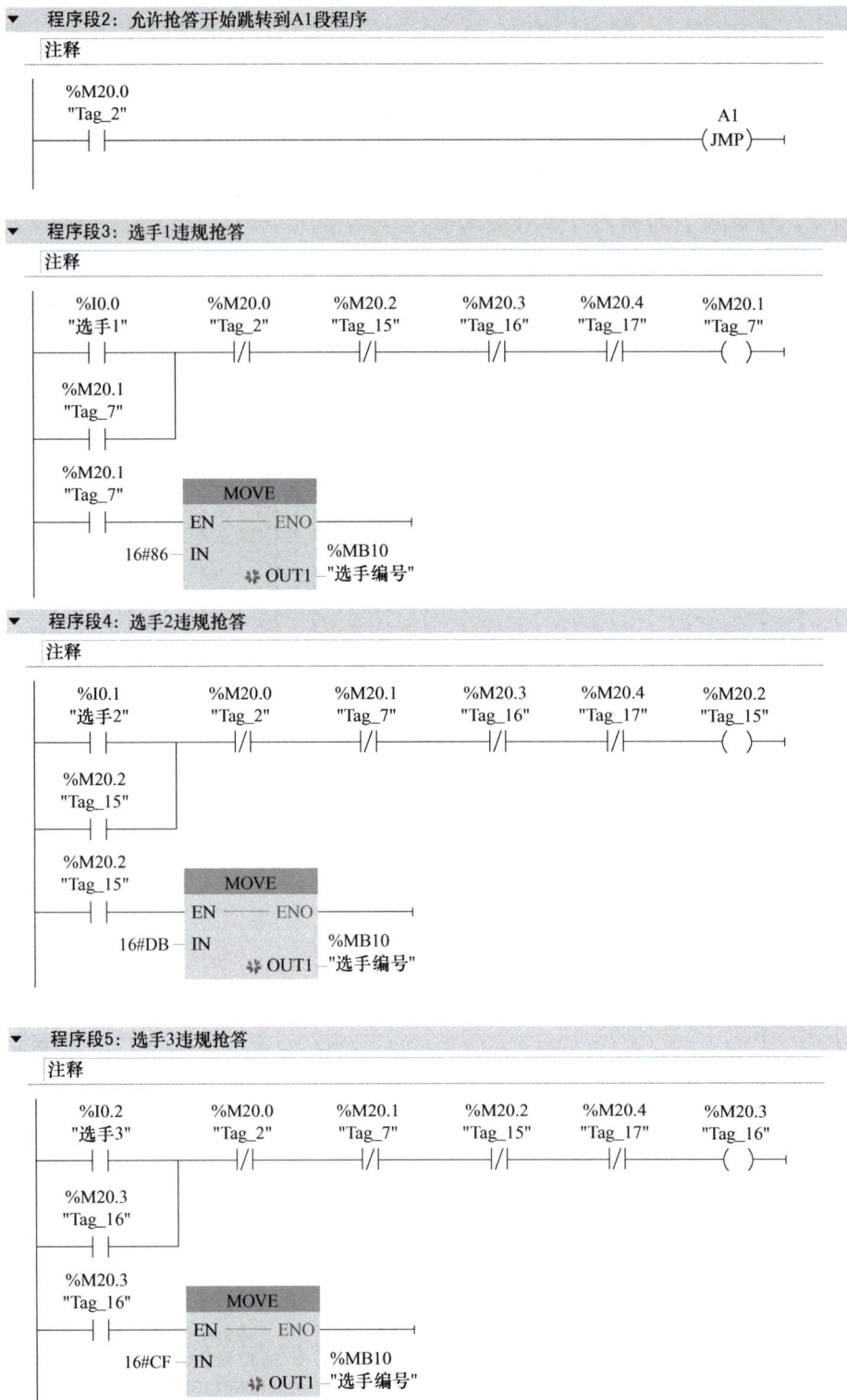

图 4-58　竞赛抢答器的 PLC 控制梯形图（续）

程序段6：选手4违规抢答

注释

```
%I0.3      %M20.0     %M20.1     %M20.2     %M20.3     %M20.4
"选手4"     "Tag_2"    "Tag_7"    "Tag_15"   "Tag_16"   "Tag_17"
─┤├─────────┤/├────────┤/├────────┤/├────────┤├─────────( )─

%M20.4
"Tag_17"
─┤├─

%M20.4         MOVE
"Tag_17"
─┤├─────── EN      ENO ──────────
        16#D6 ─ IN
                    ⁂ OUT1 ─ %MB10
                            "选手编号"
```

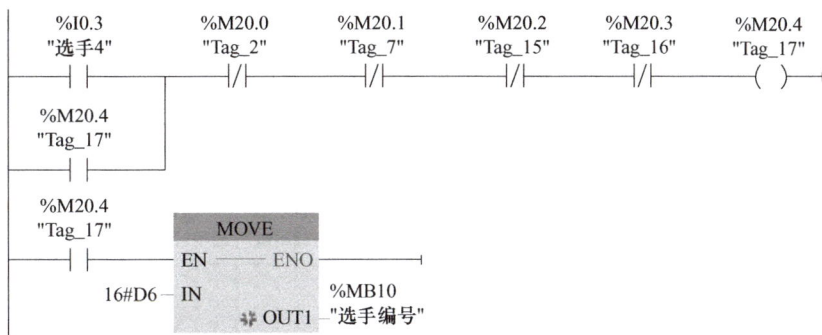

程序段7：违规抢答指示灯及显示屏显示跳转到A2段程序

注释

```
%M20.1                                          %Q0.5
"Tag_7"                                        "违规抢答指示灯"
─┤├──────┬──────────────────────────────────────( )─

%M20.2   │                                        A2
"Tag_15" │                                      (JMP)
─┤├──────┤

%M20.3   │
"Tag_16" │
─┤├──────┤

%M20.4   │
"Tag_17" │
─┤├──────┘
```

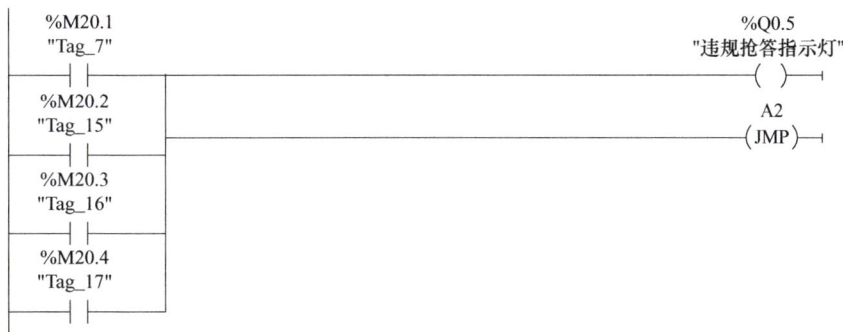

程序段8：允许抢答指示灯

注释

```
 A1

%M20.0      %Q0.0       %Q0.1       %Q0.2       %Q0.3       %Q0.4
"Tag_2"  "选手1指示灯" "选手2指示灯" "选手3指示灯" "选手4指示灯" "允许抢答指示灯"
─┤├───────┤/├─────────┤/├─────────┤/├─────────┤/├──────────( )─
```

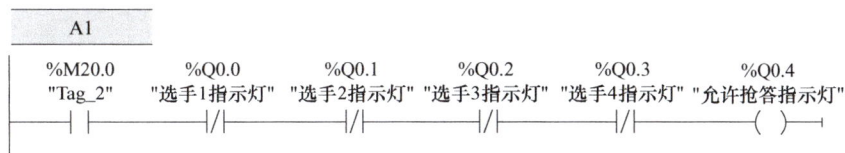

程序段9：选手1正常抢答

注释

```
%I0.0      %M20.0      %Q0.1       %Q0.2       %Q0.3       %Q0.0
"选手1"    "Tag_2"   "选手2指示灯" "选手3指示灯" "选手4指示灯" "选手1指示灯"
─┤├────────┤├────────┤/├─────────┤/├─────────┤/├──────────( )─

%Q0.0
"选手1指示灯"                                    MOVE
─┤├─                                      EN      ENO ──────
                                      16#06 ─ IN
                                                 ⁂ OUT1 ─ %MB10
                                                         "选手编号"
```

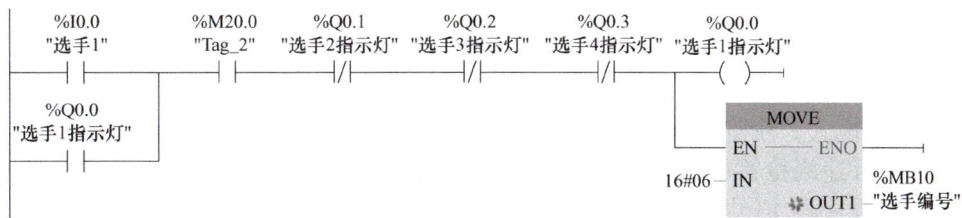

图 4-58 竞赛抢答器的 PLC 控制梯形图（续）

▼ 程序段10：选手2正常抢答

注释

```
   %I0.1        %M20.0       %Q0.0        %Q0.2        %Q0.3        %Q0.1
  "选手2"       "Tag_2"    "选手1指示灯"  "选手3指示灯"  "选手4指示灯"  "选手2指示灯"
   ─┤├─         ─┤├─        ─┤/├─        ─┤/├─        ─┤/├─         ─( )─
   %Q0.1
  "选手2指示灯"
   ─┤├─
```

MOVE
EN ─── ENO
16#5B ─ IN
%MB10
OUT1 ─ "选手编号"

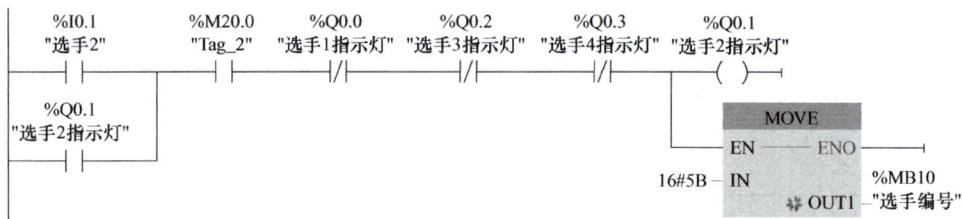

▼ 程序段11：选手3正常抢答

注释

```
   %I0.2        %M20.0       %Q0.0        %Q0.1        %Q0.3        %Q0.2
  "选手3"       "Tag_2"    "选手1指示灯"  "选手2指示灯"  "选手4指示灯"  "选手3指示灯"
   ─┤├─         ─┤├─        ─┤/├─        ─┤/├─        ─┤/├─         ─( )─
   %Q0.2
  "选手3指示灯"
   ─┤├─
```

MOVE
EN ─── ENO
16#4F ─ IN
%MB10
OUT1 ─ "选手编号"

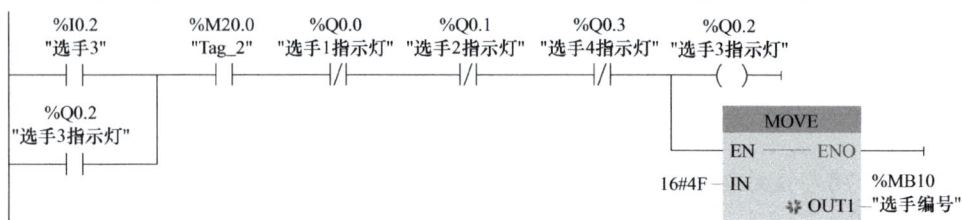

▼ 程序段12：选手4正常抢答

注释

```
   %I0.3        %M20.0       %Q0.0        %Q0.1        %Q0.2        %Q0.3
  "选手4"       "Tag_2"    "选手1指示灯"  "选手2指示灯"  "选手3指示灯"  "选手4指示灯"
   ─┤├─         ─┤├─        ─┤/├─        ─┤/├─        ─┤/├─         ─( )─
   %Q0.3
  "选手4指示灯"
   ─┤├─
```

MOVE
EN ─── ENO
16#66 ─ IN
%MB10
OUT1 ─ "选手编号"

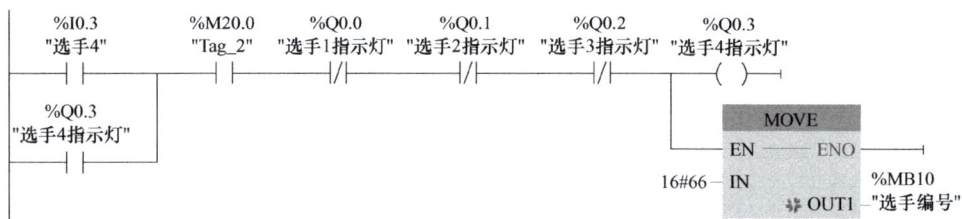

▼ 程序段13：显示选手编号

注释

```
       A2

   %M20.0
  "Tag_2"
   ─┤├─                      MOVE
                         EN ─── ENO
   %M20.0        %MB10                %QB2
  "Tag_2"       "选手编号" ─ IN  OUT1 ─ "七段数码管输出"
   ─┤/├─
```

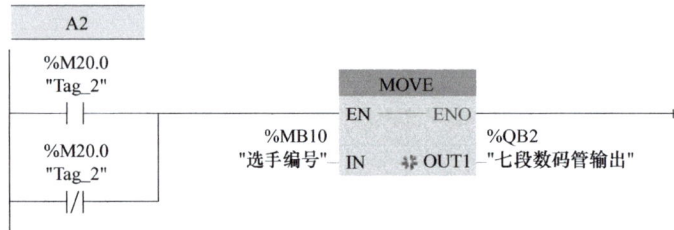

图 4-58　竞赛抢答器的 PLC 控制梯形图（续）

5. 安装与调试运行

将设备组态及图 4-58 所示的梯形图程序编译后下载到 CPU 中，启动 CPU，将 CPU 切换至 RUN 模式，在监视状态下，模拟竞赛抢答器运行的情况。

首先进行违规抢答验证。假设选手 1 率先进行抢答，接通 I0.0，程序段 7 中的 Q0.5 得电，同时程序段 13 中 QB2 的数据为 16#86，Q2.1、Q2.2、Q2.7 得电。分别接通 I0.1、I0.2、I0.3，M20.2、M20.3、M20.4 不得电，程序段 13 中 QB2 的数据不变。若不符合以上结果，则程序错误，请检查程序。接通主持人复位按钮 I0.5，观察程序中所有的线圈是否复位，QB2 中的数据是否为 16#00，若不是，请调试程序段 1。

选手 2、选手 3、选手 4 违规抢答，可以参照以上步骤进行验证。

其次进行正常抢答验证。接通 I0.5，使程序复位，然后接通 I0.4，程序段 8 中的 Q0.4 得电，此时假设选手 3 先进行抢答，程序段 11 中 Q0.2 得电，程序段 13 中 QB2 的数据为 16#4F，Q2.0、Q2.1、Q2.2、Q2.3、Q2.6 得电，分别接通 I0.0、I0.1、I0.3，Q0.0、Q0.1、Q0.3 不得电，且程序段 13 中 QB2 的数据不改变。若不符合以上结果，则程序错误，请检查程序。

选手 1、选手 2、选手 4 正常抢答，可以参照以上步骤进行验证。

确保程序无误后，按图 4-56 所示的 I/O 接线图正确连接输入设备、输出设备，接通电源，按照调试程序的步骤继续进行验证，如果不能按控制要求动作，检查 I/O 接线，更改接线后，再次通电验证，直至程序和硬件符合控制要求。

项目小结

本项目主要介绍了移动指令、程序控制指令、字逻辑运算指令、移位和循环指令的功能、编程及应用。以七段抢答器的 PLC 设计为载体，以 TIA Portal 仿真软件为工具，首先通过对七段抢答器的控制要求进行分析，梳理工作流程，通过设备组态、I/O 接线、程序编写、调试运行等步骤进行任务实施，达成对移动指令、跳转指令的使用及操作目标。通过对七段抢答器项目的学习，增强学生的规矩意识、纪律意识和竞争意识。

素养案例链接

"独臂焊匠"——卢仁峰：一只手也能焊坦克

中国兵器内蒙古第一机械集团承担着我国主战坦克的生产任务。车间内，高级焊接师卢仁峰正带着徒弟研究某种新材料的焊接技术。任何一个技术细节，他都会反复打磨，细致严谨到近乎苛刻，这种精益求精、一丝不苟的工匠精神是他多年来坚持的工作态度。

卢仁峰有一个别人难以打破的纪录，工作 40 多年来，他交出的全部是 100% 合格的产品。而他还有一个区别于其他焊工的独特之处，因左手工伤残疾，这些产品都是靠一只右手来完成的。大家都叫他"独臂焊匠"。

2019 年 10 月 1 日，天安门广场大阅兵，32 个装备方阵如钢铁洪流般驶过，卢仁峰和同事们所焊接的 99A 主战坦克，亮相于第一方阵。这是他人生最为之自豪的时刻。

卢仁峰人生中另一个难忘时刻，是在 2021 年 11 月。他被提名为全国道德模范，在人民大会堂受到习近平总书记的接见。

"执着专注、精益求精、一丝不苟、追求卓越"，这是习近平总书记对工匠精神深刻内涵的概括，也是卢仁峰在自己四十多年的焊接工作中一直努力践行的信念。

坦克被称为"陆战之王"，整个车身由数百块钢板焊接而成，固若金汤。而卢仁峰就是背后的"造王者"，就是他将这些坚硬的钢板牢牢地焊接在一起，保证这大大小小 800 多条焊缝，能抵挡住炮弹猛烈地冲击。

三十多年前，卢仁峰在加班时发生了意外，左手被剪板机切掉，虽然经过抢救接上了三根手指，但左手基本丧失了正常功能。而要做焊接，需要完成许多极精细同时又需要力量的工作，只用一只右手是非常困难的。单位告诉卢仁峰可以给他换个岗位，但对焊接技术的热爱，让他坚持了下去。

重新拿起焊枪需要非凡的毅力。刚开始，卢仁峰焊上去的零件很难保持精准。别人一次能完成的，他要几次甚至十几次才能完成。

残疾的左手拿焊帽很吃力，卢仁峰便在焊帽里加上一段铁丝，用牙齿咬住焊帽护住脸部，还特制了加厚隔热手套，方便左手更长时间卡住零件。

付出了比别人多数倍的努力，卢仁峰不断攻克技术难关，成了全厂焊接技术的领军人，负责坦克上驾驶舱和炮台的焊接工作，这是坦克最关键也最复杂的部分。

之后，卢仁峰迎来了一个新挑战，参与研制 99A 主战坦克和装甲车辆。这些大国重器使用坚硬的特种钢材作装甲，焊接难度极高。

重任在肩，必须坚定前行。卢仁峰带着同事们向"焊接禁区"挺进，为了找到最佳的焊接工艺，他们试验了上千块材料，试遍了焊接方法。

经过六年专注钻研，卢仁峰和同事们终于攻克了这种新材料的焊接难题，用 99A 主战坦克交出了一份亮眼的答卷。

现在已经工作四十多年了，卢仁峰对研究焊接新技艺依然保持极大的热情，以执着专注、精益求精的工匠精神，不断向更先进的技术发起挑战。

项目拓展

在项目 4 控制要求的基础上设计一个抢答器程序，满足如下要求：主持人按下开始抢答按钮后，所有选手必须在 60s 内完成抢答，否则视为选手放弃，主持人复位抢答器，进行下一次抢答。

思考与练习

1. 填空题

（1）MOVE_BLK 指令可以将_____从参数 IN 的源起始地址复制到参数 OUT 的目标起始地址中，在执行期间可进行排队并处理_____事件。

（2）FILL_BLK 指令与 MOVE_BLK 指令的区别在于 FILL_BLK 指令中 IN 的元素是_____，而 MOVE_BLK 指令中 IN 的元素可以是_____。

（3）SWAP 指令所要进行交换顺序的数据类型只能是_____和_____。

（4）JMP 指令可以使_____跳转到_____，必须与跳转标签 Label_name 配合使用。

（5）使用跳转指令时，各标签在代码块内必须_____。

2. 选择题

（1）以下指令不属于移动指令的是（　　　）。

A. MOVE 指令　　　　B. FILL_BLK 指令　　C. SWAP 指令　　　　D. JUMP 指令

（2）以下关于 MOVE 指令的描述正确的是（　　　）。

A. MOVE 指令用于将数据从源地址复制到目标地址，源数据不会发生更改

B. MOVE 指令用于将数据从源地址复制到目标地址，但目标地址的数据会覆盖源地址的数据

C. MOVE 指令只能用于在内存区域之间移动数据

D. MOVE 指令只能用于在硬件 I/O 区域和内存区域之间移动数据

（3）进行数组类型的数据复制或移动，可以用（　　　）指令实现。

A. MOVE　　　　　　B. MOVE_BLK　　　　C. SWAP　　　　　　　D. GATHER

（4）MOVE_BLK 指令中的 COUNT 是指（　　　）。

A. 源数据地址　　　　B. 目标地址　　　　　C. 复制元素的个数　　D. 使能输出

（5）SWAP 指令用于反转 2 字节和 4 字节数据元素的（　　　）顺序。

A. 位　　　　　　　　B. 字节　　　　　　　C. 字　　　　　　　　D. 双字

3. 简答题

请简述 MOVE_BLK 指令与 FILL_BLK 指令的区别和联系。

自动售货机的 PLC 设计

🔍 知识目标 ➤➤

- 掌握计数器（CTU、CTD、CTUD）指令。
- 掌握数学运算指令中的加法、减法、乘法和除法指令。
- 掌握最小值和最大值指令。
- 掌握 FB 的用法和区别。

🔍 技能目标 ➤➤

- 能够在编程中正确使用计数器指令。
- 能够利用加法指令实现数的累加计算。
- 能够使用计数器和数学运算指令完成自动售货机程序的设计。
- 能够在编程时建立正确的 FB。

🔍 素养目标 ➤➤

- 通过指令的学习及应用，培养勤于思考、勇于探究的学习精神。
- 利用项目的实施，逐步培养化繁为简、反复探索的职业素养。

🔄 项目背景

当今现代化社会对自助服务和高效便捷的需求日益增长。如图 5-1 所示的自动售货机作为一种广泛分布在各种场所的自助设备，为人们提供了方便快捷的购物体验。

然而，传统的自动售货机控制系统可能存在一些局限性，如可靠性低、功能单一等。为了提高自动售货机的性能和智能化程度，引入 PLC 技术具有重要意义。

基于 PLC 控制的自动售货机能够在各种环境中稳定运行，确保自动售货机的正常工作，可以根据不同的需求和功能进行灵活编程，方便与其他设备和系统进行集成，实现更强大的功能。基于以上背景，该项目旨在将 PLC 应用于自动售货机中。

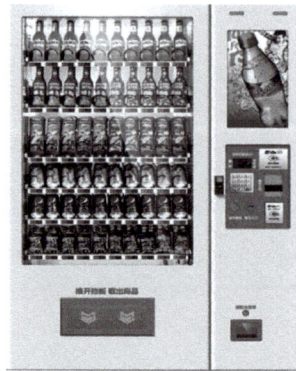

图 5-1　自动售货机

通过实施该项目，有望提高自动售货机的效率、可靠性和智能化水平，满足消费者对便捷购物的需求。

任务 5.1　单一品类售货机的 PLC 设计

任务描述

设计一个单一种类商品单币种的自动售货机系统（基于计数器指令），具体要求如下：单一品类售货机所售商品为矿泉水，价格为每瓶 1 元。售货机的投币口只识别 1 元的硬币，当投入 1 元硬币时，投币口响一声"叮铃"声，表示投币成功，可售商品指示灯亮起，按下取货按钮后取出商品。每售出一件商品，数量减 1，全部售完 10 件商品后自动补货，未投币不能购买商品，按下退币按钮，退还剩余的硬币。投币之后未购买商品可以随时退币。

知识链接

5.1.1　计数器指令

计数器指令用于对输入信号进行计数，并在达到设定值时触发相应的操作。S7-1200 PLC 提供了三种类型的计数器指令，包括加计数器 CTU、减计数器 CTD、加减计数器 CTUD，见表 5-1。

表 5-1　计数器

计数器	函数块图	功能	计数器数据类型
加计数器 CTU	CTU Int CU　Q R　CV PV	可使用加计数器指令对内部程序事件和外部过程事件进行计数，当参数 CU 的值从"0"变为"1"时，加计数器会使计数值加 1	IEC_Counter、IEC_SCounter、IEC_DCounter、IEC_UCounter、IEC_USCounter、IEC_UDCounter
减计数器 CTD	CTD Int CD　Q LD　CV PV	可使用减计数器指令对内部程序事件和外部过程事件进行计数，当参数 CD 的值从"0"变为"1"时，减计数器会使计数值减 1	
加减计数器 CTUD	CTUD Int CU　QU CD　QD R　CV LD PV	可使用加减计数器指令对内部程序事件和外部过程事件进行计数，当加计数参数 CU 输入或减计数参数 CD 输入从"0"转换为"1"时，加减计数器将加 1 或减 1	

1. 加计数器 CTU

计数器指令是 FB，可直接调用生成保存计数器数据的背景 DB，加计数器用 CTU 来表示，CU 为脉冲输入端，当参数 CU 的值从"0"变为"1"时，加计数器的计数值加 1。CV 为当前值，CU 脉冲输入 1 次，当前值 CV 加 1，数据类型可以是 SInt、Int、DInt、USInt、UInt、UDInt。PV 是预设值，在表 5-1 中 PV 和 CV 的数据类型为 Int。各变量均可以使用 I（仅限于输入变量）、Q、M、D和 L 存储区，PV 还可以使用常数。Q 为 Bool 量输出，若参数 CV 的值（当前值）大于或等于参数 PV 的值（预设值），则计数器输出参数 Q=1。R 为复位输入端，若复位参数 R 的值从"0"变为"1"，则当前值重置为"0"。图 5-2 所示为计数值的数据类型为 UInt 时的加计数器时序图（PV=3）。

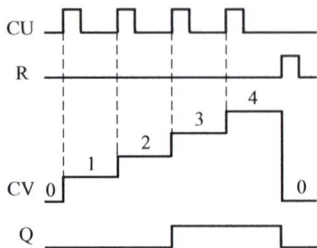

图 5-2　加计数器时序图（PV=3）

加计数器示例如图 5-3 所示，加计数器复位输入端 M10.3 状态为"0"，预设值 PV=5，脉冲输入端 CU 上升沿 M10.2 由"0"变为"1"的时候，当前值 CV 加 1，脉冲信号不断地由"0"变为"1"，当到达数据类型的上限当前值 CV，即 CV≥5 时，输出 Q 为"1"，反之为"0"。当复位输入 M10.3 由"0"变为"1"时，计数器被复位，CV 值清零，输出 Q0.0 由"1"变为"0"。

加计数器指令的示例

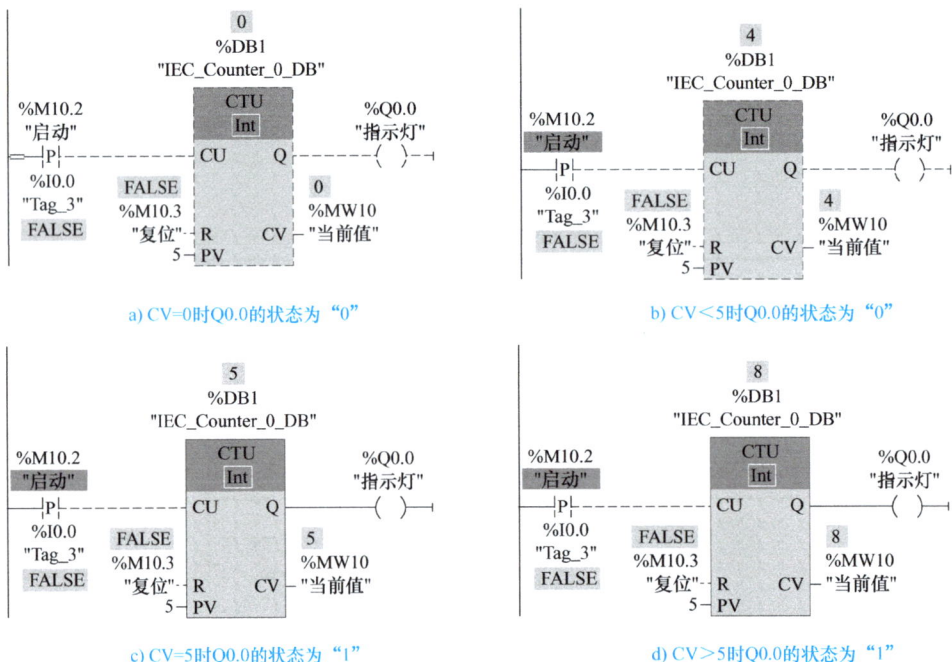

a) CV=0 时 Q0.0 的状态为"0"

b) CV<5 时 Q0.0 的状态为"0"

c) CV=5 时 Q0.0 的状态为"1"

d) CV>5 时 Q0.0 的状态为"1"

图 5-3　加计数器示例

2. 减计数器 CTD

减计数器用 CTD 来表示，CD 为减计数器的脉冲输入端，当参数 CD 的值从"0"变为"1"时，减计数器的计数值减 1，数据类型可以是 SInt、Int、DInt、USInt、UInt、UDInt。PV 为预设值，CV 为当前值，CD 的值从"0"变为"1"时当前值 CV 减 1，在表 5-1 中 PV 和 CV 的数据类型

减计数器指令的示例

为 Int。各变量均可以使用 I（仅限于输入变量）、Q、M、D 和 L 存储区，PV 还可以使用常数。Q 为 Bool 量输出，若参数 CV 的值（当前值）小于或等于参数 PV 的值（预设值），则计数器输出参数 Q=1。

LD 为预设值的装载输入端，当 LD 为"1"时，预设值被载入减计数器内部，此时输出端 Q 被复位，当脉冲输入端 CD 输入上升沿信号时，当前值减 1，直到 CV 的值为 0，此时输出端 Q 状态为"1"。

当 LD 为"0"时，减计数器 CD 的上升沿信号会使 CV 的值减 1，直到 CV 达到指定的数据类型的下限。由于没有装载预设值，所有 CV 的值会从 0 开始减 1，出现负值，Q 的状态为"0"，不会改变。

当参数 CD 的值从"0"变为"1"时，减计数器会使计数值减 1。图 5-4 所示为计数值的数据类型为 UInt 时的减计数器时序图（PV=3）。若当前值 CV≤0，则计数器输出参数 Q=1。若参数 LD 的值从"0"变为"1"，则预设值 PV 将作为新的当前值 CV 装载到计数器中。

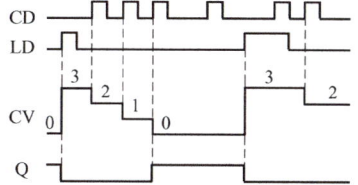

图 5-4　减计数器时序图（PV=3）

减计数器示例如图 5-5 所示，减计数器初始扫描阶段 M10.2 未输入，LD 未装载，当前值 CV=0，Q0.0 状态为"1"。当 LD 的输入脉冲 M10.1 由"0"变为"1"时，将预设值 PV=5 装载入计数器，当前值 CV 也为 5；当脉冲输入端 CD 由"0"变为"1"时，当前值 CV 减 1，当 CD 的脉冲信号 5 次由"0"变为"1"时，CV=0，输出 Q 为"1"，若 CD 的脉冲信号第 6 次置"1"，则此时 CV 的值回到预设值，PV=CV，Q 的状态为"0"；当 LD 再次输入脉冲时，计数器被复位，预设值被重新装载入减计数器，此时 CV=PV，输出 Q 由"1"变为"0"。

若 CV 端未装载预设值，也没有设置变量，CD 端不断有上升沿，则 CV 的值会一直递减，直至到达数据类型的下限，当前值 CV 就不再减小。

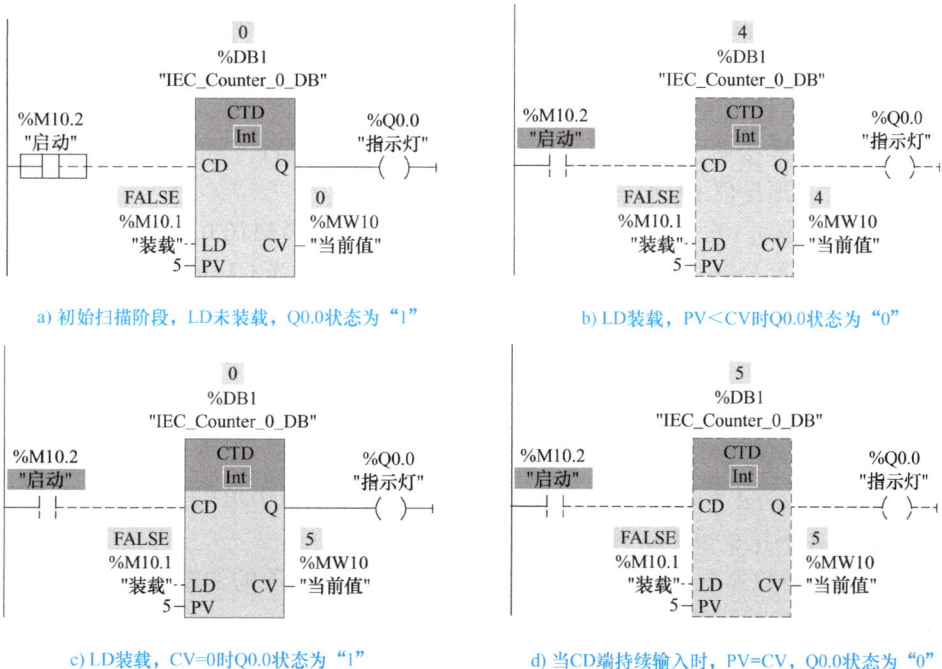

a) 初始扫描阶段，LD未装载，Q0.0状态为"1"

b) LD装载，PV＜CV时Q0.0状态为"0"

c) LD装载，CV=0时Q0.0状态为"1"

d) 当CD端持续输入时，PV=CV，Q0.0状态为"0"

图 5-5　减计数器示例

3. 加减计数器 CTUD

加减计数器用 CTUD 来表示，若加减计数器的加计数脉冲输入端 CU 从"0"变为"1"，则当前值 CV 加 1；若加减计数器的减计数脉冲输入端 CD 从"0"变为"1"，则当前值 CV 减 1。当 CV≥PV 时，QU 输出为"1"；当 CV<PV 时，QU 输出为"0"；当 CV≤0 时，QD 输出为"1"；当 CV>0 时，QD 输出为"0"。CV 的上下限取决于计数器指定的整数类型的最大值与最小值。若在同一周期内输入端 CU 和 CD 同时出现上升沿信号，则 CV 保持当前值不变。在任意时刻，只要 R 为"1"，就将计数值重置为"0"，QU 输出为"0"，CV 立即停止计数并置"0"。只要 LD 为"1"，QD 就输出"0"，CV 立即停止计数并回到预设值。若输入端 LD 持续为"1"，则输入端 CU 和 CD 的信号对计数器不起作用。

图 5-6 所示为计数值的数据类型为 UInt 时的加减计数器时序图（PV=4）。当加计数脉冲输入端 CU 或减计数脉冲输入端 CD 从"0"变为"1"时，加减计数器将加 1 或减 1。

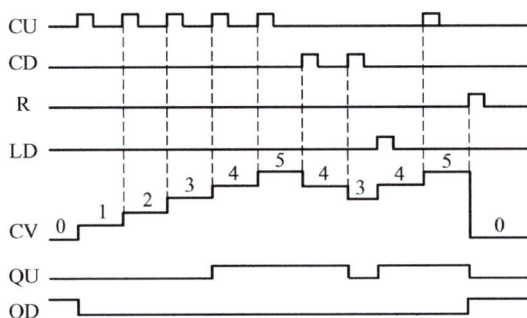

图 5-6　加减计数器时序图（PV=4）

加减计数器示例如图 5-7 所示，PV=5，当输入端 CU 的上升沿 5 次置"1"时，当前值 CV=5，QU 输出为"1"；当 CV<5 时，QU 输出为"0"。当接通 M10.3 时，计数器复位，QU 输出为"0"。当接通 M10.1 时，预设值 PV 装载到当前值 CV，且为 5；M10.2 接通 1 次，CV 的值减 1，共接通 5 次，CV=0，Q0.1 的值为"1"；当 CV>0 时，Q0.1 的值为"0"；当 M10.3 接通时，预设值 PV 装载到当前值 CV，且为 5。

例如，M10.2 接通 1 次，CV 的值减 1，当前值 CV=4，当 M10.0 接通时，CV 的值加 1，当前值 CV=5。也就是说 CV 的值满足数学加减运算，并且当 CV 的值符合加计数器或者减计数器的响应规则时，相应的输出端就会输出"1"。

5.1.2　计数器的典型用法

1. 计数器 FB 的创建

1）进入 TIA Portal 主界面，在右边的"指令"悬浮窗口中单击"计数器操作"选项，如图 5-8 所示，在下拉菜单中选择需要的计数器类型。

2）将选择的计数器拖拽至程序编辑界面，弹出调用选项的 DB 对话框，对 DB 进行命名，也可选择系统默认的名称。

3）选择计数器的数据类型并编辑各参数，如图 5-9 所示。

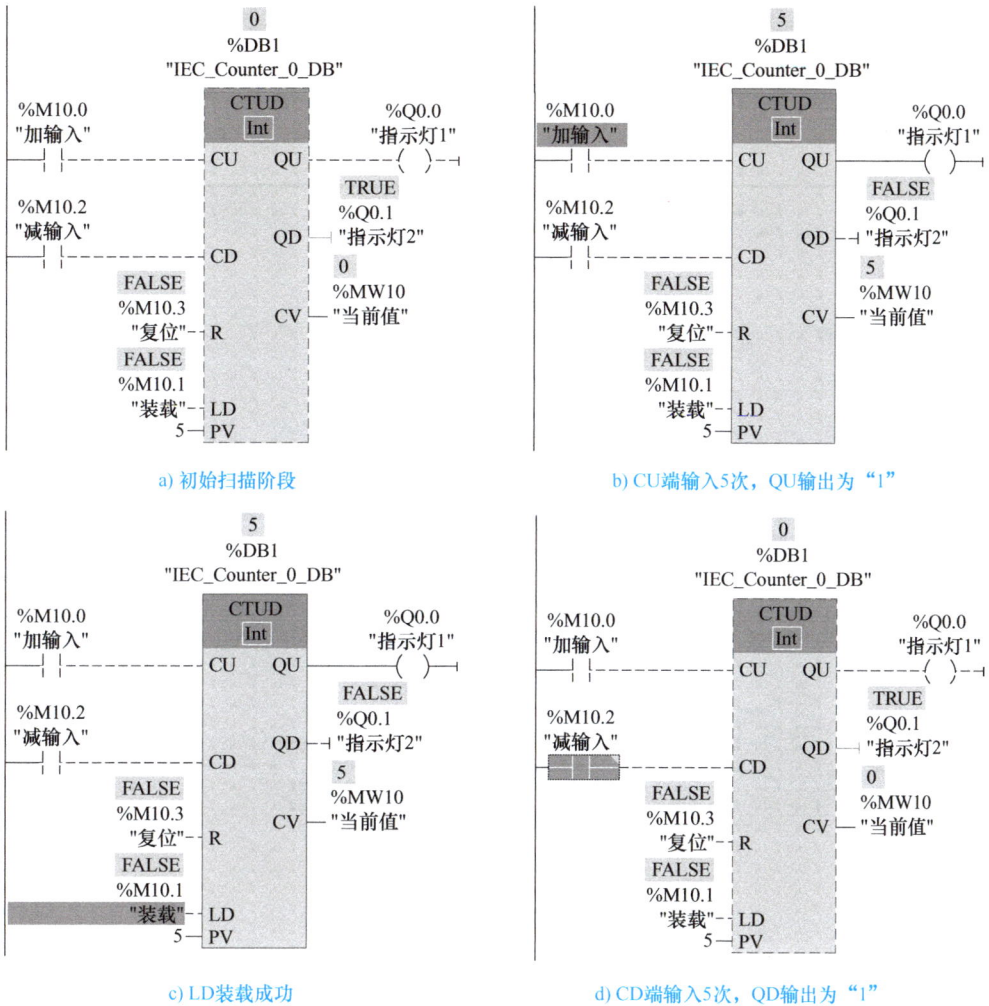

a) 初始扫描阶段　　　　　　　　　　　b) CU端输入5次，QU输出为"1"

c) LD装载成功　　　　　　　　　　　d) CD端输入5次，QD输出为"1"

图 5-7　加减计数器示例

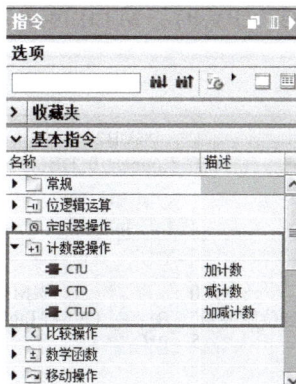

图 5-8　"计数器操作"选项

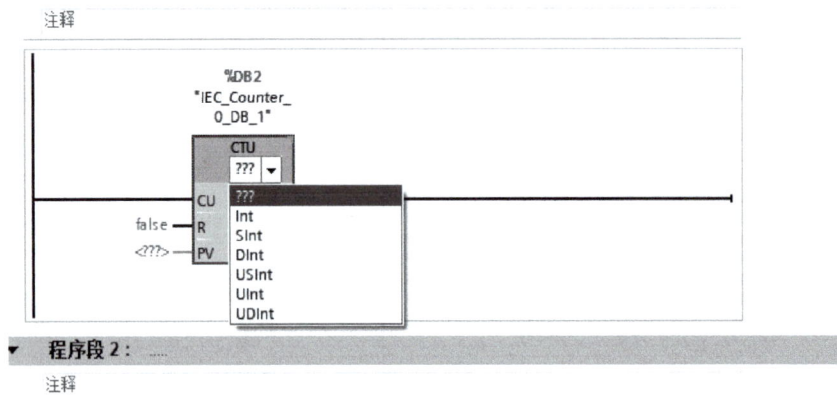

图 5-9　选择计数器的数据类型并编辑各参数

4）如果计数器类型选择错误，可以按 <Delete> 键删除后重新选择，也可对现有的计数器进行快捷更改，单击计数器右上角的小三角，选择所需要的计数器类型即可，具体操作如图 5-10 所示。

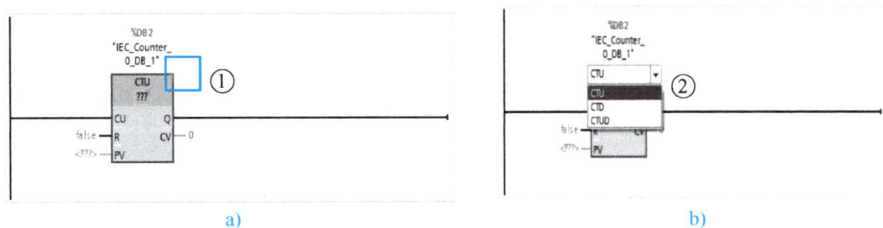

a)　　　　　　　　　　　　　　　　b)

图 5-10　计数器类型的快捷更改

2. 自复位计数器程序

通常使用经验设计法进行程序设计时，计数器不必单独设置复位输出量。自复位计数器程序如图 5-11 所示，当计数值到达 5 时，输出 M4.0 为"1"，在下一周期执行复位指令，使计数值清零，之后输出 M4.0 为"0"，实现自复位。当计数器 CU 端 M10.0 再次产生上升沿时，CV 的值从 0 开始加 1，CV=PV 时，M4.0 再次置"1"，下一周期利用 M4.0 再次自复位。

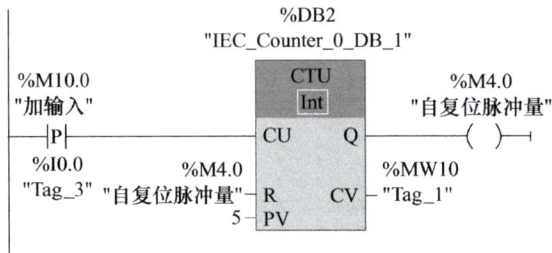

图 5-11　自复位计数器程序

任务实施

1. 工作流程分析

控制要求如下：拨动售货机总控开关，售货机上电，运行指示灯亮；每投币 1 元，投币口发出"叮铃"一声，显示器显示当前金额；按下取货按钮后取出商品；按下退币按钮退还剩余金额，显示余额清零；商品售空后显示屏显示自动补货 10 件。根据控制要求绘制单一品类售货机的工作流程图，如图 5-12 所示。

单一品类售货机的 PLC 设计

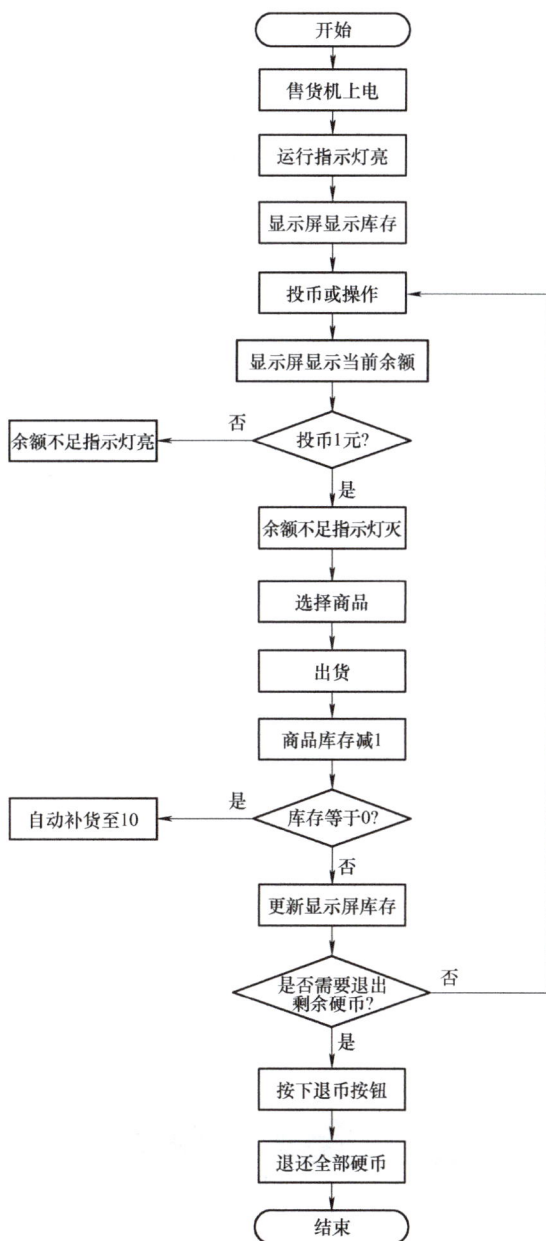

图 5-12　单一品类售货机的工作流程图

2. 设备 I/O 分配及接线图

1）设备 I/O 分配见表 5-2。

表 5-2　设备 I/O 分配

输入（I）			输出（Q）		
设备	符号	地址	设备	符号	地址
投币口传感器		I0.0	运行指示灯	HL1	Q0.0
取货按钮	SB1	I0.1	可售指示灯	HL2	Q0.1
退币按钮	SB2	I0.2	余额不足指示灯	HL3	Q0.2
出货到位传感器		I0.3	缺货指示灯	HL4	Q0.3
售货机上电	SA1	I0.4	蜂鸣器	HA	Q0.4
售货机断电	SA2	I0.5	出货电动机	M	Q0.5

2）单一品类售货机的 I/O 接线图如图 5-13 所示。根据设备的工作原理，将售货机上的各功能键和传感器及输出设备简化为图 5-13 中的元器件。本任务以"CPU 1212C AC/DC/Rly"为例进行 I/O 接线图的绘制，在实际设备使用和 I/O 接线图绘制过程中一定要注意 CPU 的型号和 I/O 方式，以确定电源和 I/O 接线。

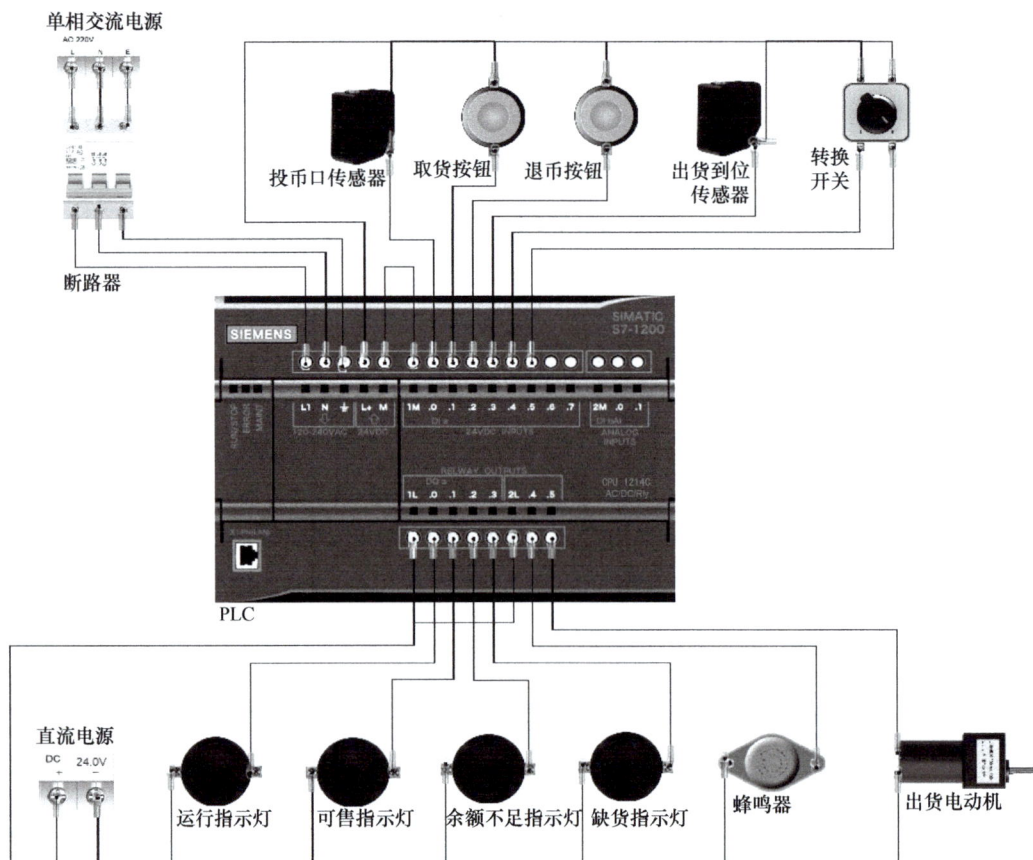

图 5-13　单一品类售货机的 I/O 接线图

3. 项目配置及组态

1）创建工程项目。在 Portal 视图中单击"创建新项目"选项，输入项目名称"单一品类售货机控制系统"，选择项目保存路径，单击"创建"按钮，创建项目完成。

2）添加新设备。在 Portal 视图中单击"打开项目视图"选项，在项目树中打开"单一品类售货机控制系统"的下级菜单，然后单击"添加新设备"选项，在打开的"添加新设备"对话框中单击"控制器"按钮，在中间的目录树中依次单击"SIMATIC S7-1200"→"CPU"→"CPU 1214C AC/DC/Rly"各选项前面的下拉按钮，或依次双击选项名称，再打开"6ES7 214-1AG40-0XB0"选项，单击对话框右下角的"确定"按钮，添加新设备完成。

3）编辑变量表。在项目树中，依次双击"PLC_1"→"PLC 变量"→"添加新变量表"选项，生成"变量表_1[0]"。右击"变量表_1[0]"，单击"重命名"命令，将变量表命名为"单一品类售货机变量表"，修改完成后，双击"单一品类售货机变量表"选项，并根据 I/O 分配编辑变量表，如图 5-14 所示。

		名称	数据类型	地址	保持	从 H…	从 H…	在 H…	注释
1		Tag_1	Word	%MW110		☑	☑	☑	
2		蜂鸣器	Bool	%Q0.4		☑	☑	☑	
3		Tag_12	Bool	%M10.0		☑	☑	☑	
4		Tag_13	Bool	%M10.1		☑	☑	☑	
5		Tag_14	Bool	%M10.2		☑	☑	☑	
6		矿泉水数量	Int	%MW120		☑	☑	☑	
7		退币按钮	Bool	%I0.2		☑	☑	☑	
8		Tag_15	Bool	%M10.3		☑	☑	☑	
9		Tag_16	Bool	%M11.0		☑	☑	☑	
10		缺货指示灯	Bool	%Q0.3		☑	☑	☑	
11		余额不足指示灯	Bool	%Q0.2		☑	☑	☑	
12		Tag_17	Bool	%M10.4		☑	☑	☑	
13		Tag_19	Bool	%M12.0		☑	☑	☑	
14		启动	Bool	%M0.0		☑	☑	☑	
15		停止	Bool	%M0.1		☑	☑	☑	
16		投币口传感器	Bool	%I0.0		☑	☑	☑	
17		投币数当前值	Word	%MW100		☑	☑	☑	
18		运行指示灯	Bool	%Q0.0		☑	☑	☑	
19		可售指示灯	Bool	%Q0.1		☑	☑	☑	
20		取货按钮	Bool	%I0.1		☑	☑	☑	
21		出货到位传感器	Bool	%I0.3		☑	☑	☑	
22		出货电动机	Bool	%Q0.5		☑	☑	☑	
23		售货机上电	Bool	%I0.4		☑	☑	☑	
24		售货机断电	Bool	%I0.5		☑	☑	☑	
25		<新增>				☑	☑	☑	

图 5-14　编辑变量表

4. 程序编写

在项目树中，依次双击"PLC_1"→"程序块"→"Main[OB1]"，打开程序编辑器，在程序编辑区根据控制要求编写梯形图。单一品类售货机的 PLC 控制梯形图如图 5-15 所示。

5. 仿真与调试运行

1）单击菜单栏下方的"启动仿真"🖳图标，装载程序，进入仿真界面。

2）单击仿真界面的"RUN"按钮，启动仿真 PLC，并单击"启用监视"按钮，监控项目树及各参数是否正常。

3）仿真成功后，将设备组态及梯形图程序编译后下载到 CPU 中，启动 CPU，将 CPU 切换至 RUN 模式。按图 5-13 所示的 I/O 接线图正确连接输入设备、输出设备。首先进行系统的空载调试，观察输出设备能否按控制要求动作。在监视状态下，观察梯形图输出的动作状态是否与外部设备的动作一致，若不一致，则检查电路接线或修改程序，直至外部设备能按控制要求动作即完成调试。

▼ 块标题：单一品类售货机的PLC控制梯形图
注释

▼ 程序段1：启动售货机
注释

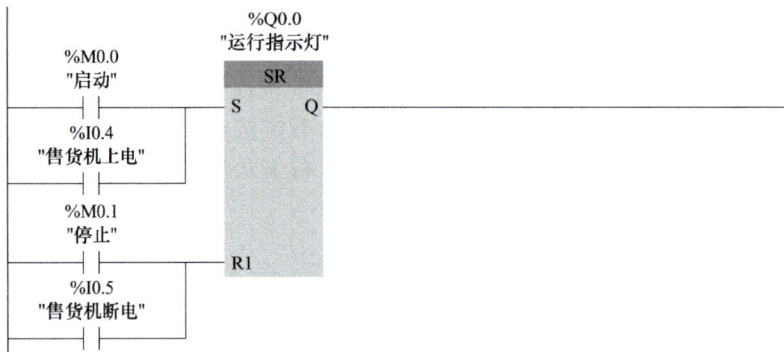

▼ 程序段2：余额
注释

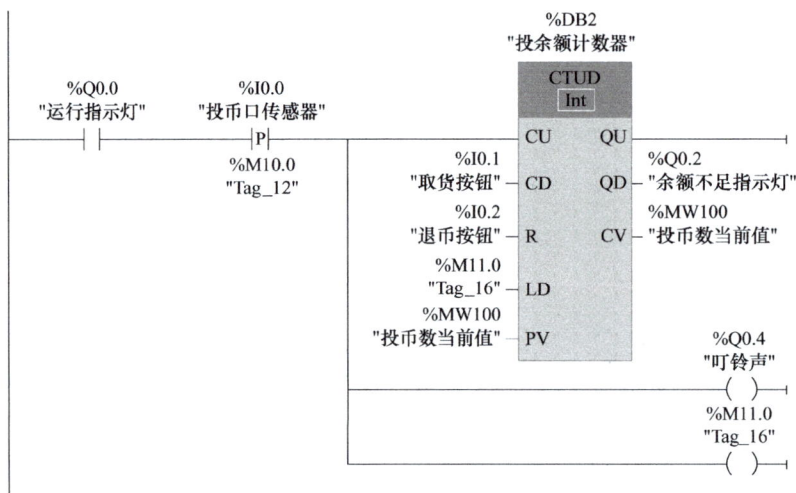

▼ 程序段3：预售
注释

▼ 程序段4：出货
注释

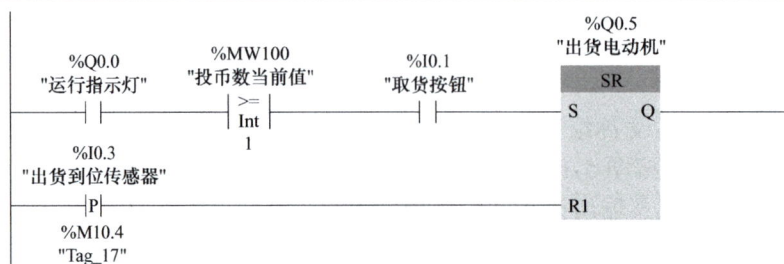

图 5-15 单一品类售货机的 PLC 控制梯形图

程序段5：取货

注释

%DB4
"取货计数器"

%Q0.0
"运行指示灯"

%I0.1
"取货按钮"
%M10.2
"Tag_14"

%MW100
"投币数当前值"
>=
Int
1

CTD
Int
CD　　Q

%M12.0
"Tag_19" — LD　CV — %MW120
"矿泉水数量"

10 — PV

程序段6：自动补货

注释

%Q0.0
"运行指示灯"

%MW120
"矿泉水数量"
==
Int
0

MOVE
EN — ENO
10 — IN

%M12.0
"Tag_19"
( )

OUT1 — %MW120
"矿泉水数量"

程序段7：退币清零

注释

%Q0.0
"运行指示灯"

%I0.2
"退币按钮"
%M10.3
"Tag_15"

MOVE
EN — ENO
0 — IN

OUT1 — %MW100
"投币数当前值"

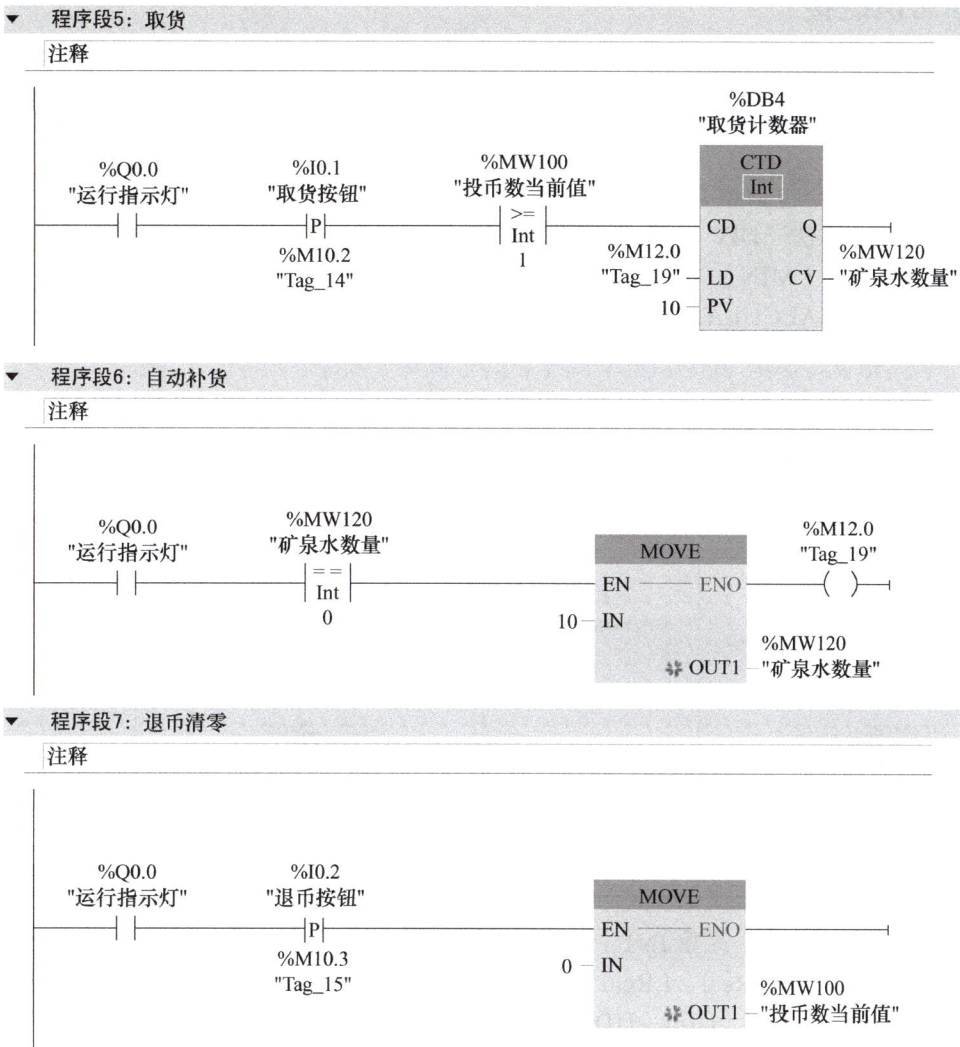

图 5-15　单一品类售货机的 PLC 控制梯形图（续）

任务 5.2　多品类售货机的 PLC 设计

任务描述

　　自动售货机可以售卖三种不同价格的饮料，投币口可识别 1 元、5 元、10 元的纸币，其中矿泉水每瓶 2 元，果粒橙每瓶 3 元，奶茶每瓶 5 元。当投币数达到其中任意商品的价格时，该商品的指示灯亮起，表示可以购买；当投币数未达到商品的价格时，指示灯不亮，无法购买。购买完毕后，按下退币按钮，退还剩余的钱数。默认每件商品为 10 件，当商品数量为 0 时，商品数自动调整为 10 件。

知识链接

5.2.1 数学运算指令

数学运算指令包括整数运算指令和浮点运算指令，如加法（ADD）、减法（SUB）、乘法（MUL）、除法（DIV）、取余、取反、递增（INC）、递减（DEC）、绝对值、最大值（MAX）、最小值（MIN）、限值（LIMIT）、平方、平方根、自然对数、指数、三角函数、求小数、计算（CALCULATE）等。

1. ADD 指令、SUB 指令、MUL 指令、DIV 指令（见表 5-3）

表 5-3　ADD 指令、SUB 指令、MUL 指令、DIV 指令

函数块图	功能描述	函数块图	功能描述
ADD Auto(???) EN　ENO <???> IN1　OUT <???> <???> IN2	加法 （IN1+IN2=OUT）	SUB Auto(???) EN　ENO <???> IN1　OUT <???> <???> IN2	减法 （IN1−IN2=OUT）
MUL Auto(???) EN　ENO <???> IN1　OUT <???> <???> IN2	乘法 （IN1 × IN2=OUT）	DIV Auto(???) EN　ENO <???> IN1　OUT <???> <???> IN2	除法 （IN1/IN2=OUT）

数学运算指令中，参数 IN1、IN2 为数学运算输入，数据类型为 SInt、Int、DInt、USInt、UInt、UDInt、Real、LReal、常数。参数 OUT 为数学运算输出，数据类型为 SInt、Int、DInt、USInt、UInt、UDInt、Real、LReal，参数 IN1、IN2 和 OUT 的数据类型必须相同，单击 "???" 并从下拉菜单中选择数据类型。要添加 ADD 指令的输入和 MUL 指令的输入，可以单击 "创建" 图标或者右击输入参数 IN2 后面的 符号增加输入参数，右击输入参数再单击 "删除" 命令或者按 <Delete> 键即可删除输入参数。ADD 指令和 MUL 指令的用法如图 5-16 所示。

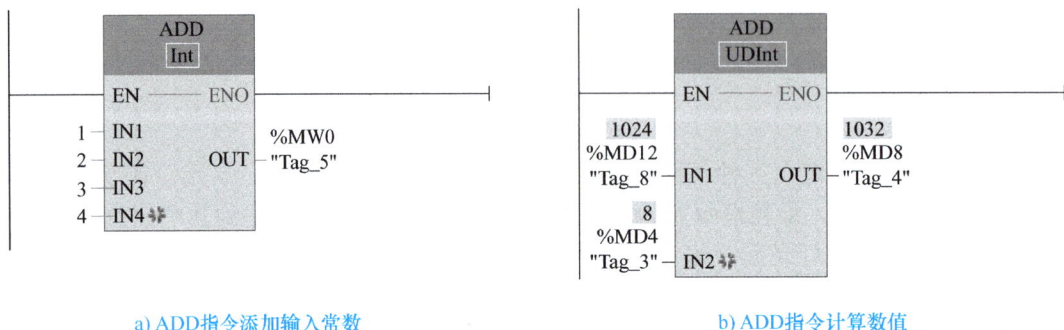

a) ADD 指令添加输入常数　　　　　　　　b) ADD 指令计算数值

图 5-16　ADD 指令和 MUL 指令的用法

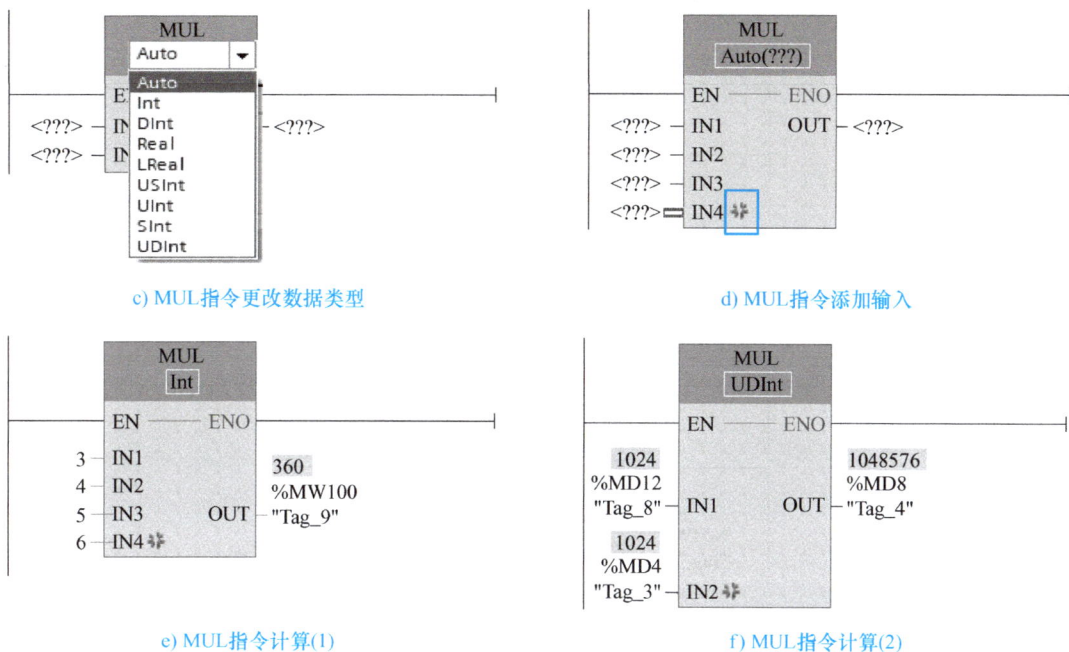

c) MUL指令更改数据类型

d) MUL指令添加输入

e) MUL指令计算(1)

f) MUL指令计算(2)

图 5-16　ADD 指令和 MUL 指令的用法（续）

需要注意的是，加法运算至少两个数相加，可以多个数相加；减法运算只能两个数相减，不能多个数相减；乘法运算至少两个数相乘，可以多个数相乘；除法运算只能两个数相除。除法运算中，如果是整数相除，除不尽时要保留商舍去余数，不遵循四舍五入的原则；如果是浮点数相除，就直接给出浮点数的结果。DIV 指令和 SUB 指令的用法分别如图 5-17 和图 5-18 所示。

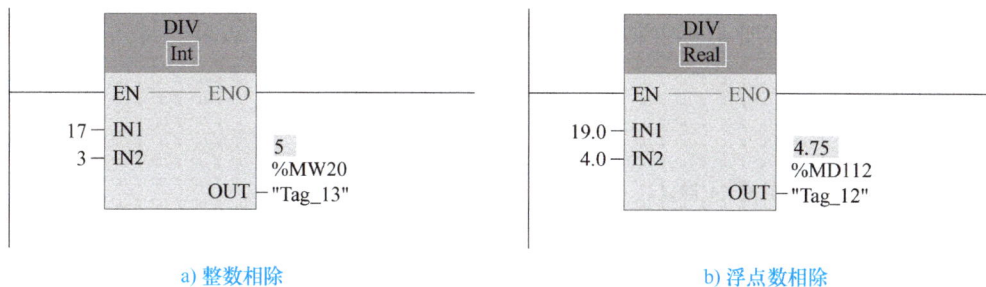

a) 整数相除

b) 浮点数相除

图 5-17　DIV 指令的用法

ADD 指令、SUB 指令、MUL 指令、DIV 指令在进行编程时可以直接从菜单栏拖放到程序段中，也可在其他指令的右上角单击小三角更改数学运算指令，如图 5-19 所示。

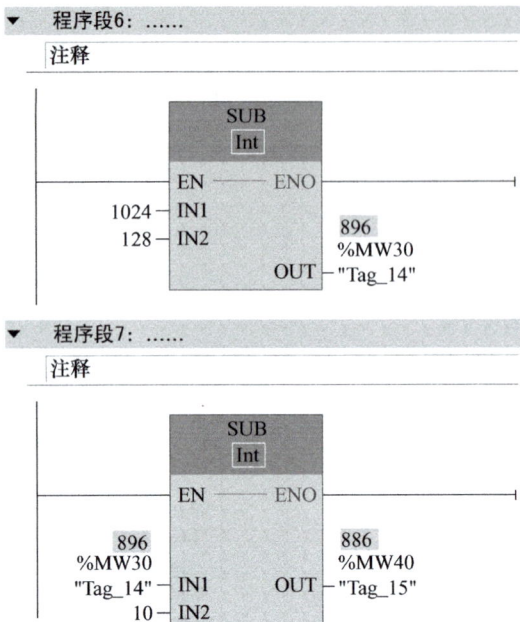

图 5-18   SUB 指令的用法

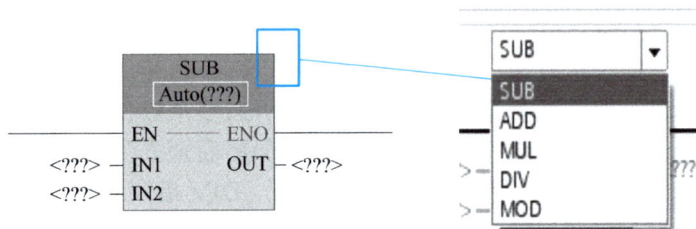

图 5-19   更改数学运算指令的便捷操作

[**例 5-1**] 请计算 5 加 6，再乘以 3，然后减去 4，除以 2 的结果。计算仿真结果如图 5-20 所示。

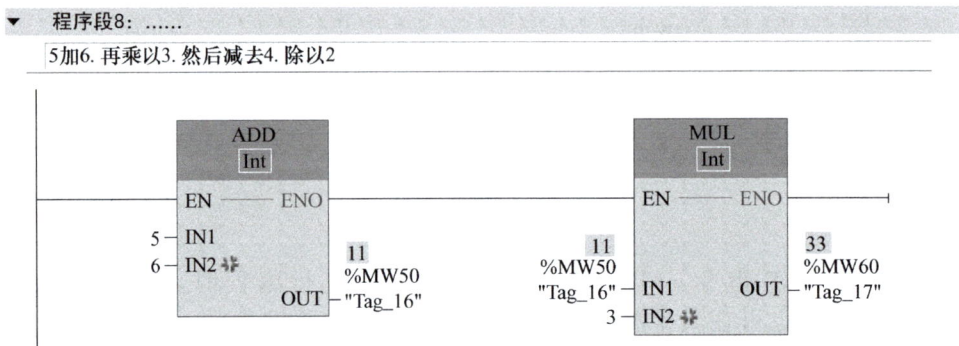

图 5-20   例 5-1 的计算仿真结果

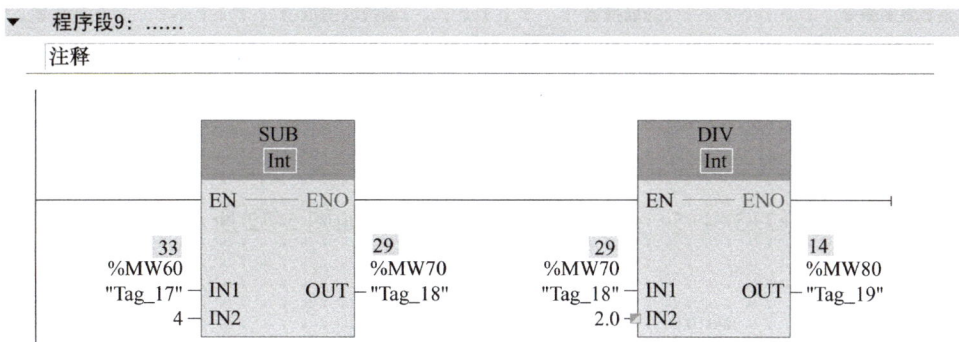

图 5-20   例 5-1 的计算仿真结果（续）

[例 5-2] 假设自动售货机每次允许投币 1 元，其中果粒橙的价格为 3 元，当投币数大于或等于 3 元时，果粒橙商品栏的指示灯亮，表示可以购买该商品。梯形图如图 5-21 所示。

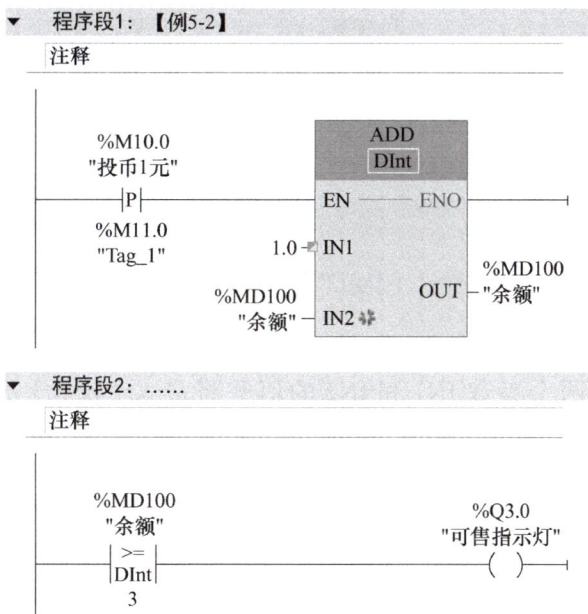

图 5-21   例 5-2 的梯形图

2. INC 指令和 DEC 指令（见表 5-4）

使用 INC 指令时，若上升沿进入 EN，则 IN/OUT 的值加 1，并保存在该变量中；使用 DEC 指令时，若上升沿进入 EN，则 IN/OUT 的值减 1，并保存在该变量中。IN/OUT 的数据类型为 SInt、Int、DInt、USInt、UInt、UDInt。可以单击函数块图中的 "???" 并从下拉菜单中选择数据类型。若结果的值超出所选数据类型的有效数值范围，则 ENO 减为 "0"。

表 5-4　INC 指令和 DEC 指令

函数块图指令	功能描述	函数块图指令	功能描述
INC ??? EN ENO IN/OUT	递增有符号或无符号整数值（IN/OUT+1=IN/OUT）	DEC ??? EN ENO IN/OUT	递减有符号或无符号整数值（IN/OUT-1=IN/OUT）

[例 5-3] 计算 1+2+3+4+5+…+9 的结果，仿真结果如图 5-22 所示。

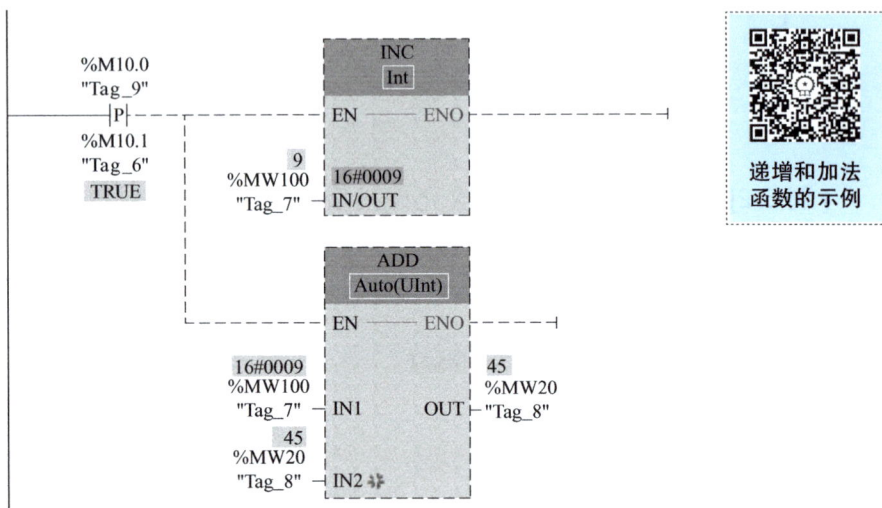

图 5-22　例 5-3 的仿真结果

5.2.2　MIN 指令、MAX 指令、LIMIT 指令、CALCULATE 指令

MIN 指令用于比较两个参数 IN1 和 IN2 的值并将最小（较小）值分配给参数 OUT。MAX 指令用于比较两个参数 IN1 和 IN2 的值并将最大（较大）值分配给参数 OUT。IN1、IN2 和 OUT 参数的数据类型必须相同，数据类型为 SInt、Int、DInt、USInt、UInt、UDInt、Real、LReal、Time、Date、TOD、常数，数学运算输入最多 32 个。要添加输入，可以单击"创建"图标，或右击其中一个现有 IN 参数的输入短线，并单击"插入输入"命令。要删除输入，可以右击其中一个现有 IN 参数（多于两个原始输入时）的输入短线，并单击"删除"命令。

LIMIT 指令用于测试参数 IN 的值是否在参数 MN 和 MX 指定值的范围内。若参数 IN 的值在指定的范围内，则 IN 的值将存储在参数 OUT 中。若参数 IN 的值超出指定的范围，则参数 OUT 的值为参数 MN 的值（当 IN 的值小于 MN 的值时）或参数 MX 的值（当 IN 的值大于 MX 的值时）。

CALCULATE 指令用于定义并执行表达式，根据所选数据类型进行数学运算或复杂逻辑运算。可以单击"???"在下拉列表中选择该指令的数据类型。根据所选的数据类型，可以组合某些指令的函数以执行复杂计算。可以在一个对话框中指定待计算的表达式，单击函数块图右上方的"计算器"图标打开该对话框。表达式可以包含输入参数的名称和指令的语法。CALCULATE 指令不能指定操作数名称和操作数地址。

在初始状态下，CALCULATE 指令至少包含两个输入（IN1 和 IN2），可以扩展输入数目。在函数块图中按升序对插入的输入编号，使用输入的值执行指定表达式。表达式中不一定会使用所有的已定义输入。该指令的结果将传送到输出 OUT 中。

MIN 指令、MAX 指令、LIMIT 指令、CALCULATE 指令见表 5-5。

表 5-5　MIN 指令、MAX 指令、LIMIT 指令、CALCULATE 指令

函数块图	功能描述	函数块图	功能描述
MIN ??? EN　ENO <???> IN1　OUT <???> <???> IN2	MIN 指令用于比较两个参数 IN1 和 IN2 的值并将最小（较小）值分配给参数 OUT	MAX ??? EN　ENO <???> IN1　OUT <???> <???> IN2	MAX 指令用于比较两个参数 IN1 和 IN2 的值并将最大（较大）值分配给参数 OUT
LIMIT ??? EN　ENO <???> MN　OUT <???> <???> IN <???> MX	LIMIT 指令用于测试参数 IN 的值是否在参数 MN 和 MX 指定值的范围内	CALCULATE ??? EN　ENO OUT:=<???> <???> IN1　OUT <???> <???> IN2	CALCULATE 指令用于定义并执行表达式，根据所选数据类型进行数学运算或复杂逻辑运算

图 5-23a 所示为 MIN 指令、MAX 指令、LIMIT 指令的常用运算，图 5-23b 所示为 CALCULATE 计算的逻辑运算。

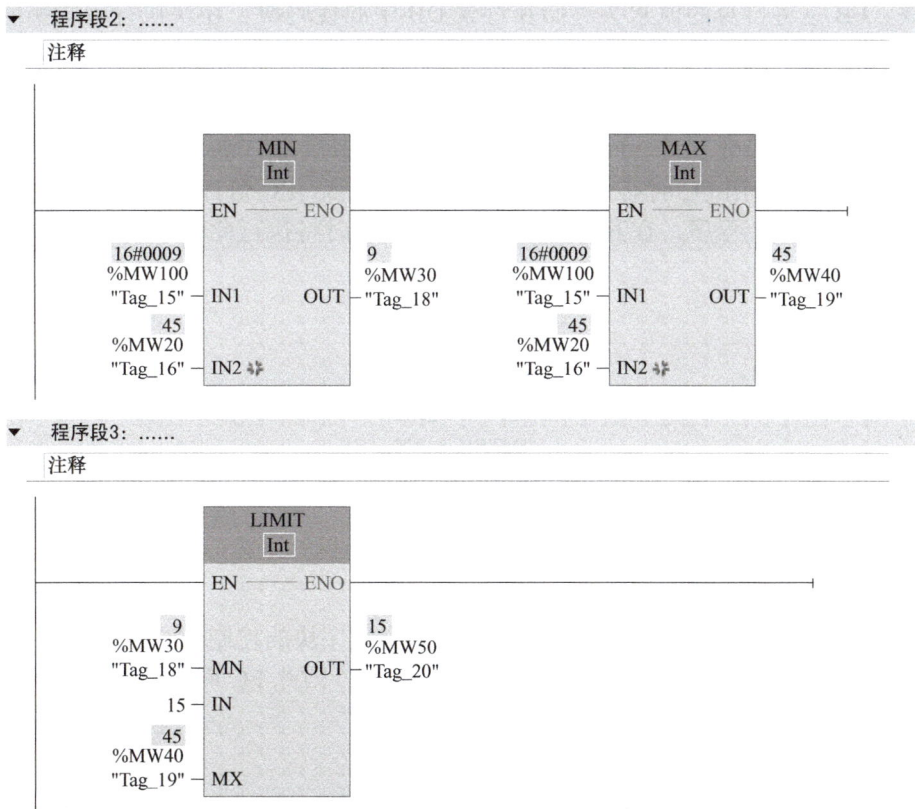

a) MIN指令、MAX指令、LIMIT指令的常用运算

图 5-23　MIN 指令、MAX 指令、LIMIT 指令、CALCULATE 指令的用法

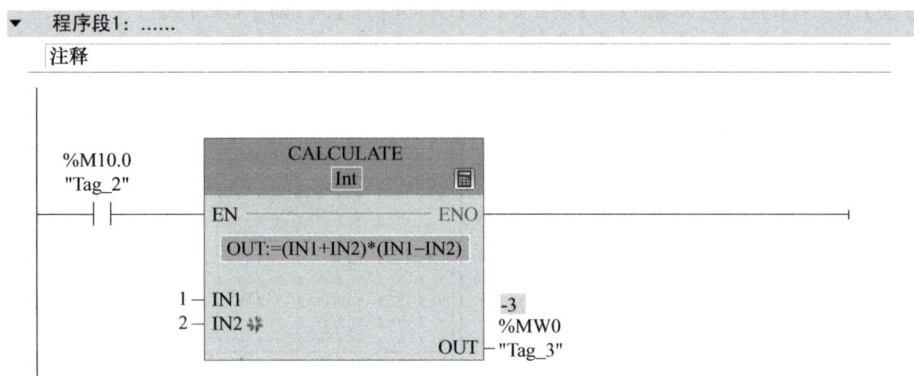

b) CALCULATE 指令的逻辑运算

图 5-23　MIN 指令、MAX 指令、LIMIT 指令、CALCULATE 指令的用法（续）

5.2.3　函数

TIA Portal 的程序块包含 OB（组织块）、FB（函数块）、FC（函数）、DB（数据块）。程序循环 OB 为主程序块且循环执行。用户可在其中设置控制应用的指令，也可以调用其他用户块。FB 是将自身的值永久存储在背景 DB 中的代码块，在块执行后这些值仍然可用。FC 是没有专用存储区的代码块。DB 用于保存程序数据。

1. FC 的概念

图 5-24 所示为函数 FC1。FC 是用户编写的程序块，由于没有可以存储块参数值的数据存储器，因此调用 FC 时必须给所有形参分配实参。FC 可以使用全局 DB 永久性存储数据。FC 包含一个程序，在其他代码块调用该 FC 时将执行此程序。FC 可以用于下列目的。

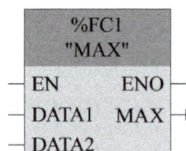

图 5-24　函数 FC1

1）将函数值返回给调用块，如数学函数。

2）执行工艺功能，如通过位逻辑运算进行单个程序块的控制。

3）可以在程序中的不同位置多次调用同一个 FC，因此 FC 简化了对重复发生的函数的编程。

2. 生成 FC

在项目树"PLC[CPU 1212C DC/DC/DC]"的程序块中添加新块，选择"函数"选项，默认编号为 1，默认语言为 LAD，如图 5-25 所示，可以设置 FC 的名称。单击"确定"按钮，生成 FC1 模块。

3. 定义 FC 的局部变量

在程序编辑区中，往下拉动程序区最上面的分隔条，分隔条上面是 FC 的接口区，在接口区生成局部变量，局部变量表里有 Input（输入参数）、Output（输出参数）、InOut（输入输出参数）、Temp（临时数据）、Constant（常量）、Return（返回值），如图 5-26 所示。

1）Input：调用 FC 时将用户程序数据传递到 FC 中，实参可以为常数。

2）Output：调用 FC 时将 FC 的执行结果传递到用户程序中，实参不能为常数。

3）InOut：它的初值由调用它的块提供，将数据传递到被调用的块中，在被调用的块中处理数据后，再将被调用的块中发送的结果存储在相同的变量中，实参不能为常数。

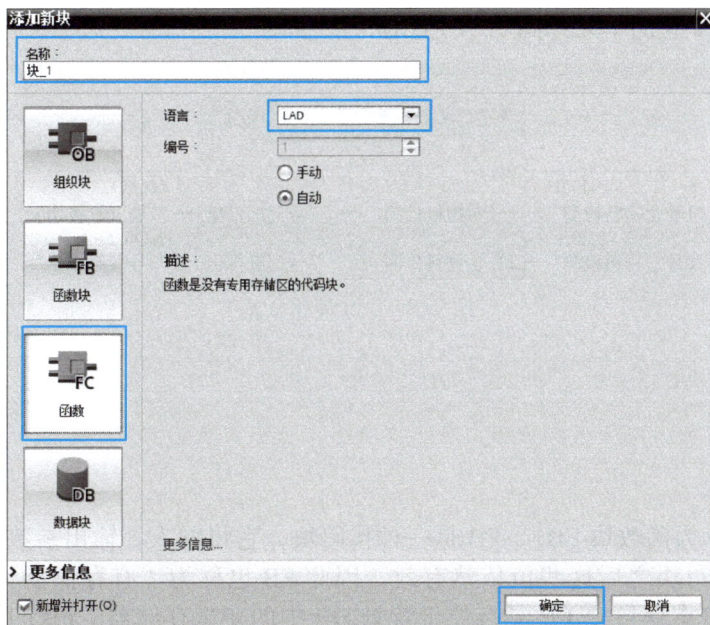

图 5-25　生成 FC1 模块

图 5-26　局部变量表

4）Temp：用于 FC 内部临时存储中间结果的临时变量，不占用单个实例 DB 空间。临时变量在调用 FC 时生效，FC 执行完成后，临时变量区被释放。

5）Constant：声明常量的符号名后，在程序中可以使用符号代替常量，这使得程序可读性增强，且易于维护。符号常量由名称、数据类型和常量值三个元素组成。

6）Return：FC 的执行返回情况，数据类型为 Void。

4. FC 的调用

如果要在变量表中生成调用 FC1 时需要的多个变量，可将项目树中的 FC1 拖放到右边程序区的水平"导线"上。FC1 的功能框中左边的"输入数据"等是在 FC1 的接口区中定义的输入参数和输入输出参数，右边的是输出参数，它们被称为块的形式参数，简称形参，形参在 FC 内部的程序中使用。功能框外是调用时为形参指定的实际参数，简称实参。实参与它对应的形参应为相同的数据类型。STEP 7 自动在全局变量的符号地址两边添加双引号。FC1 仓储单元如图 5-27 所示。

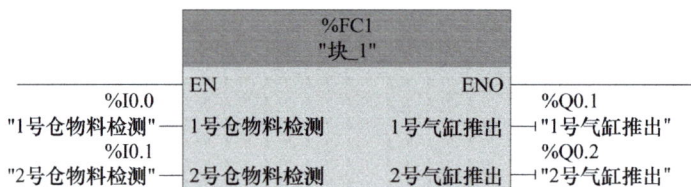

图 5-27　FC1 仓储单元

5.2.4　函数块

1. FB 的定义

图 5-28 所示为函数块 FB1。FB 是一种代码块，它将输入、输出参数永久地存储在背景 DB 中，在执行块之后这些值依然有效，因此 FB 也称为"有存储器"的块，FB 局部变量有 STAT（静态变量），FB 具有位于背景 DB 中的变量存储器。FB 的多次重复调用非常稳定，而且可以通过多重背景 DB 进行高效率的编程应用。

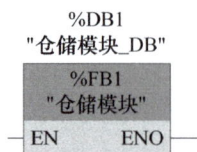

图 5-28　FB1 函数块

FB 是在其他代码块调用该 FB 时执行的子程序。可以在程序中的不同位置多次调用同一个 FB。因此，FB 简化了对重复发生的函数的编程。

1）除了纯粹的子程序用 FC，大部分功能编程常用 FB。

2）FB 编程中尽量常用静态变量作为中间变量，减少临时变量的使用，因为有时会在赋值先后方面出现问题，导致程序有错误。

3）用户做自己常用的一些功能块时尽量选用 FB。

4）在调用 FB 较多的场合，尽量采用多重背景 DB 形式，这样可以节省空间。

2. 生成 FB

在项目树"PLC[CPU 1212C DC/DC/DC]"的程序块中添加新块，选择"函数块"选项，默认编号为 1，默认语言为 LAD，如图 5-29 所示，可以设置 FB 的名称，单击"确定"按钮生成 FB1 模块。

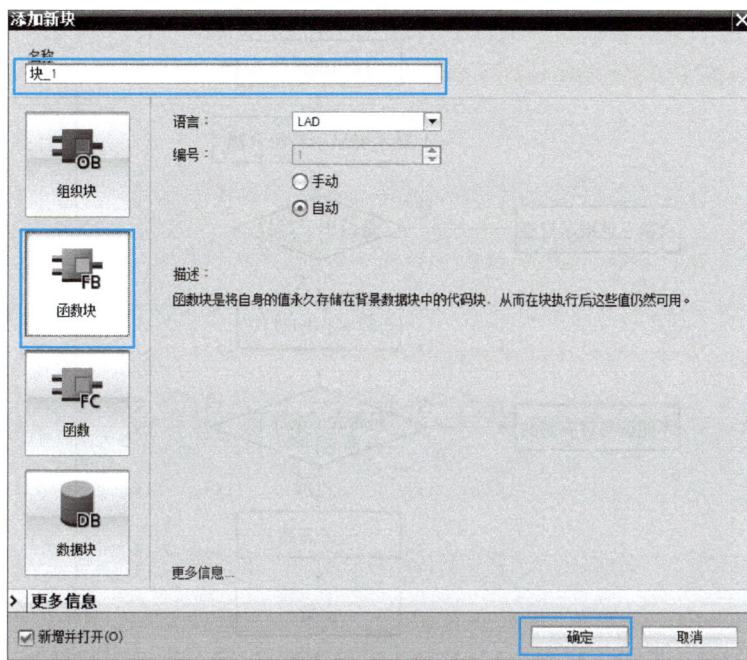

图 5-29　FB1 函数块

3. FB 与 FC 的区别

FB 和 FC 最大的区别在于 FB 拥有属于自己的背景 DB，可以将自身的值永久储存在 DB 中，在执行过 FB 或退出程序之后这些数据值仍然可用；而 FC 因为没有属于自己的 DB，所以执行过 FC 或退出程序之后数据将不会保存。

任务实施

> 多种品类售货机 PLC 设计

1. 工作流程分析

控制要求如下：按下启动按钮，售货机上电，运行指示灯亮，显示当前商品的数量；可任意投币 1 元、5 元、10 元，显示器显示当前金额；当投币金额满足商品单价时，可选择可售商品。按下商品选择按钮，售货机推出商品，出货指示灯亮，取出商品后出货指示灯熄灭。当投币数不足 2 元时，不能购买商品，余额不足指示灯亮起；按下退币按钮，将退还剩余钱币；商品售空后自动补货 10 件。根据控制要求绘制多品类售货机工作流程图，如图 5-30 所示。

```
开始
  │
售货机上电
  │
运行指示灯亮
  │
显示屏显示库存
  │
投币或操作 ←─────────────────────┐
  │                              │
显示屏显示当前余额                  │
  │                              │
是否小于2元? ──是──→ 余额不足指示灯亮  │
  │否                            │
余额不足指示灯灭                    │
  │                              │
是否大于或等于 ──否──→ 不能购买对应商品  │
商品价格?                         │
  │是                            │
选择商品                          │
  │                              │
出货                             │
  │                              │
商品库存减1                        │
  │                              │
库存等于0? ──是──→ 自动补货至10      │
  │否                            │
更新显示屏库存                      │
  │                              │
是否需要退出 ──否──────────────────┘
剩余硬币?
  │是
按下退币按钮
  │
退还全部硬币
  │
结束
```

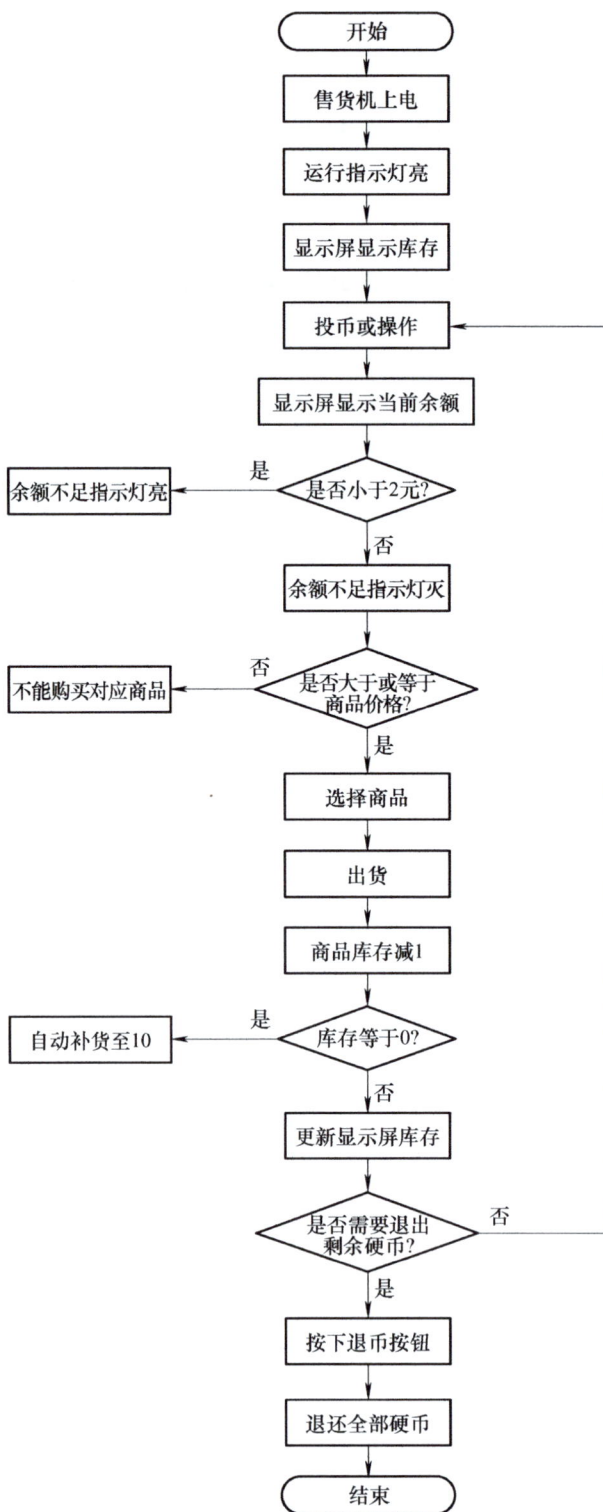

图 5-30 多品类售货机工作流程图

2. 设备 I/O 分配及接线图

1）设备 I/O 分配见表 5-6。

表 5-6　设备 I/O 分配

输入（I）			输出（Q）		
设备	符号	地址	设备	符号	地址
启动按钮	SA1	I0.0	运行指示灯	HL1	Q0.0
停止按钮	SA2	I0.1	余额不足指示灯	HL2	Q0.1
投币 1 元传感器		I0.2			
投币 5 元传感器		I0.3	出货指示灯	HL3	Q0.2
投币 10 元传感器		I0.4	矿泉水推出电动机	M1	Q0.3
购买矿泉水确认按钮	SB1	I0.5			
购买果粒橙确认按钮	SB2	I0.6	果粒橙推出电动机	M2	Q0.4
购买奶茶确认按钮	SB3	I0.7	奶茶推出电动机	M3	Q0.5
检测推出到位传感器		I1.0			

2）多品类售货机的 I/O 接线图如图 5-31 所示。

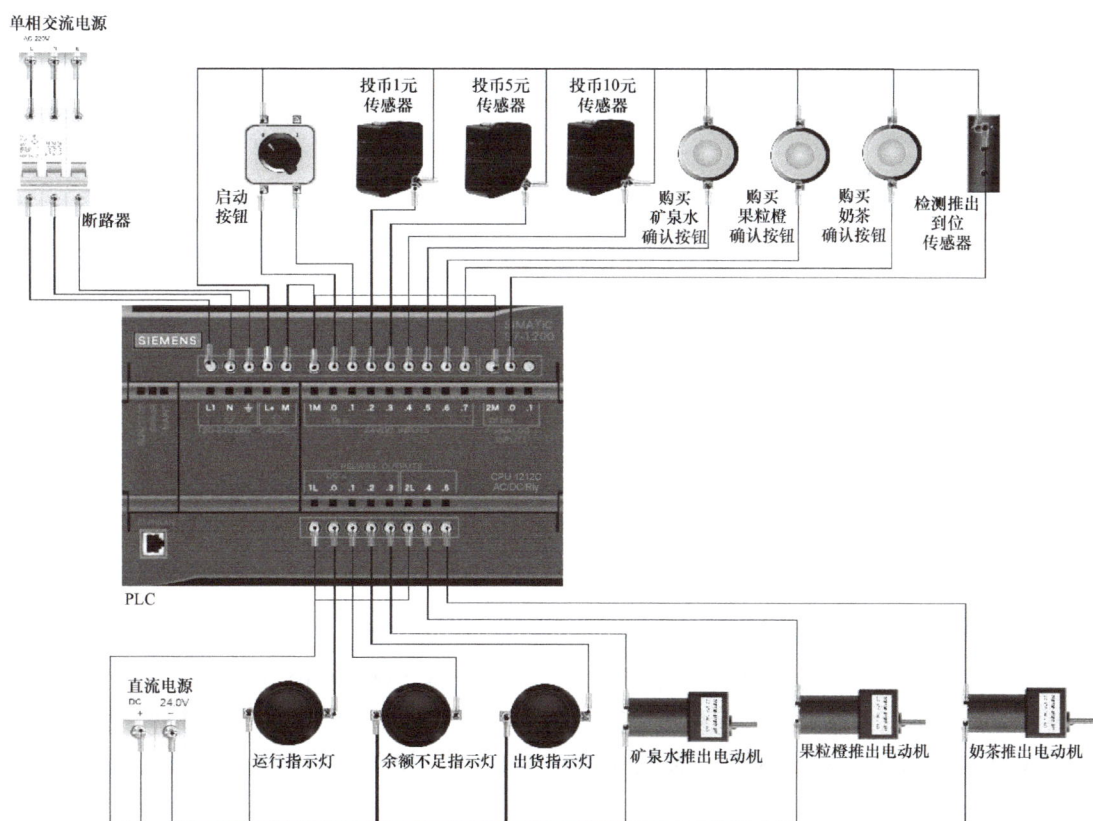

图 5-31　多品类售货机的 I/O 接线图

3. 项目配置与组态

1）创建工程项目。在 Portal 视图中单击"创建新项目"选项，输入项目名称"多品类售货机"，选择项目保存路径，单击"创建"按钮，创建项目完成。

2）添加新设备。在 Portal 视图中单击"打开项目视图"选项，在项目树中打开"多品类售货机"的下级菜单，然后单击"添加新设备"选项，在打开的"添加新设备"对话框中单击"控制器"按钮，在中间的目录树中依次单击"SIMATIC S7-1200"→"CPU"→"CPU 1212C AC/DC/Rly"各选项前面的下拉按钮，或依次双击选项名称，再打开"6ES7 212-1BE40-0XB0"选项，单击对话框右下角的"确定"按钮，添加新设备完成。

3）编辑变量表。在项目树中，依次双击"PLC_1"→"PLC 变量"→"添加新变量表"，生成"变量表_1[0]"。右击"变量表_1[0]"，单击"重命名"按钮，将变量表命名为"多品类售货机变量表"，修改完成后，双击"多品类售货机变量表"选项，并根据 I/O 分配编辑变量表，如图 5-32 所示。

		名称	数据类型	地址	保持	从 H…	从 H…	在 H…	注释
1		投币1元	Bool	%M4.1		☑	☑	☑	
2		Tag_2	Bool	%M10.0		☑	☑	☑	
3		当前投币金额	Int	%MW100		☑	☑	☑	
4		投币5元	Bool	%M4.2		☑	☑	☑	
5		Tag_3	Bool	%M10.1		☑	☑	☑	
6		Tag_5	Bool	%M10.2		☑	☑	☑	
7		购买矿泉水确认按钮	Bool	%M1.0		☑	☑	☑	
8		Tag_4	Bool	%M11.0		☑	☑	☑	
9		Tag_6	Bool	%M10.3		☑	☑	☑	
10		购买果粒橙确认按钮	Bool	%M1.1		☑	☑	☑	
11		Tag_7	Bool	%M11.1		☑	☑	☑	
12		购买奶茶确认按钮	Bool	%M1.2		☑	☑	☑	
13		Tag_8	Bool	%M11.2		☑	☑	☑	
14		启动	Bool	%M3.0		☑	☑	☑	
15		停止按钮	Bool	%I0.1		☑	☑	☑	
16		运行指示灯	Bool	%Q0.0		☑	☑	☑	
17		启动按钮	Bool	%I0.0		☑	☑	☑	
18		Tag_1	Bool	%M3.1		☑	☑	☑	
19		矿泉水总量	Int	%MW110		☑	☑	☑	
20		果粒橙总量	Int	%MW120		☑	☑	☑	
21		奶茶总量	Int	%MW130		☑	☑	☑	
22		余币不足指示灯	Bool	%Q0.1		☑	☑	☑	
23		退币按钮	Bool	%M3.2		☑	☑	☑	
24		Tag_9	Bool	%M13.0		☑	☑	☑	
25		投币10元	Bool	%M4.3		☑	☑	☑	
26		投币1元传感器	Bool	%I0.2		☑	☑	☑	
27		投币5元传感器	Bool	%I0.3		☑	☑	☑	
28		投币10元传感器	Bool	%I0.4		☑	☑	☑	
29		矿泉水	Bool	%I0.5		☑	☑	☑	
30		果粒橙	Bool	%I0.6		☑	☑	☑	
31		奶茶	Bool	%I0.7		☑	☑	☑	
32		检测推出到位传感器	Bool	%I1.0		☑	☑	☑	
33		出货指示灯	Bool	%Q0.2		☑	☑	☑	
34		矿泉水推出电动机	Bool	%Q0.3		☑	☑	☑	
35		果粒橙推出电动机	Bool	%Q0.4		☑	☑	☑	
36		奶茶推出电动机	Bool	%Q0.5		☑	☑	☑	

图 5-32　编辑变量表

4. 程序编写

在项目树中，依次双击"PLC_1"→"程序块"→"Main[OB1]"，打开程序编辑器，在程序编辑区根据控制要求编写梯形图。首先，单击"添加新块"选项，新建"投币子程序 [FB1]""消费子程序 [FB2]""补货子程序 [FB3]"，如图 5-33 所示。其次，编写各子程序。

1）多品类售货机主程序如图 5-34 所示。

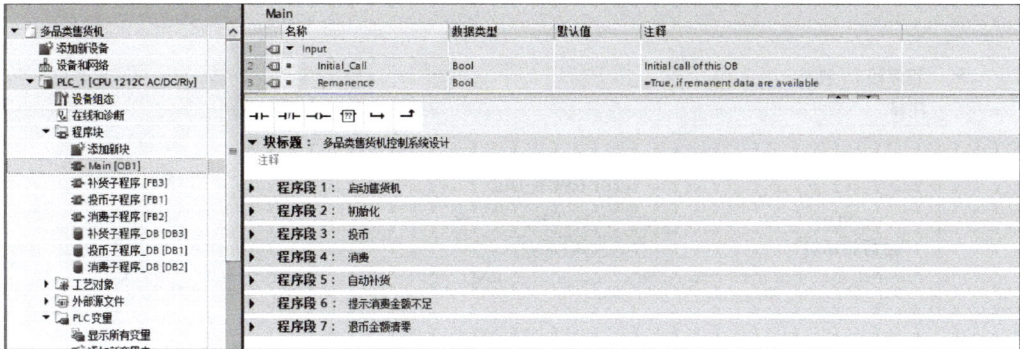

图 5-33 新建子程序

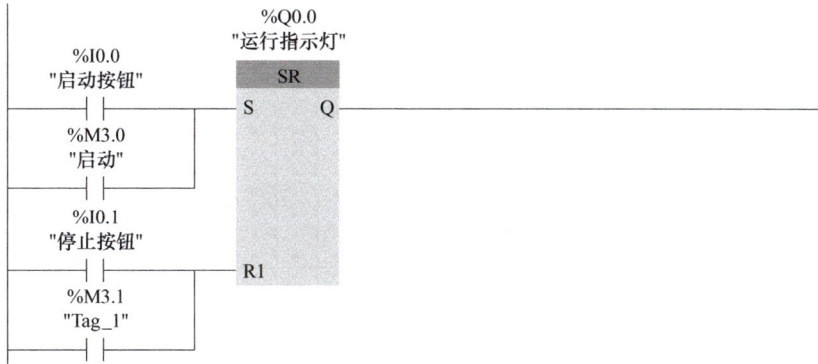

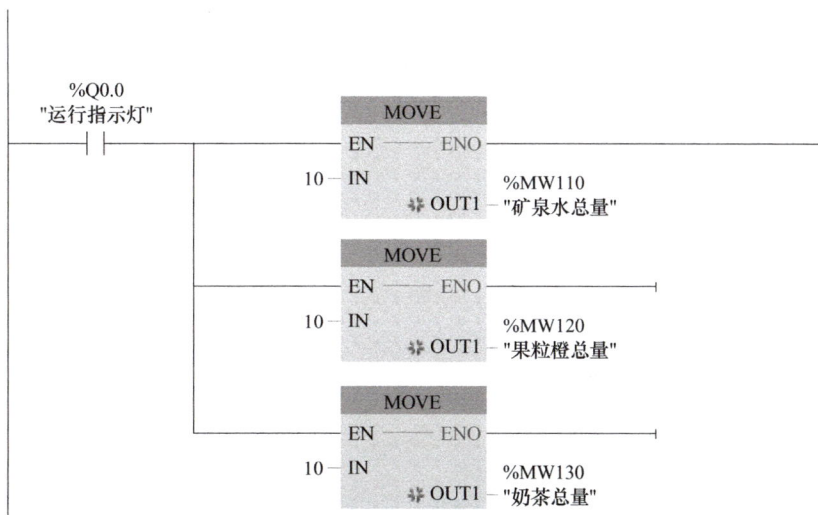

图 5-34 多品类售货机主程序

▼ 程序段3: 投币

注释

```
                                        %DB1
                                     "投币子程序_DB"
        %Q0.0                            %FB1
       "运行指示灯"                      "投币子程序"
         ─┤ ├─                    ──EN            ENO──
```

▼ 程序段4: 消费

注释

```
                                        %DB2
                                     "消费子程序_DB"
        %Q0.0                            %FB2
       "运行指示灯"                      "消费子程序"
         ─┤ ├─                    ──EN            ENO──
```

▼ 程序段5: 自动补货

注释

```
                                        %DB3
                                     "补货子程序_DB"
        %Q0.0                            %FB3
       "运行指示灯"                      "补货子程序"
         ─┤ ├─                    ──EN            ENO──
```

▼ 程序段6: 提示消费金额不足

注释

```
    %Q0.0          %MW100            %MW100             %Q0.1
   "运行指示灯"   "当前投币金额"     "当前投币金额"    "余额不足指示灯"
     ─┤ ├─          ─┤ > ├─           ─┤ <= ├─           ─( )─
                      Int                Int
                       0                  2
```

▼ 程序段7: 退币金额清零

注释

```
    %Q0.0          %M3.2
   "运行指示灯"    "退币按钮"                    MOVE
     ─┤ ├─         ─┤P├─              ──EN          ENO──
                   %M13.0                  0 ─IN
                   "Tag_9"                                    %MW100
                                             OUT1──"当前投币金额"
```

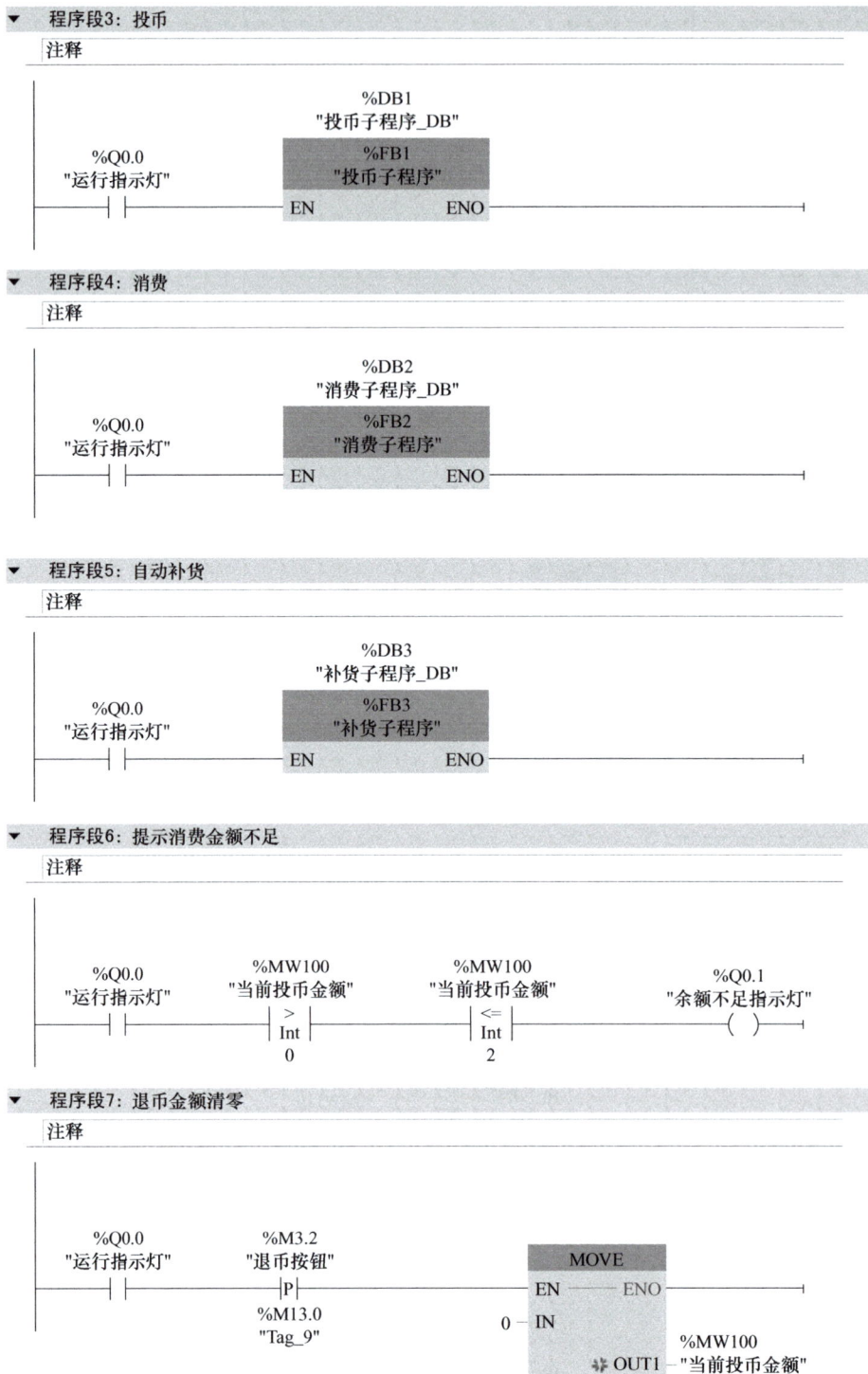

图 5-34 多品类售货机主程序（续）

2）多品类售货机投币子程序如图 5-35 所示。

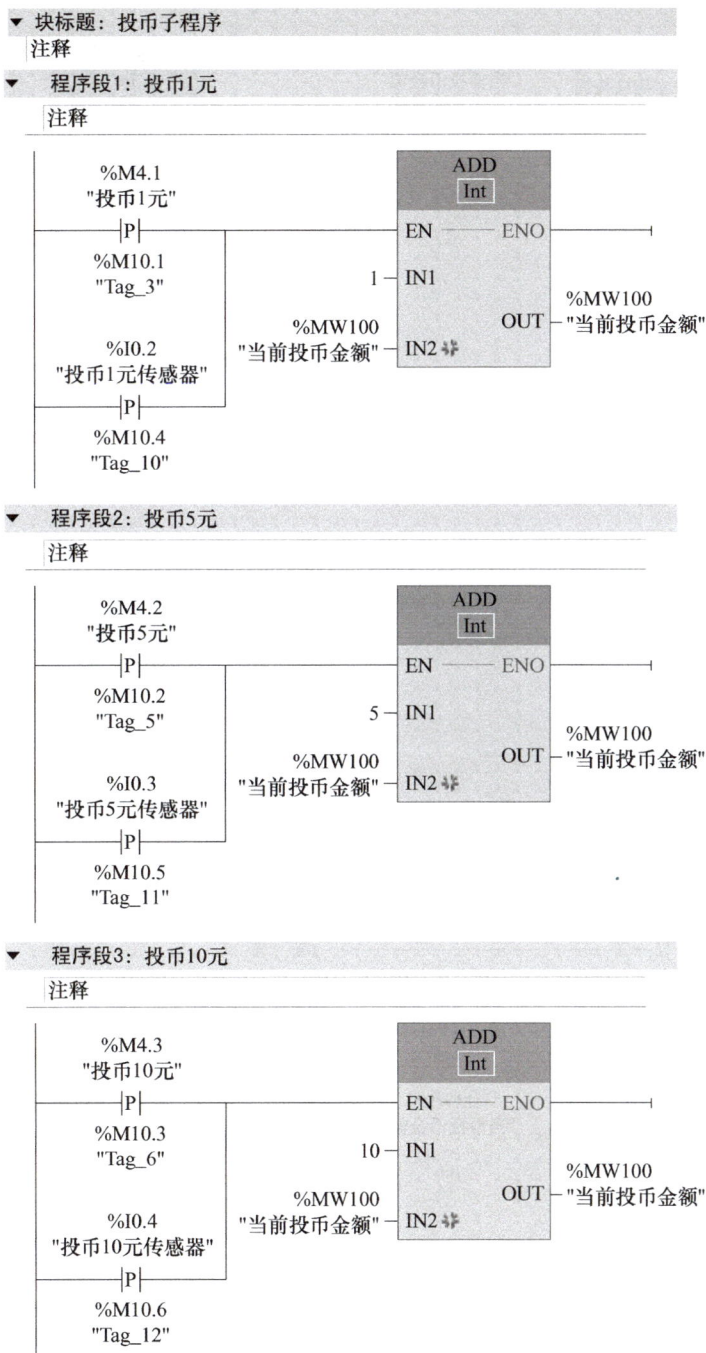

图 5-35　多品类售货机投币子程序

3）多品类售货机消费子程序如图 5-36 所示。

▼ 块标题：消费子程序
　注释

▼ 　程序段1：确认购买矿泉水
　　注释

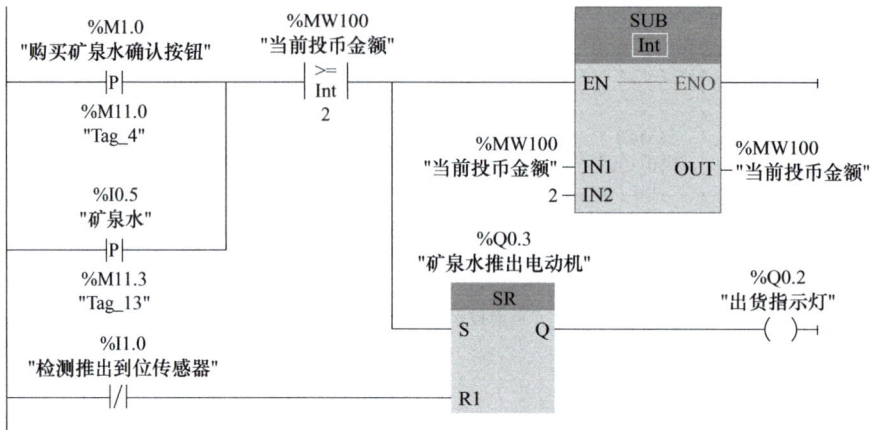

▼ 　程序段2：确认购买果粒橙
　　注释

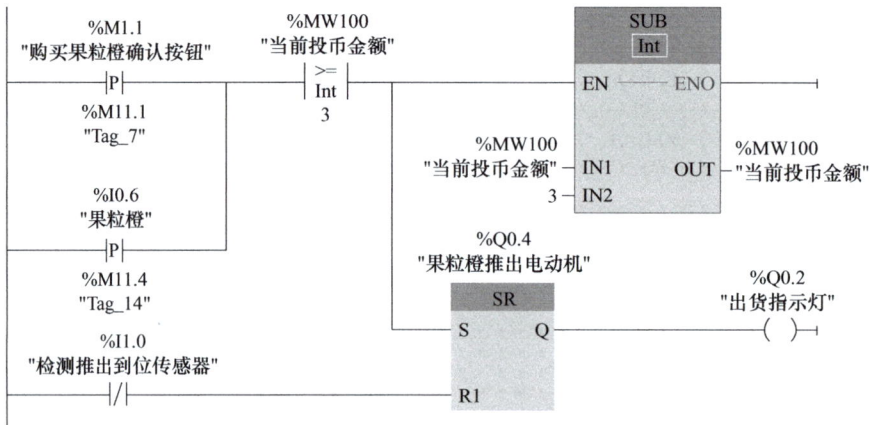

▼ 　程序段3：确认购买奶茶
　　注释

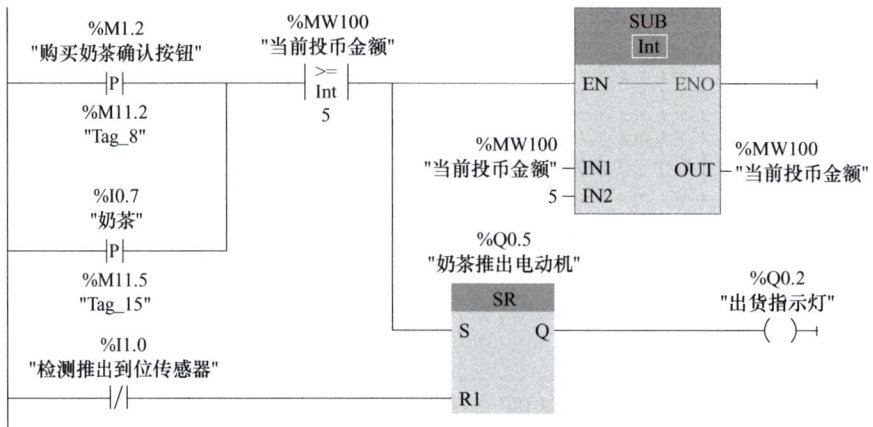

图 5-36　多品类售货机消费子程序

4）多品类售货机补货子程序如图 5-37 所示。

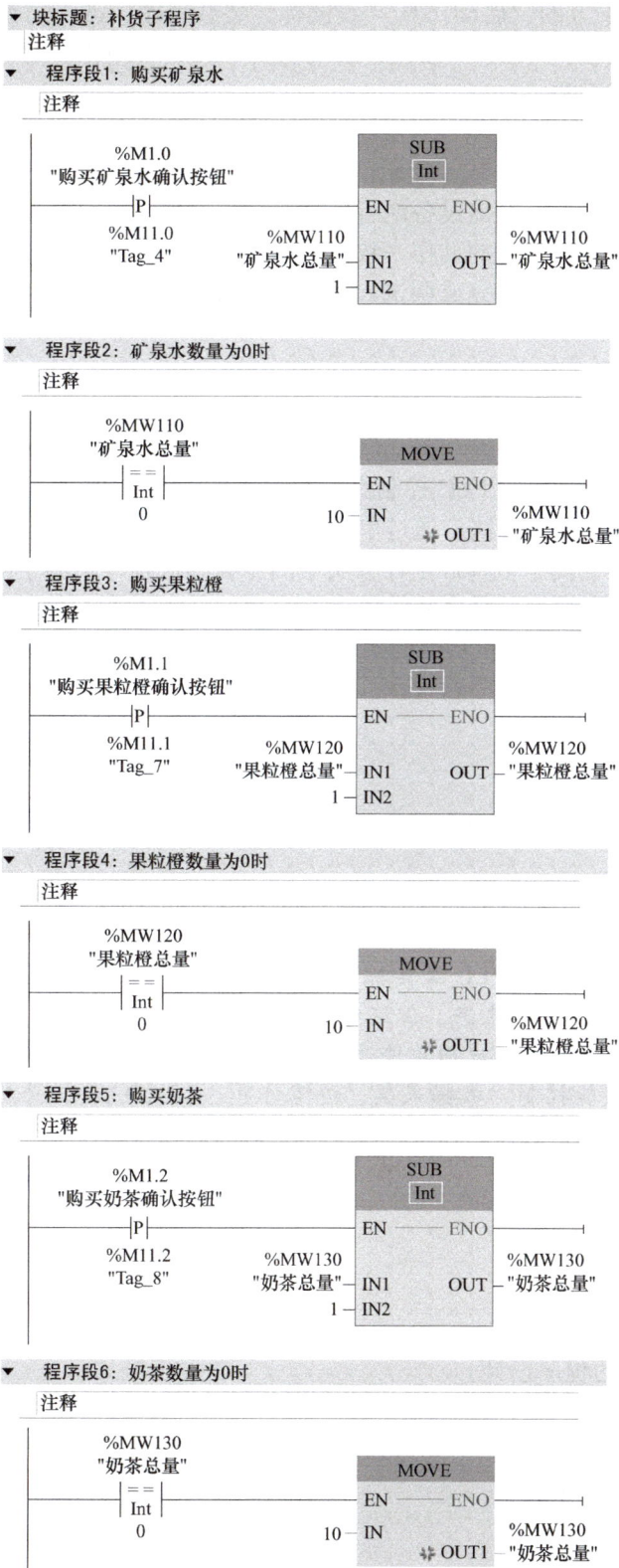

图 5-37　多品类售货机补货子程序

5. 仿真与调试运行

1）单击菜单栏下方的"启动仿真"　■图标，装载程序，进入仿真界面。

2）单击仿真界面的"RUN"按钮，启动仿真 PLC，并单击"启用监视"按钮，监控项目树及各参数是否正常。

3）仿真成功后，将设备组态及梯形图程序编译后下载到 CPU 中，启动 CPU，将 CPU 切换至 RUN 模式。按图 5-31 所示的 I/O 接线图正确连接输入设备、输出设备。首先进行系统的空载调试，观察输出设备能否按控制要求动作。在监视状态下，观察梯形图输出的动作状态是否与外部设备的动作一致，若不一致，则检查电路接线或修改程序，直至外部设备能按控制要求动作即完成调试。

项目小结

本项目通过自动售货机的 PLC 控制实施，对计数器指令进行了详细讲解，使学生掌握了各类计数器之间的区别和用法，通过单一品类售货机的 PLC 设计任务实施，将计数器指令应用到实际案例中，使学生掌握了任务实施的步骤和流程，培养了学生将复杂问题分解简化达到控制要求的思维。通过多品类售货机的 PLC 控制编程，使学生掌握了数学运算指令的用法和功能。多品类售货机功能的实现进一步提升了学生对 PLC 学习的兴趣。

素养案例链接

中国智造——国产大型 PLC 崭露头角

国内 PLC 的市场长期被进口产品占领，国产份额不到 10%，特别是配备运动控制功能的高端 PLC 进口份额高达 95% 以上。近些年来国产 PLC 有所发展，低端、小型 PLC 国产化率逐年提高，但高端 PLC 及其综合开发软件平台往往还依赖进口，高端自主可控的 PLC 产品少，发展更缺少生态。但这种状况正在改变，支撑 PLC 等工业控制系统的核心技术包括芯片、操作系统、应用软件开发环境和控制器等，都在不断取得进展和突破。

中国智造围绕智能控制、数据采集、边缘计算、SCADA、工业建模、数字孪生等领域，聚集产业上下游合作伙伴，以众包、众创、众智的生态打造数字化、网络化、智能化先进制造应用场景。

项目拓展

完成 9s 倒计时的程序设计。

思考与练习

1. 填空题

（1）S7-1200 PLC 的计数器指令包括_____、_____和_____。

（2）加计数器的计数方式是当输入信号从_____变为_____时，计数器的值增加。

（3）减计数器的计数方式是当输入信号从_____变为_____时，计数器的值减少。

（4）加减计数器可以实现_____和_____两种功能。

（5）计数器的预设值和初始值可以是_____或_____。

2. 选择题

（1）（　　）可以实现向上计数。

A. 加计数器　　　　　B. 减计数器　　　　　C. 加减计数器

（2）（　　）是计数器的复位参数。

A. R　　　　　　　　B. S　　　　　　　　C. M

（3）S7-1200 PLC 中的计数器是（　　　）。

A. 硬件元件　　　　B. 软件元件　　　　　C. 以上都不是

（4）下列指令中不是 S7-1200 PLC 的计数器指令的是（　　　）。

A. TON　　　　　　B. CTUD　　　　　　C. CTU

（5）下列选项中表示数据块的是（　　　）。

A. OB　　　　　　　B. FB　　　　　　　C. DB

3. 简答题

请简述 FB 与 FC 的区别。

项目 6

智能密码锁

知识目标

- 了解 S7-1200 PLC 的常用通信协议。
- 了解 PLC 与 HMI 的 PROFINET 通信。
- 学会 HMI 的使用方法。

技能目标

- 能利用 GET 指令、PUT 指令实现 S7 通信。
- 能够正确创建 HMI 并与 PLC 建立连接。
- 能够熟练进行 HMI 组态、参数设置及仿真调试。

素养目标

- 引导学生树立科技意识，培养创新精神，增强责任感和使命感。
- 引导学生养成良好的安全操作规范。

项目背景

随着社会物质财富的日益增长和人们生活水平的提高，安全成为人们最关心的问题之一。以前的密码锁不但种类少，而且密码设计简单，很容易被破解，安全性能不高，并且接线比较复杂，可靠性低，功耗高，灵活性差。图 6-1 所示为 PLC 控制的智能密码锁，它克服了机械式密码锁密码量少、安全性能差的缺点，实现了密码锁的智能化管理。

图 6-1　PLC 控制的智能密码锁

任务 6.1　智能密码锁的 PLC 设计

任务描述

利用两台 S7-1200 PLC 进行智能密码锁设计，一台作为主 PLC，负责密码输入和逻辑判断；另一台作为从 PLC，负责控制锁的开关和报警。

知识链接

6.1.1　S7-1200 PLC 通信概述

S7-1200 PLC 作为西门子工业自动化系统的核心组件，其通信功能尤为关键。它凭借高效、可靠的通信手段，不仅实现了与各类设备间的数据传输与共享，还确保了 PLC 间及与外部设备的无缝连接，这一功能对于实现设备间的协调与控制至关重要，从而构建出高效协同的自动化控制系统，推动工业自动化的深入发展。S7-1200 PLC 通信的特点如下。

1）高性能：具有强大的处理能力和快速的数据传输速度，能够处理大量的数据并实时响应，确保系统的高效运行。

2）灵活可扩展：支持多种通信接口和协议，包括以太网、串口、无线等，可与不同类型的设备进行通信，具有很强的兼容性和可扩展性。

3）可靠稳定：采用可靠的通信协议和算法，确保数据的准确传输和可靠性，降低通信故障和数据丢失的风险，提高系统的稳定性。

4）简化配置：使用友好的配置界面和简化的设置过程，使得通信配置变得更加简单和快速，降低了系统的部署和维护成本。

6.1.2　S7-1200 PLC 的通信功能

S7-1200 PLC 的通信功能非常强大，它支持多种通信协议和接口，以满足不同的工业自动化需求。

1. 集成通信接口

S7-1200 PLC 的 CPU 模块上集成了 PROFINET 通信接口。PROFINET 是一种开放式的工业以太网标准，支持高速数据传输和实时通信，该通信接口支持以太网和基于 TCP/IP（传输控制协议 / 互联网协议）、UDP（用户数据报协议）的通信标准。CPU 1211C、CPU 1212C、CPU 1214C 有一个 PROFINET 通信接口，而 CPU 1215C、CPU 1217C 则有两个。

PROFINET 通信接口采用 RJ45 连接器，支持 10/100Mbit/s 的数据传输速率，并具有电缆交叉自适应功能，因此可以使用标准或交叉的以太网线。

2. 支持的通信协议

1）PG 通信：用于与编程设备之间的通信，如使用 TIA Portal 实现对 PLC 的程序上传、下载、调试和诊断。

2）PROFINET 通信：作为实时工业以太网标准，PROFINET 使工业以太网的应用扩展到了控制网络最底层的现场设备。

3）S7 通信：用于西门子 SIMATIC PLC 之间的通信，如 S7-1500 PLC 与 S7-1200 PLC 之间的通信。

4）OUC（开放式用户通信）：支持 TCP/IP、ISO_ON_TCP 和 UDP，适用于与第三方设备（如机器人、相机等）或个人计算机进行通信。

5）HMI 通信：主要用于与触摸屏（如西门子的精简面板、精致面板等）的通信，也支持与其他带以太网接口的第三方设备通信。

6）MODBUS TCP 通信：支持基于 TCP/IP 的 Modbus 通信协议，便于与其他支持该协议的设备进行通信。

7）Web 服务器通信：提供 Web 服务器功能，支持通过 Web 浏览器进行访问和控制等。

3. 通信模块扩展

S7-1200 PLC 最多可扩展 3 个通信模块（通信模块或通信处理器），这些模块安装在 CPU 模块的左侧，用于扩展 CPU 的通信接口。

支持的通信模块包括 PROFIBUS 通信模块、Modbus RTU（远程终端单元）通信模块等，以适应不同的通信需求。

6.1.3 S7-1200 PLC 的 PROFINET 通信

PROFINET IO 是 PROFINET 国际组织（PROFIBUS International）基于以太网的自动化标准，它定义了跨供应商通信、自动化和工程组态模型，它是基于工业以太网的现场总线，是开放式的工业以太网标准，它使工业以太网的应用扩展到了控制网络最底层的现场设备。PROFINET 通信通过交换式以太网的全双工操作实现数据的同时发送和接收，带宽可达 100Mbit/s，使得多个节点能够同时传输数据，高效利用网络。

S7-1200 PLC 的 CPU 模块集成的 PROFINET 接口可用于与编程设备（STEP 7）通信，通信时将计算机或编程设备的以太网接口与 PLC 的 CPU 模块用 PROFINET 电缆相接，如图 6-2 所示。

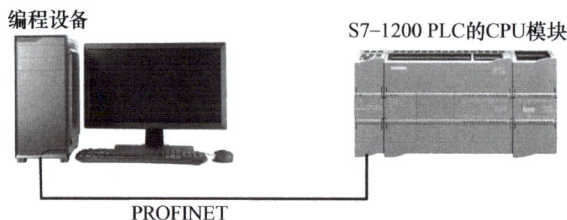

图 6-2 S7-1200 PLC 与编程设备通信

S7-1200 PLC 与 HMI、其他 PLC 等设备的通信如图 6-3 所示。

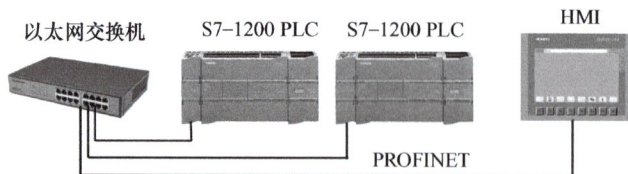

图 6-3 S7-1200 PLC 与 HMI、其他 PLC 等设备的通信

此外，它还通过开放的以太网协议 TCP/IP、Modbus TCP 支持与第三方设备的通信，还可通过成熟的 S7 通信协议连接到多个 S7 控制器和设备。

PROFINET 具有以下特点。

1）实时性：PROFINET 支持实时通信，能够满足工业控制系统对实时性的需求，如自动化生产线的高速控制和监控。

2）灵活性：PROFINET 支持多种拓扑结构，包括星形、环形和总线型结构，以满足不同应用的需求。

3）高性能：PROFINET 具有高带宽和低延迟的特点，适用于大规模、高速的工业控制系统。

4）开放性：PROFINET 是一种开放标准，支持多种设备和厂商，使设备之间能够无缝通信。

6.1.4　S7-1200 PLC 的 S7 通信

两台 S7-1200 PLC 进行 S7 通信时，一台作为客户端，另一台作为服务器，客户端同时也可以作为其他 PLC 的服务器，服务器也可以作为其他 PLC 的客户端，S7 通信最多支持 3 个服务器和 8 个客户端的连接。

1. S7 通信指令

S7-1200 PLC 的 S7 通信指令包含 PUT 指令和 GET 指令，其基本功能是在 PLC 之间进行数据传输。

（1）PUT 指令　PUT 指令允许从本地 PLC（或设备）向远程 PLC（或设备）发送数据，这对于发送控制命令、操作参数或系统状态等场景尤为重要，其结构如图 6-4 所示。

PUT 指令的引脚定义见表 6-1。

图 6-4　PUT 指令的结构

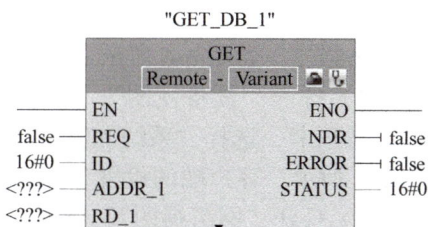

表 6-1　PUT 指令的引脚定义

引脚	引脚定义
EN	使能输入端
REQ	上升沿触发，一次上升沿发送一次数据
ID	S7 通信的连接编号，该连接编号在组态 S7 通信连接时生效
ADDR_1	指向远程（伙伴）PLC 的地址，即写入数据的区域地址
SD_1	指向本地 PLC 的地址，即要写出数据的区域地址
ENO	使能输出端
DONE	数据被成功写入到远程 PLC 的标志位
ERROR	指令执行出错的标志位，如果出错，故障代码会存储在 STATUS 中
STATUS	故障代码

PUT 指令的最大可传送数据长度为 212 字节。通信数据区域数量的增加并不能增加通信数据长度，反而可能会导致通信的最大可传送数据长度减少。

（2）GET 指令　GET 指令允许从远程 PLC 或设备接收数据，这对于实时监控、数据采集和远程诊断等应用至关重要，其结构如图 6-5 所示。

GET 指令的引脚定义见表 6-2。

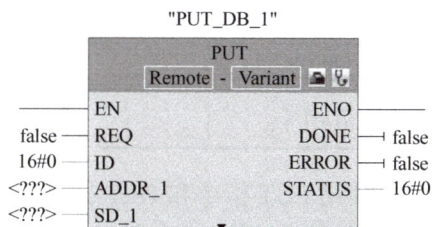

图 6-5　GET 指令的结构

表 6-2　GET 指令的引脚定义

引脚	引脚定义
EN	使能输入端
REQ	请求信号，当该信号由低变高时，触发 GET 操作
ID	S7 通信的连接编号，与之前配置的 S7 通信连接相对应
ADDR_1	指定从远程 PLC 的哪个数据块和起始地址读取数据
RD_1	指定读取到的数据存储到本地 PLC 的哪个位置
ENO	使能输出端
NDR	远程 PLC 的 CPU 数据被成功读取
ERROR	指令执行出错的标志位，为 1 表示写入失败
STATUS	故障代码

使用 PUT 指令和 GET 指令时，有以下注意事项。

1）使用 GET 指令时，需要确保 PLC 之间的网络连接正常，且 IP 地址和 S7 通信连接配置正确。

2）编程时，需要注意 GET 指令的执行顺序和触发条件，以避免数据冲突或读取错误。

3）PUT 指令和 GET 指令中的数据读写区域需要使用指针的方式进行给定。

4）PUT 指令和 GET 指令使用的数据块需要使用非优化访问的块。

5）参数 ADDR_1 与 SD_1、RD_1 定义的数据区域在数量、长度和数据类型方面需要匹配。

2. PUT 指令和 GET 指令的应用

在同一个项目中，利用 PUT 指令和 GET 指令实现两台 PLC 之间的 S7 通信，通信内容如下。

PLC_1[CPU 1212C DC/DC/DC] 作为客户端，PLC_2[CPU 1212C DC/DC/DC] 作为服务器。客户端将客户端发送数据块 DB5 中 5 字节的数据发送到服务器接收数据块 DB2 中；客户端将服务器发送数据块 DB1 中 5 字节的数据接收到客户端接收数据块 DB6 中。具体操作如下。

PUT 指令和 GET 指令的应用

1）打开 TIA Portal，新建项目，在项目中添加两个新设备"PLC_1[CPU 1212C DC/DC/DC]"和"PLC_2[CPU 1212C DC/DC/DC]"，将 PLC_1 重命名为"客户端"，PLC_2 重命名为"服务器"，设置客户端的 IP 地址为 192.168.8.1，服务器的 IP 地址为 192.168.8.2，如图 6-6 所示。

2）打开"设备视图"，选择"服务器 [CPU 1212C DC/DC/DC]"选项，打开其"属性"选项卡，选择"系统和时钟存储器"选项，勾选"启用时钟存储器字节"复选框，如图 6-7 所示。客户端的设置参照服务器操作。

3）打开"网络视图"，将客户端网络接口与服务器网络接口相连，如图 6-8 所示。

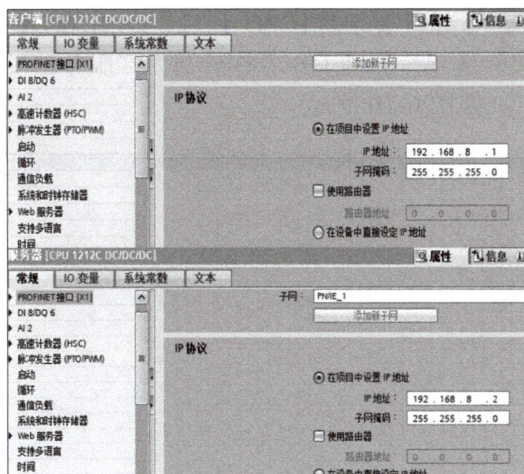

图 6-6　IP 地址修改

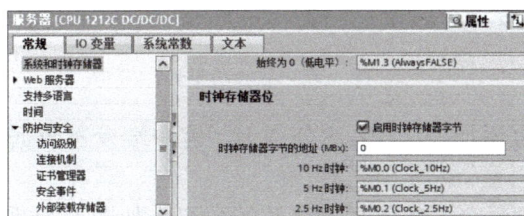

图 6-7　启用时钟存储器字节

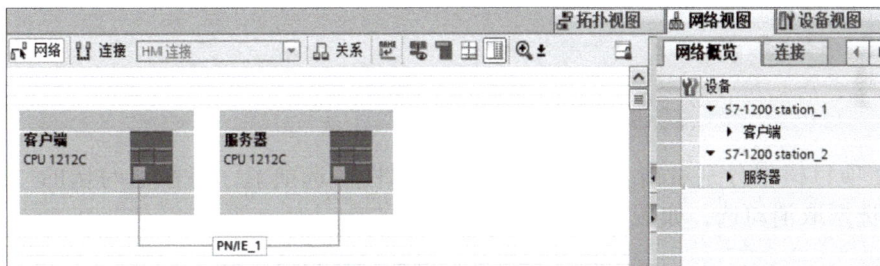

图 6-8　客户端与服务器相连

4）打开"设备视图"，选择"客户端 [CPU 1212C DC/DC/DC]"选项，打开其"属性"选项卡，选择"防护与安全"选项中的"连接机制"，勾选"允许来自远程对象的 PUT/GET 通信访问"复选框，如图 6-9 所示。服务器的设置参照客户端操作。

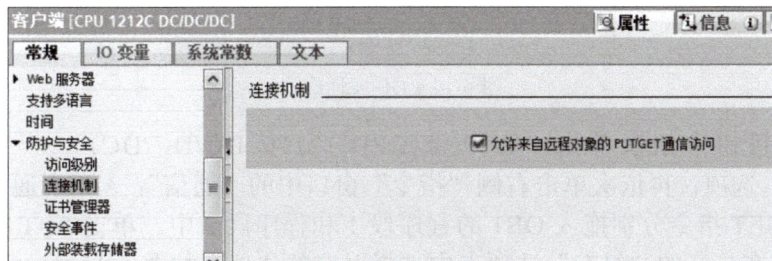

图 6-9　修改连接机制

5）在项目树中，依次单击"服务器 [CPU 1212C DC/DC/DC]"→"程序块"→"添加新块"→"添加数据块"选项，新建 DB 名称分别为"服务器发送数据块"（DB1）、"服务器接收数据块"（DB2），如图 6-10 所示。

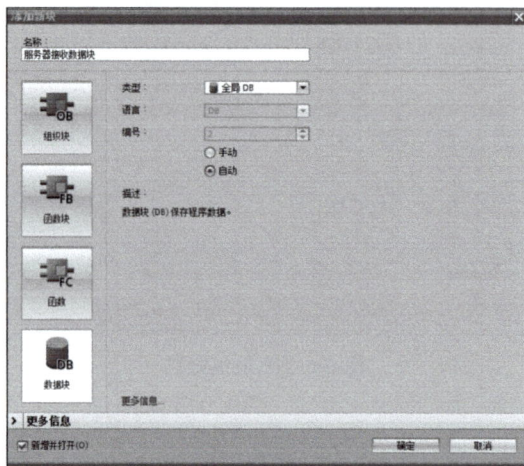

图 6-10　新建数据块

同样，在客户端中也添加 DB，名称分别为"客户端发送数据块"（DB5）、"客户端接收数据块"（DB6）。

新建 DB 完成后，给每个 DB 定义 5 字节的数组，如图 6-11 所示。

图 6-11　定义数组

6）在项目树中分别右击 4 个 DB，打开"属性"选项卡，将默认勾选的"优化的块访问"复选框取消勾选，如图 6-12 所示。

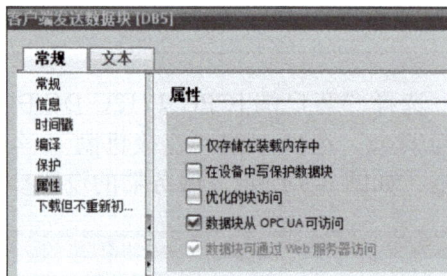

图 6-12　DB 属性修改

7）在项目树中依次单击"客户端 [CPU 1212C DC/DC/DC]"→"程序块"→"Main[OB1]"选项，再依次单击右侧"指令"窗口中的"通信"→"S7 通信"选项，将 PUT 指令和 GET 指令分别拖入 OB1 的程序段 1 和程序段 2 中。单击 PUT 指令的"开始组态"按钮，在打开的"组态"选项卡中选择对应的伙伴，如图 6-13 所示。客户端 OB1 中 GET 指令的组态参照 PUT 指令。服务器的操作与客户端相同。

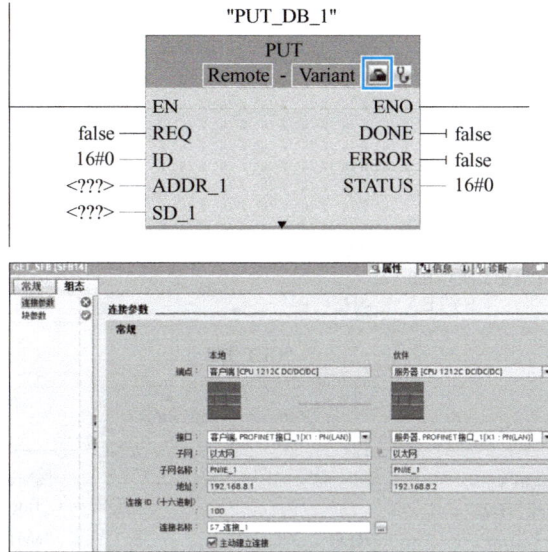

图 6-13　PUT 指令组态

8）将 4 个 DB 的引脚参数按照图 6-14 所示进行修改。

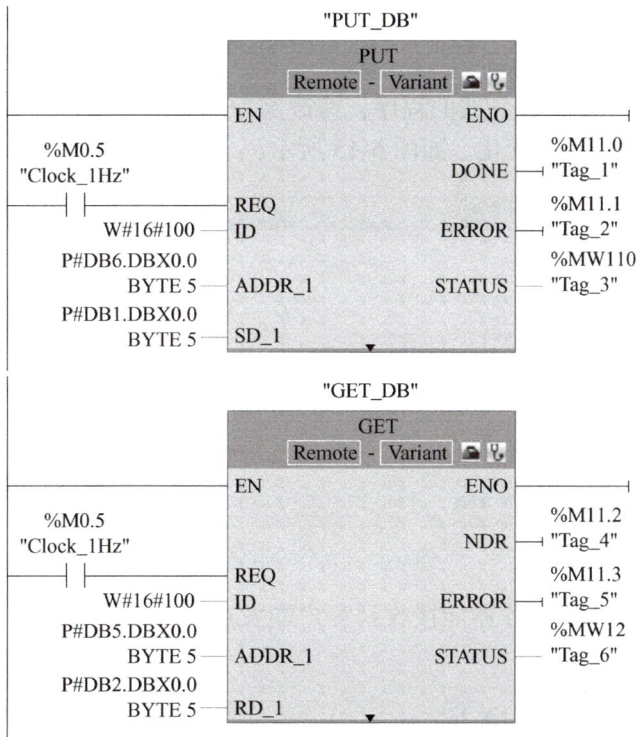

a) 服务器DB

图 6-14　DB 的引脚参数

b) 客户端DB

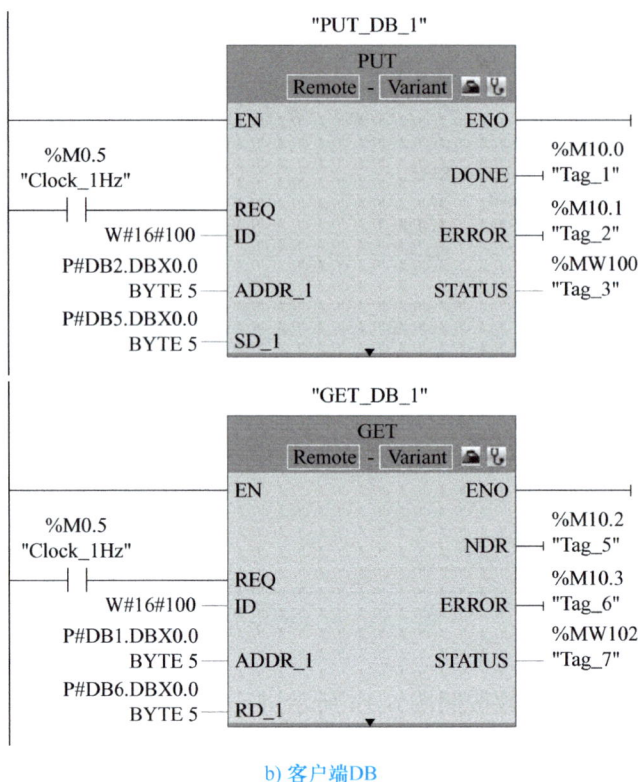

图 6-14 DB 的引脚参数（续）

9）分别下载客户端和服务器的程序，修改客户端和服务器发送数据块内的数据，查看对应侧接收数据块的数据变化，如图 6-15 所示。

客户端发送数据块

	名称	数据类型	偏移量	起始值	监视值
1	Static				
2	发送字节	Array[0..4] of Byte	0.0		
3	发送字节[0]	Byte	0.0	16#0	16#00
4	发送字节[1]	Byte	1.0	16#0	16#01
5	发送字节[2]	Byte	2.0	16#0	16#02
6	发送字节[3]	Byte	3.0	16#0	16#03
7	发送字节[4]	Byte	4.0	16#0	16#04

服务器接收数据块

	名称	数据类型	偏移量	起始值	监视值
1	Static				
2	接收字节	Array[0..4] of Byte	0.0		
3	接收字节[0]	Byte	0.0	16#0	16#00
4	接收字节[1]	Byte	1.0	16#0	16#01
5	接收字节[2]	Byte	2.0	16#0	16#02
6	接收字节[3]	Byte	3.0	16#0	16#03
7	接收字节[4]	Byte	4.0	16#0	16#04

图 6-15 查看数据变化

根据数据变化可知，服务器能接收到客户端发送的数据。至此，实现两台 PLC 之间的 S7 通信。

6.1.5 S7-1200 PLC 的 OUC

OUC（Open User Communication，开放式用户通信）是一种用于 PLC 之间以及 PLC 与个人计算机或第三方设备之间进行通信的协议。

OUC 包含多种通信方式，其中最常见的是以下三种。

1）TCP/IP：使用最广泛，适用于大量数据的传输。

2）ISO_ON_TCP：可靠性高于 TCP/IP，适用于少量数据的传输。

3）UDP：属于第 4 层协议，提供了 S5 兼容通信协议，适用于简单的交叉网络数据传输。

OUC 涉及多种指令，其中最重要的是 TSEND_C 指令和 TRCV_C 指令，这两个指令自带连接功能，用于发送和接收数据，必须成对出现。

1. TSEND_C 指令

TSEND_C 指令是用于建立 TCP/TP 或 ISO_ON_TCP 通信连接并发送数据的指令，其结构如图 6-16 所示。

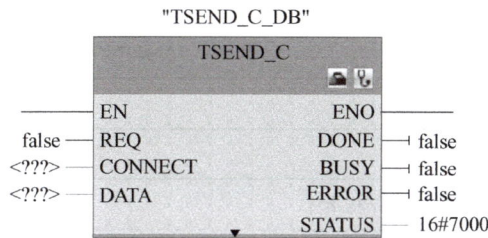

图 6-16　TSEND_C 指令的结构

TSEND_C 指令的引脚定义见表 6-3。

表 6-3　TSEND_C 指令的引脚定义

引脚	引脚定义
EN	使能输入端
REQ	上升沿触发，用于发送作业 这个参数与建立通信连接无关，而是控制数据发送的开始
CONNECT	指向通信连接描述的指针
DATA	指向发送数据的指针，包含要发送数据的地址和长度
ENO	使能输出端
DONE	状态参数，表示发送作业的执行状态 为 1 表示作业已执行且无任何错误，完成后 DONE 将自动复位
BUSY	状态参数，表示发送作业的执行状态 为 1 表示作业正在执行中，无法开始新作业
ERROR	错误参数，表示是否发生错误 为 1 表示有错误发生
STATUS	指令的状态

2. TRCV_C 指令

TRCV_C 指令可以与伙伴 PLC 建立 TCP/IP 或 ISO_ON_TCP 通信连接，用于接收数据并且可以终止该连接，其结构如图 6-17 所示。

"TRCV_C_DB"

```
                    TRCV_C
                              ▣ ⚒

            EN              ENO
  false ─── EN_R           DONE ─┤ false
 <???> ─── CONNECT         BUSY ─┤ false
 <???> ─── DATA           ERROR ─┤ false
                        STATUS ─ 16#7000
                      RCVD_LEN ─ 0
              ▼
```

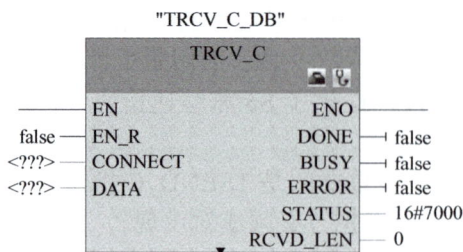

图 6-17　TRCV_C 指令的结构

TRCV_C 指令的引脚定义见表 6-4。

表 6-4　TRCV_C 指令的引脚定义

引脚	引脚定义
EN	使能输入端
EN_R	启用接收功能
CONNECT	指向通信连接描述结构指针
DATA	指向接收区的指针
ENO	使能输出端
DONE	状态参数，表示发送作业的执行状态 为 1 表示作业已执行且无任何错误，完成后 DONE 将自动复位
BUSY	状态参数，表示发送作业的执行状态 为 1 表示作业正在执行中，无法开始新作业
ERROR	错误参数，表示是否发生错误 为 1 表示有错误发生
STATUS	指令的状态
RCVD_LEN	实际接收到的数据量（以字节为单位）

🔷 任务实施

1. 工作流程分析

根据任务描述，本任务要利用两台 PLC 完成智能密码锁的控制程序设计。一台作为主 PLC（客户端），负责密码输入和逻辑判断，另一台作为从 PLC（服务器），负责控制锁的开关和报警。

控制要求如下：有 5 个按钮 SB1～SB5，SB1 为启动按钮，SB2、SB3 为可按压按钮，SB4 为复位按钮，SB5 为报警按钮；当按下 SB1 时，开始开锁工作；开锁条件为先按下 SB2 按钮 3 次，再按下 SB3 按钮 2 次，顺序不可颠倒，按照开锁条件完成按键按动后，密码锁自动打开；按下 SB4 按钮后，可重新进行开锁工作；按下 SB5 按钮，报警灯就会报警；若按错按钮，则必须进行复位操作，所有的计数器都被复位。智能密码锁的工作流程图如图 6-18 所示。

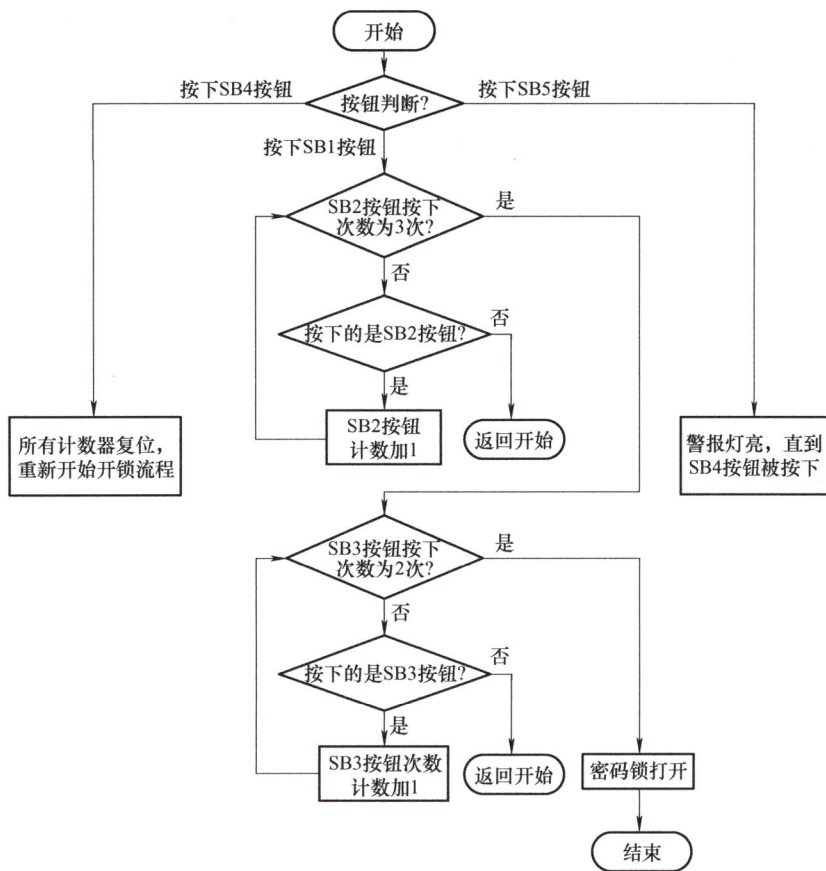

图 6-18　智能密码锁的工作流程图

2. 设备 I/O 分配

设备 I/O 分配见表 6-5。

表 6-5　设备 I/O 分配

输入（I）			输出（Q）		
设备	符号	地址	设备	符号	地址
开锁按钮	SB1	I0.0	开锁	KM	Q0.0
可按压按钮	SB2	I0.1	开锁	KM	Q0.0
可按压按钮	SB3	I0.2	报警灯	HA	Q0.1
复位按钮	SB4	I0.3	报警灯	HA	Q0.1
报警按钮	SB5	I0.4			

3. 项目配置及组态

1）创建工程项目。在 Portal 视图中单击"创建新项目"选项，输入项目名称"智能密码锁"，选择项目保存路径，单击"创建"按钮，创建项目完成。

2）添加新设备。在 Portal 视图中单击"打开项目视图"选项，在项目树中打开"智能密码锁"的下级菜单，然后单击"添加新设备"选

PLC 控制的智能密码锁项目配置及组态

项，在打开的"添加新设备"对话框中单击"控制器"按钮，在中间的目录树中依次单击"SIMATIC S7-1200"→"CPU"→"CPU 1212C AC/DC/Rly"各选项前面的下拉按钮，或依次双击选项名称，再打开"3ES7 214-1AG40-0XB0"选项，单击对话框右下角的"确定"按钮，完成"PLC_1[CPU 1212C AC/DC/Rly]"的添加。重复上述步骤，完成"PLC_2[CPU 1212C AC/DC/Rly]"的添加。添加完成后，在项目树中分别右击"PLC_1[CPU 1212C AC/DC/Rly]"和"PLC_2[CPU 1212C AC/DC/Rly]"选项，单击"重命名"命令，将 PLC_1 的名称改为"客户端"，PLC_2 的名称改为"服务器"，如图 6-19 所示。

　　在项目树中，双击"设备和网络"选项，打开"网络视图"，将客户端网络接口与服务器网络接口相连，如图 6-20 所示。

图 6-19　PLC 重命名

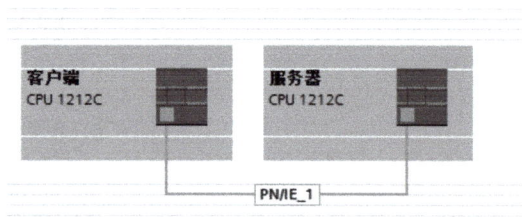

图 6-20　PLC 连接

　　3）修改 PLC 的 IP 地址、连接机制，并启用时钟存储器字节。在项目树中，依次双击"客户端 [CPU 1212C AC/DC/Rly]"→"设备组态"选项。首先在"属性"选项卡的"常规"选项中选择"PROFINET 接口"选项，将客户端的 IP 地址设置为 192.168.1.2；然后选择"系统和时钟存储器"选项，勾选"启用时钟存储器字节"复选框。最后选择"防护与安全"选项中的"连接机制"，勾选"允许来自远程对象的 PUT/GET 通信访问"复选框。重复上述步骤设置服务器，服务器的 IP 地址设置为 192.168.1.1。

　　4）添加新块。在项目树中，依次双击"客户端 [CPU 1212C AC/DC/Rly]"→"程序块"→"添加新块"选项，单击"数据块"选项，名称为"DB1"，单击"确定"按钮，完成新块添加，并按照图 6-21 所示进行数据新增。

图 6-21　数据新增

　　在项目树中，分别右击两个 DB，打开"属性"选项卡，将默认勾选的"优化的块访问"复选框取消勾选。

　　5）编辑变量表。在项目树中，依次双击"客户端 [CPU 1212C AC/DC/Rly]"→"PLC 变量"→"添加新变量表"选项，生成"变量表_1[0]"。右击"变量表_1[0]"，单击"重命名"命令，将变量表命名为"客户端变量表"，修改完成后，双击"客户端变量表"选项，并根据 I/O 分配编辑变量表。重复上述步骤，在"服务器 [CPU 1212C AC/DC/Rly]"中创建并编辑"服务器变量表"，如图 6-22 所示。

客户端变量表

	名称	数据类型	地址	保持	从 H...	从 H...	在 H...	注释
1	SB1	Bool	%I0.0	☐	☑	☑	☑	开锁按钮
2	SB2	Bool	%I0.1	☐	☑	☑	☑	可按压按钮
3	SB3	Bool	%I0.2	☐	☑	☑	☑	可按压按钮
4	SB4	Bool	%I0.3	☐	☑	☑	☑	复位按钮
5	SB5	Bool	%I0.4	☐	☑	☑	☑	报警按钮

服务器变量表

	名称	数据类型	地址	保持	从 H...	从 H...	在 H...	注释
1	KM	Bool	%Q0.0	☐	☑	☑	☑	开锁
2	HA	Bool	%Q0.1	☐	☑	☑	☑	报警灯

图 6-22　编辑变量表

4. 程序编写

根据任务要求，客户端主要实现密码输入和逻辑判断，服务器主要实现开锁和报警，因此本任务程序分两部分编写。

（1）客户端程序编写　在项目树中，依次双击“客户端 [CPU 1212C AC/DC/Rly]”→“程序块”→“Main[OB1]”选项，打开程序编辑器，在程序编辑区根据控制要求编写梯形图。

程序段 1 主要利用 GET 指令实现读取服务器的 DB1.DBX1 到客户端的 DB1.DBX1 的功能；程序段 2 主要利用 PUT 指令实现将客户端的 DB1.DBX0 写入到服务器的 DB1.DBX0 的功能。程序段 1 和程序段 2 如图 6-23 所示。需要注意的是，在修改指令的引脚参数前，需要先进行指令组态和连接参数设置，具体操作步骤参考知识链接。

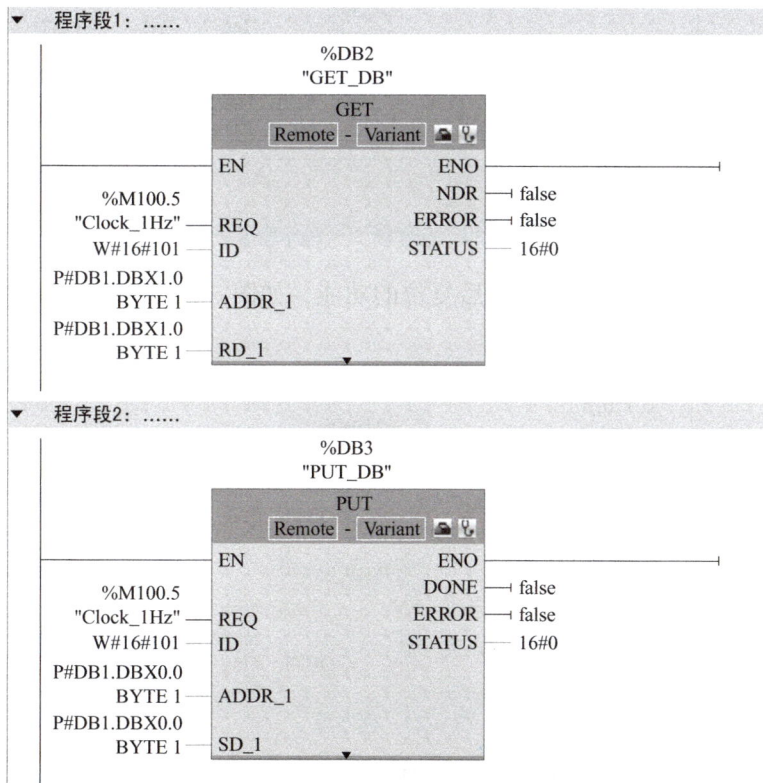

图 6-23　程序段 1 和程序段 2

程序段 3 ～程序段 5 主要实现开锁条件的逻辑判断，如图 6-24 所示。

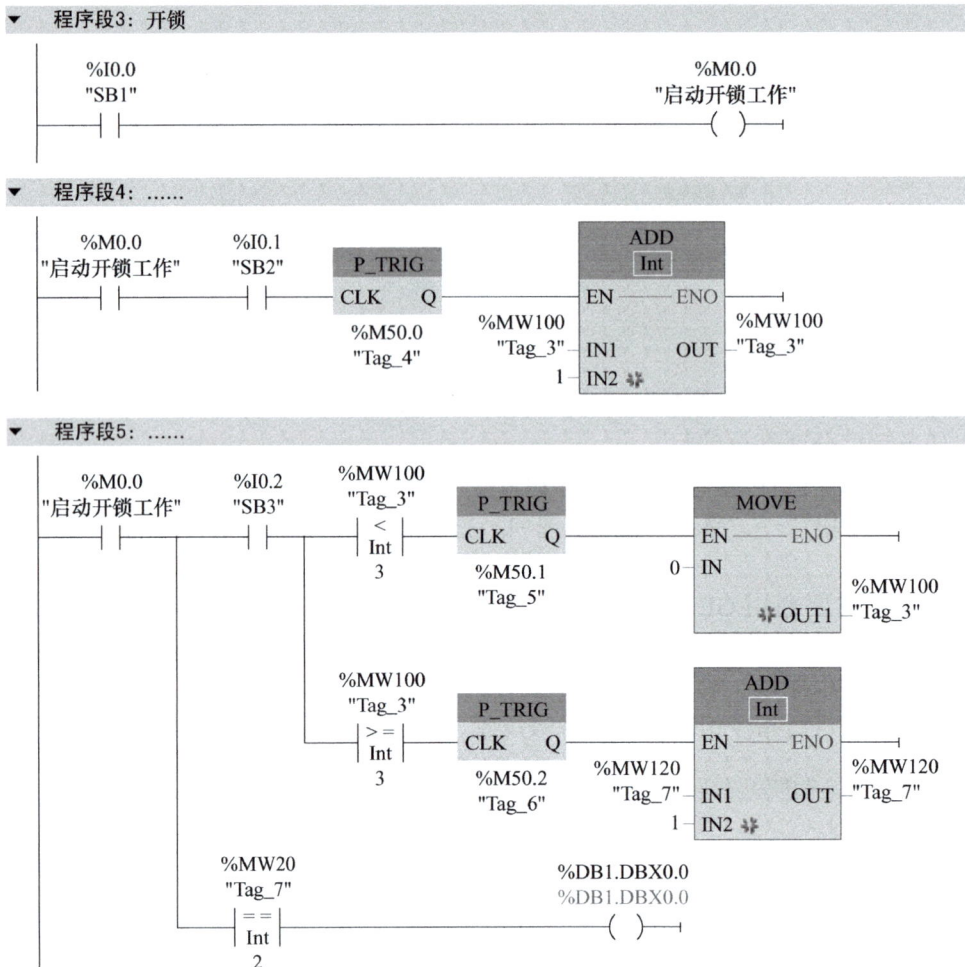

图 6-24　程序段 3 ～程序段 5

程序段 6 主要实现完成一次开锁后复位的功能，如图 6-25 所示。

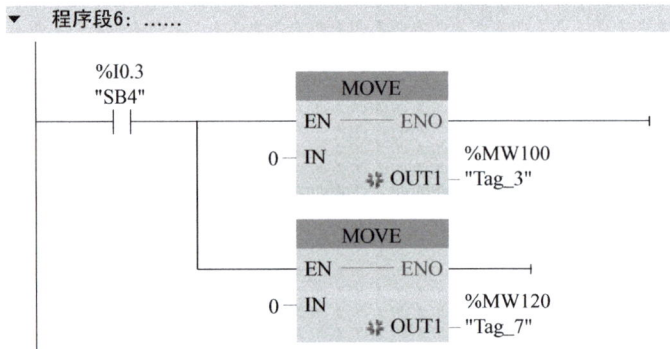

图 6-25　程序段 6

程序段 7 实现报警功能，程序段 8 实现报警灯的复位，如图 6-26 所示。

（2）服务器程序编写　在项目树中，依次双击"服务器 [CPU 1212C AC/DC/Rly]" → "程序块" → "Main[OB1]"，打开程序编辑器，在程序编辑区根据控制要求编写梯形图。

程序段 1 主要实现开锁，程序段 2 主要实现报警，如图 6-27 所示。

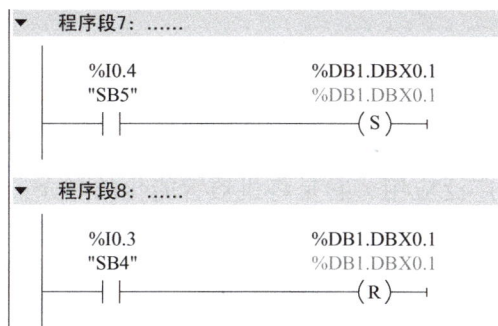

图 6-26　程序段 7 和程序段 8

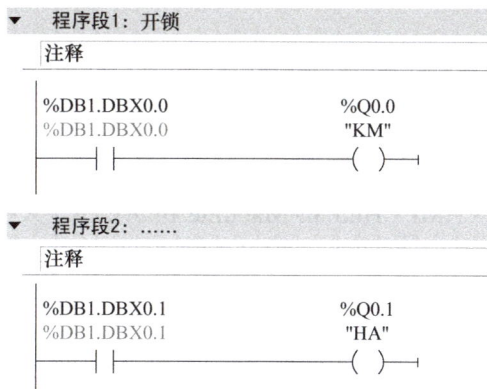

图 6-27　程序段 1 和程序段 2

5. 调试运行

本任务使用 S7-PLCSIM 模拟软件进行验证。分别下载客户端和服务器的 PLC 程序，并启动仿真。在客户端变量表中按照要求进行相关操作，在服务器变量表中观察结果。正常开锁仿真结果如图 6-28a 所示，报警功能仿真结果如图 6-28b 所示。

a）正常开锁仿真结果

b）报警功能仿真结果

图 6-28　仿真结果

任务 6.2　智能密码锁的 HMI 设计

任务描述

智能密码锁有 5 个按钮 SB1 ～ SB5。SB1 为开锁按钮，SB2、SB3 为可按压按钮。设计开锁条件，按照开锁条件完成按钮按动后，按下开锁按钮，智能密码锁自动打开。SB4 为复位按钮，按下 SB4 按钮后，可重新进行开锁工作。SB5 为报警按钮，一旦按压，报警器就会报警。若按错按钮，则必须进行复位操作，所有的计数器都被复位。整个任务需要设计两个界面，并在对应界面上设置相应文字显示、按钮和报警显示等。

知识链接

6.2.1　HMI 简介

1. HMI 的定义

HMI（Human Machine Interface，人机界面）是一种通过图形化界面和触摸屏来实现人机交互的设备。HMI 在工业自动化领域中被广泛应用，它是将机器智能化的媒介，通过触摸屏、控制按钮和图形显示界面等元素，用户可以直观地与机器进行沟通和操作。HMI 将复杂的技术和功能转化为简单易懂的界面，使用户能够方便地控制和监控机器的运行状态。用户通过触摸屏或键盘等输入设备向计算机发送指令或数据，计算机则通过显示器、扬声器等输出设备将处理结果反馈给用户。

HMI 具有图形化操作界面，具有实时监控和控制、数据处理和显示、报警和事件处理等功能。同时，HMI 还具有易于使用、可定制性强、可靠性高等特点，满足不同行业和用户的需求。

HMI 由硬件和软件两部分组成，硬件包括显示屏、按键和通信接口等，软件包括操作系统、界面设计软件和应用程序等。硬件与软件的结合使得 HMI 能够实现人机交互的功能。

2. HMI 的设计原则

HMI 的设计是确保用户友好性和可操作性的关键因素。以下是 HMI 的设计原则。

（1）直观性　HMI 应该是直观的，用户不需要进行烦琐的培训就能够理解如何使用系统。HMI 使用常见的图标和标签，且布局直观，使用户能够快速找到并执行所需的操作。例如，使用电源标志表示启动或停止按钮。

（2）一致性　保持界面的一致性对于用户体验至关重要。这意味着在不同的功能界面之间使用相同的颜色、字体、按钮样式和布局。一致的界面设计可以减少用户的混淆，提高界面的可预测性。

（3）可视化　HMI 使用图形和可视化元素来传达信息。除了文字描述外，使用图表、图形符号、趋势图等元素来直观地表示数据和系统状态，有助于用户理解信息，快速做出决策。例如，使用颜色表示设备状态，绿色表示正常，红色表示故障。

（4）响应速度　HMI 应该具有良好的响应速度，用户的操作应该立即获得反馈，不应该让用户感到等待或不耐烦。单击按钮后应立即执行相应操作，数据应该实时更新。通过减少延迟和优化界面响应时间提高用户体验。

（5）安全性　安全性是 HMI 界面设计中不可忽视的方面。对于控制重要设备或处理敏感数据的操作，需要进行适当的访问控制和认证。确保只有授权用户能够执行这些操作，以防止潜在的风险和错误。

（6）用户反馈　HMI 应提供良好的用户反馈机制，使用户了解其操作的结果。例如，当用户单击按钮时，界面应该提供明确的反馈，如按钮颜色变化或弹出消息框。如果发生错误，界面应该提供错误消息和解决方案建议，以帮助用户纠正错误。

6.2.2　HMI 的组态

在 TIA Portal 中，HMI 组态窗口如图 6-29 所示。

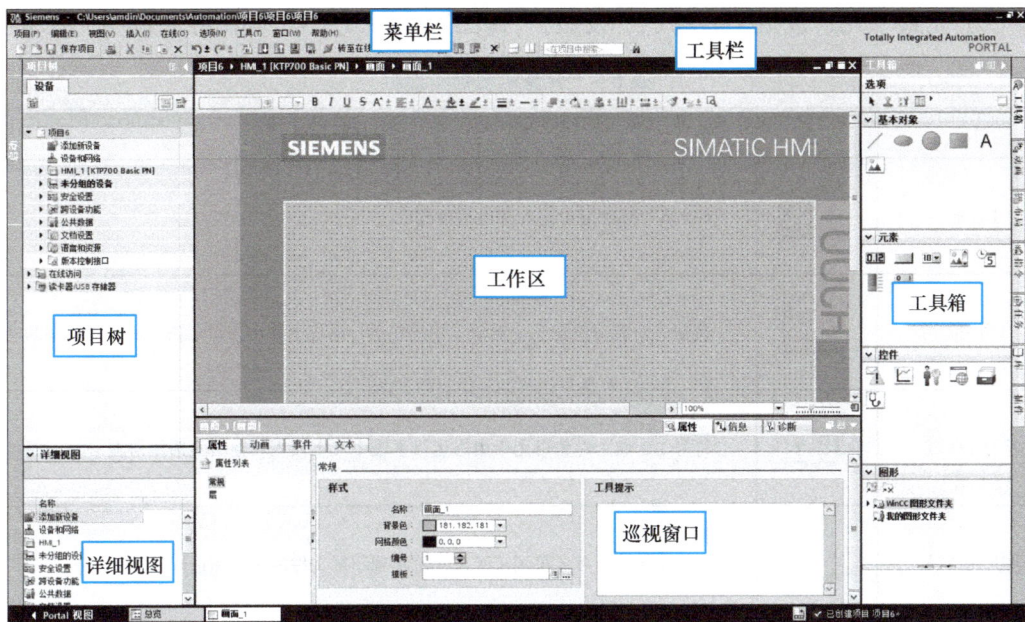

图 6-29 HMI 组态窗口

1. HMI 的对象

对象是用于设计 HMI 的图形元素。HMI 组态窗口的"工具箱"中包含了 HMI 组态中可用的所有对象。这些对象可以用来实现不同的功能，增加界面的直观性和美观性，并确保能够很好地与用户进行交互。

（1）基本对象 基本对象包括"直线""椭圆""圆""矩形"等，其图标和说明见表 6-6。

表 6-6 基本对象的图标和说明

对象	图标	说明
直线		"直线"对象是一个开放对象。直线的长度和斜率由包围对象的矩形的高度和宽度定义
椭圆		"椭圆"对象是可以用颜色或图案填充的闭合对象
圆		"圆"对象是可以用颜色或图案填充的闭合对象
矩形		"矩形"对象是可以用颜色或图案填充的闭合对象
文本域	A	"文本域"对象是可以用颜色填充的闭合对象。对于跨多行的文本，可以通过按 <Shift+Enter> 键设置分行符
图形视图		"图形视图"对象用于显示来自内部或外部的图形

（2）元素　元素包括"I/O 域""按钮""棒图""开关"等，其图标和说明见表 6-7。

表 6-7　元素的图标和说明

对象	图标	说明
I/O 域		"I/O 域"对象用于输入和显示过程值
按钮		"按钮"对象可组态一个对象，用户在运行系统中使用该对象执行所有可组态的功能
符号 I/O 域		"符号 I/O 域"对象可用于组态运行系统中文本输入和输出的选择列表
图形 I/O 域		"图形 I/O 域"对象可用于组态一份实现图形文件的显示和选择列表
日期 / 时间域		"日期 / 时间域"对象显示了系统时间和系统日期，其外观取决于在 HMI 中设置的语言
棒图		变量通过"棒图"对象显示为图形，"棒图"对象通过刻度进行标记
开关		"开关"对象用于组态开关，以便运行期间在两种预定义的状态之间进行切换。可通过标签或图形将"开关"对象的当前状态做可视化处理

（3）控件　控件用于提供高级功能，包括"报警视图""趋势视图""用户视图""HTML 浏览器"等，其图标和说明见表 6-8。

表 6-8　控件的图标和说明

对象	图标	说明
报警视图		"报警视图"对象显示报警缓冲区或报警日志中当前未解决的报警或报警事件
趋势视图		"趋势视图"对象指当前过程或日志的变量值以趋势的形式表达的图形
用户视图		"用户视图"对象用于设置和管理用户和授权
HTML 浏览器		"HTML 浏览器"对象能够对简单的 HTML（超文本标记语言）页面进行可视化

（续）

对象	图标	说明
配方视图		"配方视图"对象用于显示和修改配方
系统诊断视图		"系统诊断视图"对象可总览所有可用设备，并显示出现的错误

2. HMI 对象的属性设置

为了使用户更加容易理解和使用，同时使 HMI 更加美观，需要在 HMI 界面设计时考虑控件的位置、大小、排列方式及颜色、字体和图案等。只需要选中界面中的对象，在巡视窗口中单击"属性"标签，即可根据设计要求，在属性列表（见图 6-30）中选择相应的内容并根据提示进行修改。需要注意的是，每个对象的属性列表会有所不同。

3. HMI 对象的动画设置

在 HMI 设计中，适当的动画效果和过渡效果也可以增加界面的动感和生动性。动画设置包括变量连接、显示和移动，如图 6-31 所示。操作时，选中对象，在巡视窗口中，单击"动画"标签，即可根据需要进行动画设置。

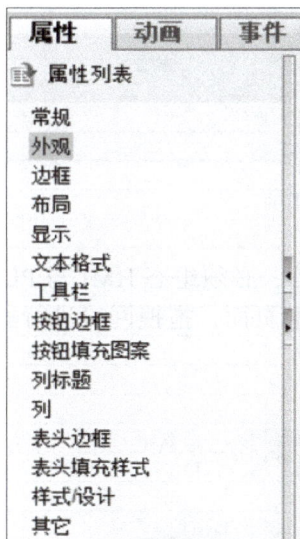

图 6-30　属性列表

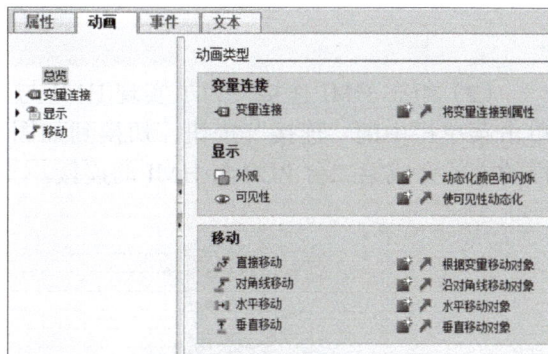

图 6-31　动画设置

4. HMI 对象的事件设置

在 HMI 设计中，要完成任务要求，实现相应的功能，必不可少的就是对象事件设置。对象事件包括单击、按下、释放、激活等，不同对象能够进行的事件不同，基本对象没有事件。操作时，选中对象，在巡视窗口中单击"事件"标签，选择需要的事件，然后添加函数和变量即可完成设置，如图 6-32 所示。

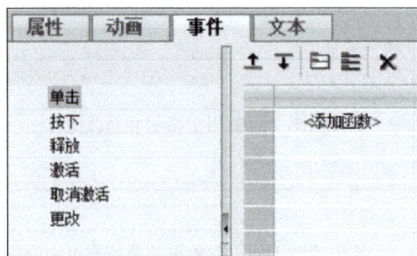

图 6-32 事件设置

6.2.3 PLC 与 HMI 的 PROFINET 通信

本任务采用 PROFINET 通信协议进行 PLC 与 HMI 之间的通信，PLC 与 HMI 之间进行 PROFINET 通信时，需要完成以下步骤。

（1）组态网络 在图形化的网络图形视区中，可以很方便地将具有联网能力的设备进行组网。例如，有两台 S7-1200 PLC 和一台 HMI 设备，可以通过单击菜单栏中的"显示地址标签"按钮查看每台设备的 IP 地址，如图 6-33 所示。将鼠标指针放在其中一个设备的网口位置，拖动到其他设备的网口位置上，则会自动分配 IP 地址。

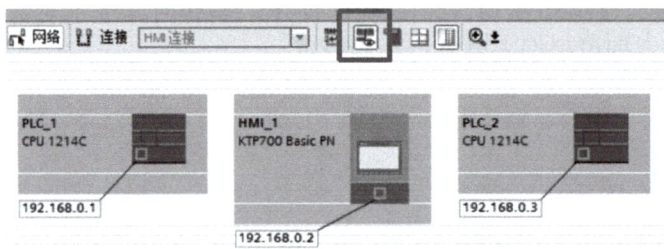

图 6-33 查看每台设备的 IP 地址

（2）组态 HMI 连接 为了实现 HMI 与 PLC 的通信，必须组态 HMI 与 PLC 的连接。单击菜单栏中的"连接"按钮，切换到如图 6-34 所示的页面，拖拽网口进行连线，用同样的方式完成第二台 PLC 与 HMI 的连接。

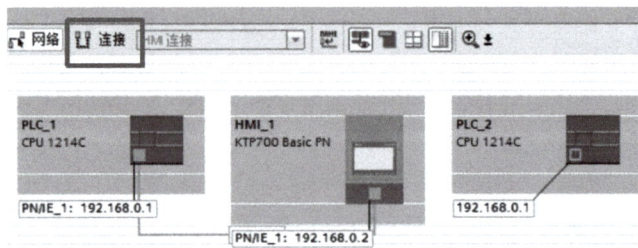

图 6-34 组态 HMI 连接

另外，在实际工程中，还需要根据具体需求进行相应的配置和优化，以确保通信的稳定性和可靠性。

任务实施

1. 工作流程分析

按照整体项目的控制要求，本任务要完成智能密码锁的 HMI 设计，整个任务需要设计两个界面，分别为初始界面和主界面。

控制要求如下。在初始界面中需要显示文字“欢迎回家！”，并且具有单击屏幕任何地方都会进入主界面的功能。主界面中包含 5 个按钮 SB1 ～ SB5。SB1 为开锁按钮，SB2、SB3 为可按压按钮。设计开锁条件为，先按下 SB2 按钮 3 次，再按下 SB3 按钮 2 次，顺序不可颠倒。按照开锁条件完成按钮按动后，按下开锁按钮，密码锁自动打开，并且在界面中显示文字“开锁成功！”。SB4 为复位按钮，按下 SB4 按钮后，可重新进行开锁工作。同时，当密码锁正常工作时，界面中显示文字“设备正常！”，当按下报警按钮 SB5 或设备不能正常工作时，界面中显示警告图标。

2. 设备 I/O 和 HMI 变量分配

设备 I/O 和 HMI 变量分配见表 6-9。

表 6-9 设备 I/O 和 HMI 变量分配

设备	符号	I/O 地址	HMI 变量
开锁按钮	SB1	I0.0	M10.0
可按压按钮	SB2	I0.1	M10.1
可按压按钮	SB3	I0.2	M10.2
复位按钮	SB4	I0.3	M10.3
报警按钮	SB5	I0.4	M10.4
开锁	KM	Q0.0	Q0.0
报警	HA	Q0.1	Q0.1

打开项目，完成设备“PLC_2”的新建后，修改变量表名称，并根据 I/O 分配编辑 PLC 变量表，如图 6-35 所示。

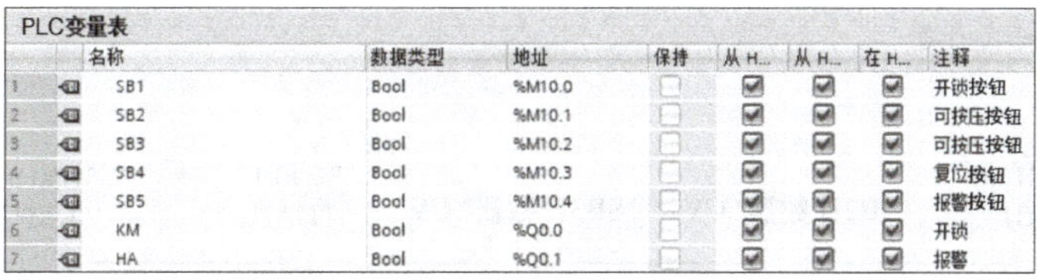
PLC变量表

	名称	数据类型	地址	保持	从 H...	从 H...	在 H...	注释
1	SB1	Bool	%M10.0	☐	☑	☑	☑	开锁按钮
2	SB2	Bool	%M10.1	☐	☑	☑	☑	可按压按钮
3	SB3	Bool	%M10.2	☐	☑	☑	☑	可按压按钮
4	SB4	Bool	%M10.3	☐	☑	☑	☑	复位按钮
5	SB5	Bool	%M10.4	☐	☑	☑	☑	报警按钮
6	KM	Bool	%Q0.0	☐	☑	☑	☑	开锁
7	HA	Bool	%Q0.1	☐	☑	☑	☑	报警

图 6-35 PLC 变量表

3. 程序编写

在项目树中依次双击“PLC_2[CPU 1214C AC/DC/Rly]”→“程序块”→“Main[OB1]”，打开程序编辑器，在程序编辑区根据控制要求编写梯形图。

程序段 1 主要实现 SB2 按钮计数的功能，如图 6-36 所示。其中，M20.1 的作用是确保 SB2 和 SB3 的按键顺序，M20.0 的作用是使 SB2 计数器复位。

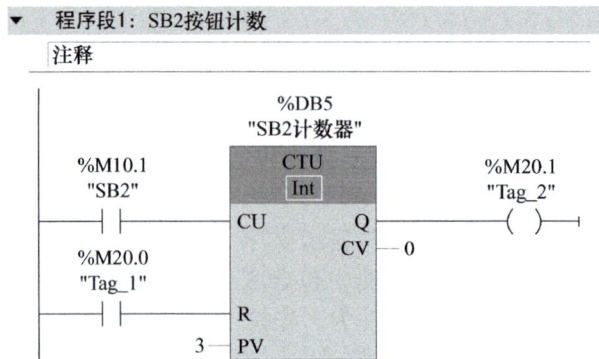

图 6-36　程序段 1

程序段 2 主要实现 SB3 按钮计数的功能，如图 6-37 所示。其中，M20.0 的作用是使 SB3 计数器复位。

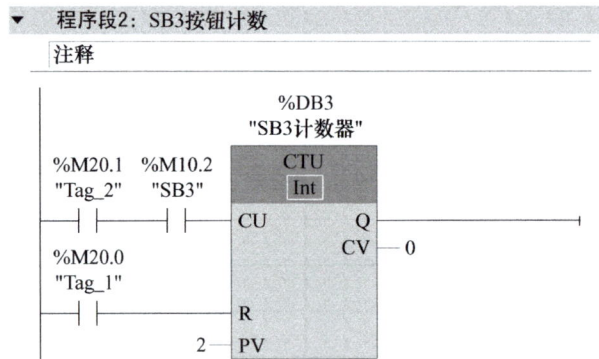

图 6-37　程序段 2

程序段 3 主要实现开锁功能，如图 6-38 所示。其中，M30.0 的作用是在 HMI 显示文字"开锁成功！"。

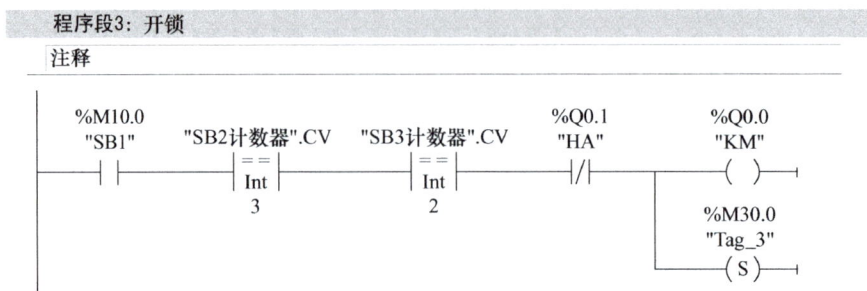

图 6-38　程序段 3

程序段 4 主要实现复位功能，如图 6-39 所示。

程序段 5 和程序段 6 实现报警和报警按钮复位的功能，如图 6-40 所示。

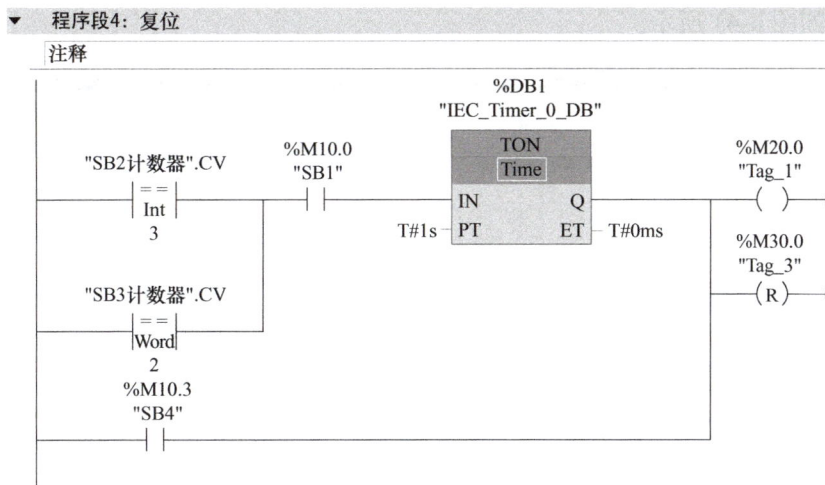

图 6-39　程序段 4

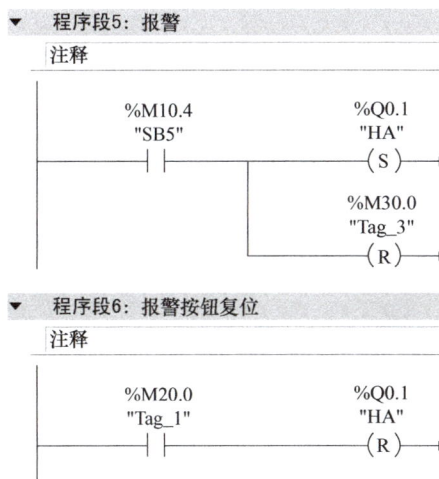

图 6-40　程序段 5 和程序段 6

4. PLC 与 HMI 连接组态

将 PLC 与 HMI 用网线进行连接，完成连接后，进行 PLC 与 HMI 连接组态，PLC 与 HMI 连接组态的步骤如下。

（1）添加 HMI 设备　打开"智能密码锁的 HMI 设计"项目，在 Portal 视图中单击"打开项目视图"选项，在项目树中单击"添加新设备"选项，在打开的"添加新设备"对话框中选择"HMI"选项，在中间的目录树中依次单击"SIMATIC 精简系列面板"→"7"显示屏"→"KTP700 Basic"各选项前面的下拉按钮，或依次双击选项名称，再打开"3AV2 123-2GB03-0Ax0"选项，单击对话框右下角的"确定"按钮，添加新设备完成。

（2）使用 HMI 设备向导生成 HMI

1）建立 HMI 与 PLC 的连接。在"HMI 设备向导：KTP700 Basic PN"对话框的"PLC 连接"选项卡中单击"浏览"按钮，在下拉菜单中选择"PLC_2"选项并单击"确定"按钮，在"接口"的下拉菜单中选择"PROFINET（X1）"选项，然后单击"下一

步"按钮，如图 6-41 所示。

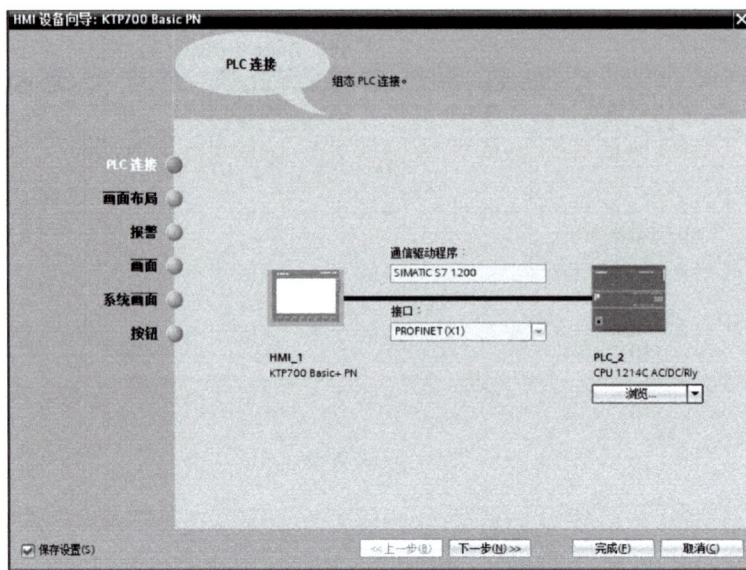

图 6-41　建立 HMI 与 PLC 的连接

2）设置画面布局。在"画面布局"选项卡中，根据要求设置画面分辨率、背景色和页眉，然后单击"下一步"按钮，如图 6-42 所示。

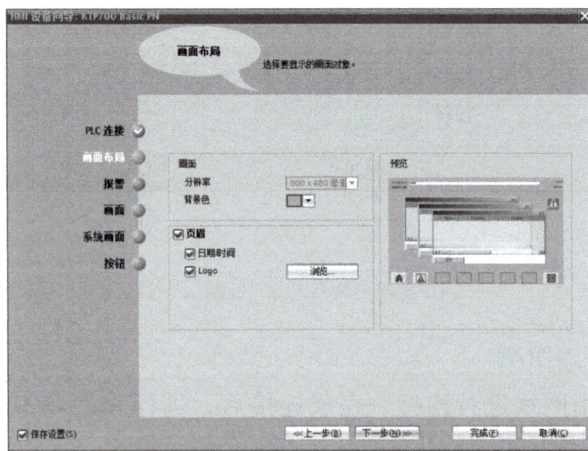

图 6-42　设置画面布局

3）组态报警设置。在"报警"选项卡中组态报警设置，然后单击"下一步"按钮，如图 6-43 所示。

4）画面设置。在"画面浏览"选项卡中，选中"根画面"，单击"添加画面"按钮，完成"画面 0"的添加（或直接单击"+"按钮，每单击一次即生成一个下一级画面），然后单击"下一步"按钮，如图 6-44 所示。

5）生成系统画面。在"系统画面"选项卡中，能够生成系统画面、项目信息画面和用户管理画面等，本任务不需要生成系统画面，直接单击"下一步"按钮，如图 6-45 所示。

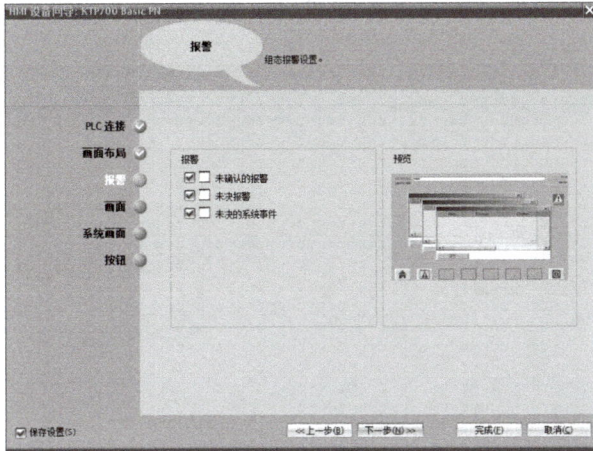

图 6-43　组态报警设置

图 6-44　画面设置

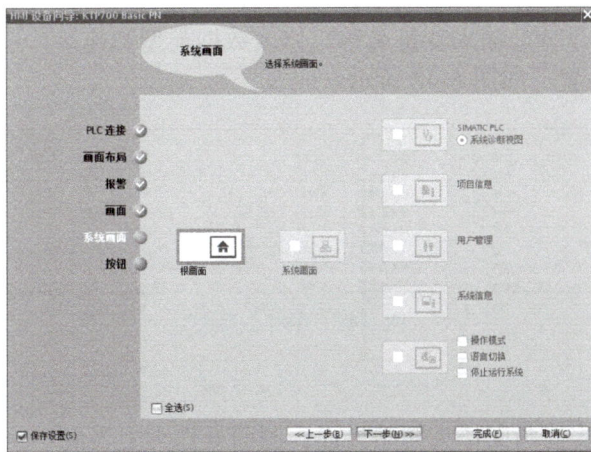

图 6-45　生成系统画面

6）设置系统按钮。在"按钮"选项卡中，能够设置系统默认按钮及其位置。按图 6-46 所示完成系统按钮的设置，设置完成后单击"完成"按钮。

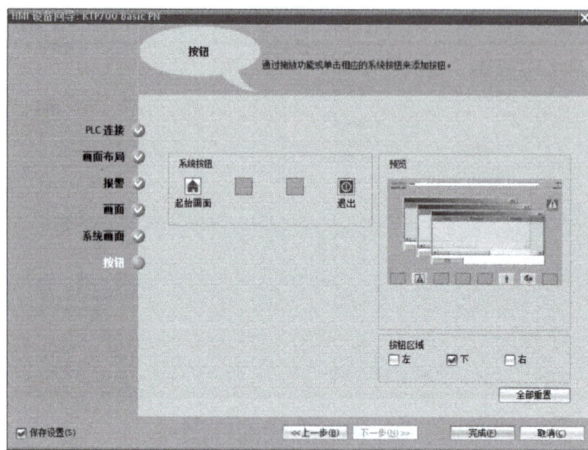

图 6-46　设置系统按钮

7）HMI 生成后，打开"设备和网络"并选择"网络视图"，查看 HMI 和 PLC 是否已经连接，如图 6-47 所示为成功连接。

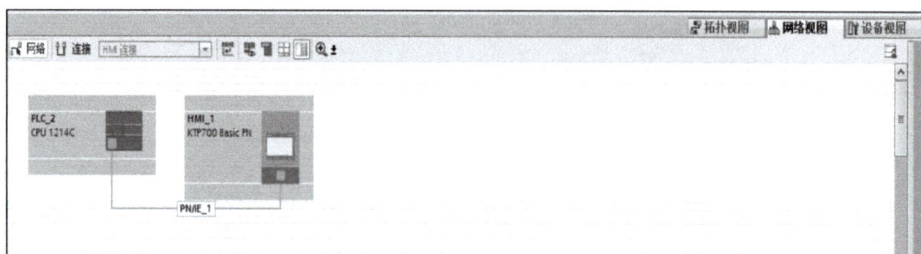

图 6-47　成功连接

8）检查连接无误后，在项目树中依次双击"HMI_1[KTP700 Basic PN]"→"HMI 变量"→"添加新变量表"选项，生成"变量表_1[0]"。右击"变量表_1[0]"，单击"重命名"命令，将变量表命名为"HMI 变量表"，修改完成后，双击"HMI 变量表"选项，根据设备 I/O 和 HMI 变量分配输入变量名称，修改数据类型和连接，选择对应的 PLC 变量，完成 HMI 变量表的设置，如图 6-48 所示。

图 6-48　HMI 变量表

5. HMI 组态

根据任务要求，将根画面作为初始界面，画面 0 作为主界面。

（1）根画面组态

1）在项目树中依次双击"HMI_1[KTP700 Basic PN]"→"画面"→

根画面组态

"根画面"选项，打开根画面组态窗口，如图 6-49 所示。

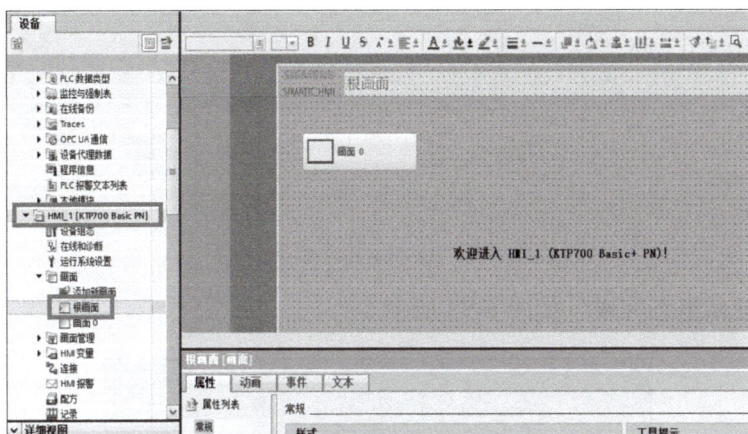

图 6-49　根画面组态窗口

2）选中根画面中间的文字，进行文字内容、大小和颜色的设置，如图 6-50 所示。

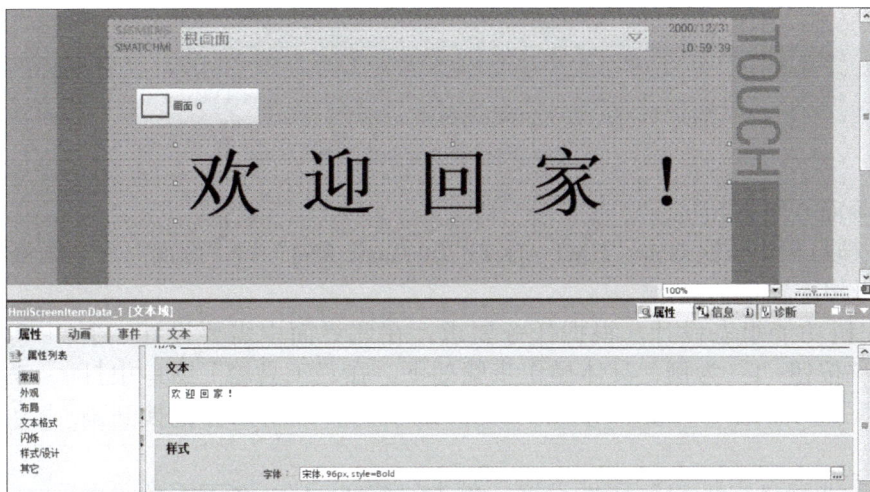

图 6-50　根画面文字设置

3）选中根画面中的"画面 0"按钮，将其放大到覆盖整个界面，然后右击并打开"属性"选项卡，将"常规"设置中的模式修改为"不可见"，如图 6-51 所示。

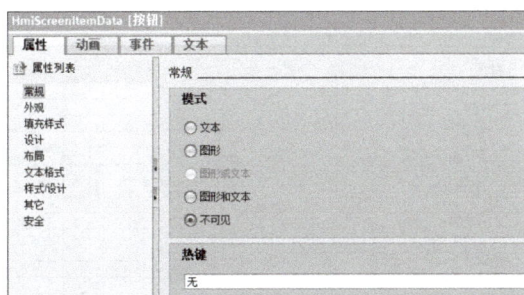

图 6-51　常规模式设置

为按钮添加"释放"事件，添加"激活屏幕"函数，关联"画面 0"，实现单击初始界面任何地方都会进入主界面的功能，如图 6-52 所示。

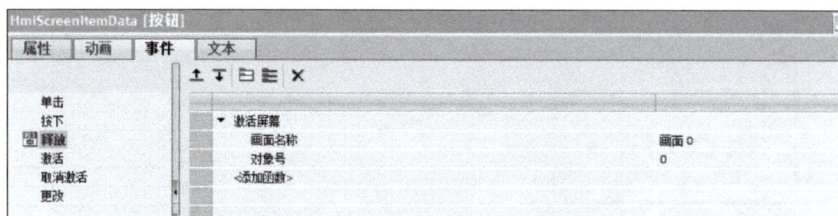

图 6-52　添加事件并关联画面

至此，根画面组态完成，如图 6-53 所示。

图 6-53　根画面组态完成

（2）画面 0 组态

1）在项目树中依次双击"HMI_1[KTP700 Basic PN]"→"画面"→"画面 0"选项，打开画面 0 组态窗口。

2）按钮功能组态设计。根据任务要求，在此界面中需要设计 5 个按钮。以"按钮_1"为例，具体操作步骤如下。在"工具箱"窗口中打开"元素"选项，在"元素"选项中单击▬▬图标，并将图标拖拽到画面上。

首先，进行"按钮_1"属性设置。单击"按钮_1"，在下方的"属性"选项卡中进行相关参数设置。将"按钮_1"的常规模式设置为"文本"，按钮"未按下"时显示的图形为"按键 1"，如图 6-54 所示。

按钮功能组态

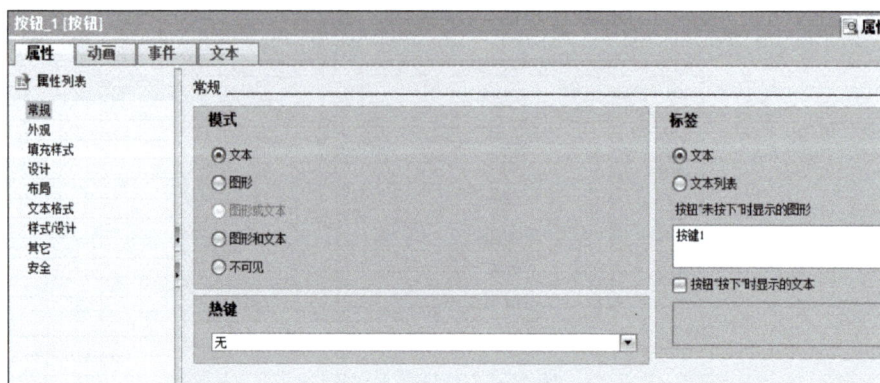

图 6-54　"按钮_1"的常规模式设置

将"按钮 _1"的布局位置设置为 X 轴"159"、Y 轴"134",长度设置为"173",宽度设置为"85",如图 6-55 所示。

将"按钮 _1"的文本格式设置为"宋体,25px,style=Bold",方向为"水平",对齐方式水平为"居中",垂直为"中间",如图 6-56 所示。

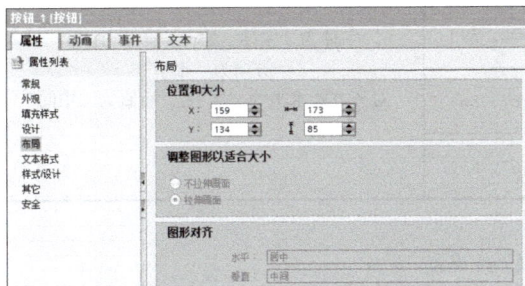

图 6-55   "按钮 _1"的布局设置

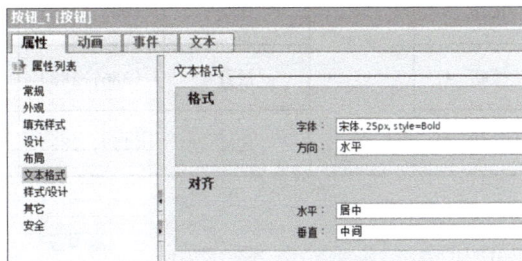

图 6-56   "按钮 _1"的文本格式设置

其次,进行"按钮 _1"的事件设置。依次单击"事件"→"按下"→"添加函数"→"编辑位"→"置位位"选项,再单击"变量(输入 / 输出)"后的单元格,然后单击▣图标,在列表中找到"HMI_1[KTP700 Basic PN]"选项下的"HMI 变量表"(如果没有提前建立 HMI 变量表,可直接在列表中找到对应 PLC 的变量表),选择"SB2"后,单击右下角的确定按钮,完成变量添加,如图 6-57 所示。

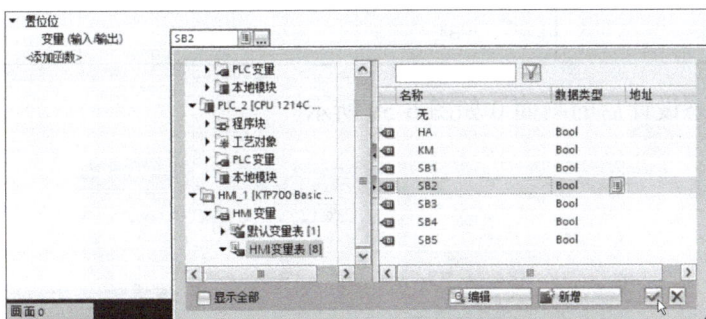

图 6-57   "按下"事件设置

"释放"事件的添加方法与"按下"事件一致,其函数为"复位位",变量为"SB2",如图 6-58 所示。

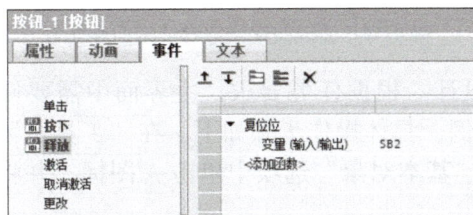

图 6-58   "释放"事件设置

至此,"按钮 _1"的组态全部完成,其余 4 个按钮的操作步骤与"按钮 _1"相同,按钮属性和事件设置分别见表 6-10 和表 6-11。

表 6-10 按钮属性设置

按钮名称	模式	显示的图形	位置 （X，Y）	大小 （长，宽）	文本格式
按钮 _2	文本	按键 2	(386，134)	(167，86)	字体为"宋体，25px，style=Bold" 方向为"水平" 对齐方式水平为"居中"，垂直为"中间"
按钮 _3		开锁	(603，146)	(106，59)	
按钮 _4		报警	(386，288)	(167，86)	
按钮 _5		复位	(159，288)	(167，86)	

表 6-11 按钮事件设置

按钮 名称	事件 1（"按下"）		事件 2（"释放"）	
	函数	变量	函数	变量
按钮 _2	置位位	SB3	复位位	SB3
按钮 _3		SB1		SB1
按钮 _4		SB5		SB5
按钮 _5		SB4		SB4

完成按钮组态设计后的画面 0 如图 6-59 所示。

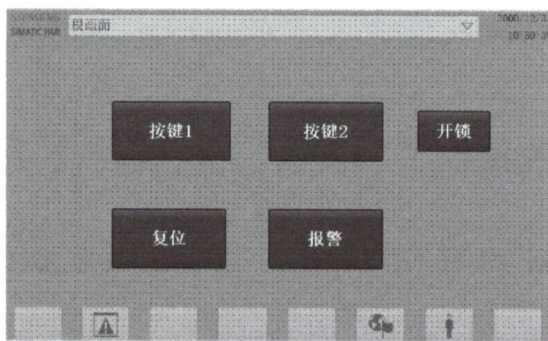

图 6-59 完成按钮组态设计后的画面 0

3）文本域显示组态设计。根据任务要求，主界面中需要使用 3 个文本域。以"文本域 _3"为例，具体操作步骤如下。在"工具箱"窗口中打开"基本对象"选项，在"基本对象"选项中单击 **A** 图标，并将图标拖拽到画面上。

首先，进行文本域属性设置。单击"文本域 _3"，在下方的"属性"选项卡中进行相关参数设置。在"常规"属性中，将文本设置为"设备正常！"，字体样式设置为"宋体，21px，style=Bold"，如图 6-60 所示。如果需要设置字体颜色，在"外观"属性中更改文本颜色即可。

文本域及
图形视图
组态

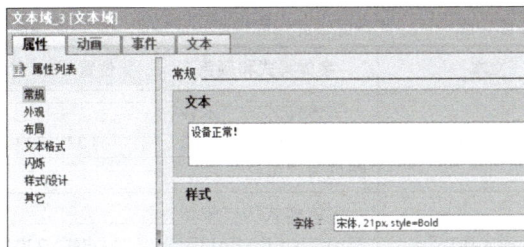

图 6-60　"文本域 _3"的"常规"属性设置

在"布局"属性中，将"文本域 _3"的位置设置为 X 轴"680"、Y 轴"65"，左边距为"3"，右边距、上边距和下边距均为"2"，如图 6-61 所示。

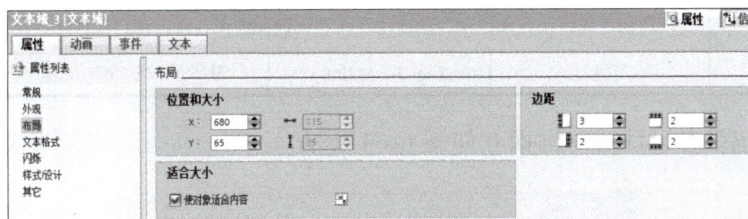

图 6-61　"文本域 _3"的"布局"属性设置

其次，进行"文本域 _3"的动画设置。依次单击"动画"→"显示"→"添加新动画"→"可见性"选项，单击"确定"按钮，完成"可见性"动画添加，如图 6-62 所示。

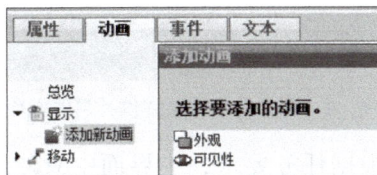

图 6-62　"可见性"动画添加

最后，进行"可见性"动画设置。单击"可见性"选项中"变量"下的▣图标，在列表中找到"HMI_1[KTP700 Basic PN]"选项下的"HMI 变量表"，选择"HA"选项后，单击右下角的"确定"按钮，完成变量添加。选中"范围"按钮，并将其设置为从"0"至"0"，同时选中"可见"按钮，完成"可见性"动画设置，如图 6-63 所示。

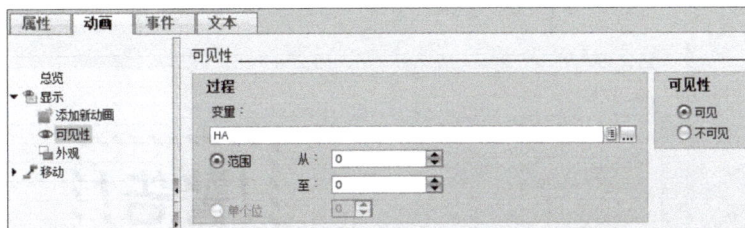

图 6-63　"可见性"动画设置

至此，"文本域 _3"的组态全部完成，其余 2 个文本域的操作步骤与"文本域 _3"相同，文本域属性和动画设置分别见表 6-12 和表 6-13。

表 6-12　文本域属性设置

文本域名称	文本	字体样式和颜色	位置（X，Y）	边距
文本域 _1	"请输入密码："	字体样式为"宋体，36px，style=Bold"，颜色为"黑色"	（32，72）	左为"3"，右为"2"，上为"2"，下为"2"
文本域 _2	"开锁成功！"	字体样式为"宋体，23px，style=Bold"，颜色为"红色"	（604，230）	

表 6-13　文本域动画设置

文本域名称	显示动画	变量	范围	可见性
文本域 _1	无动画			
文本域 _2	可见性	Tag _3（M30.0）	从"0"至"0"	不可见

完成文本域组态设计后的画面 0 如图 6-64 所示。

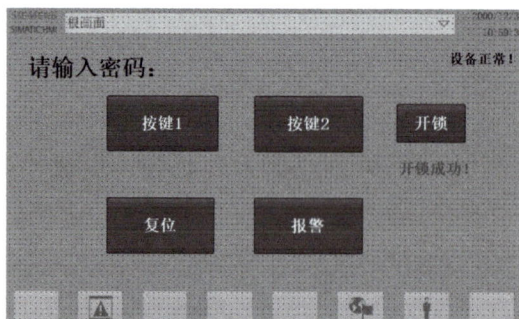

图 6-64　完成文本域组态设计后的画面 0

4）图形视图组态设计。根据任务要求，主界面中只使用 1 个图形视图。图形视图组态设计的具体操作步骤如下。在"工具箱"窗口中打开"基本对象"选项，在"基本对象"选项中单击 图标，并将图标拖拽到画面上。

首先，进行图形视图属性设置。单击"图形视图 _1"，在下方的"属性"选项卡中进行相关参数设置。在"常规"属性中，单击 图标，在弹出的对话框中选择相关素材，单击"打开"按钮，再单击"应用"按钮，如图 6-65 所示。

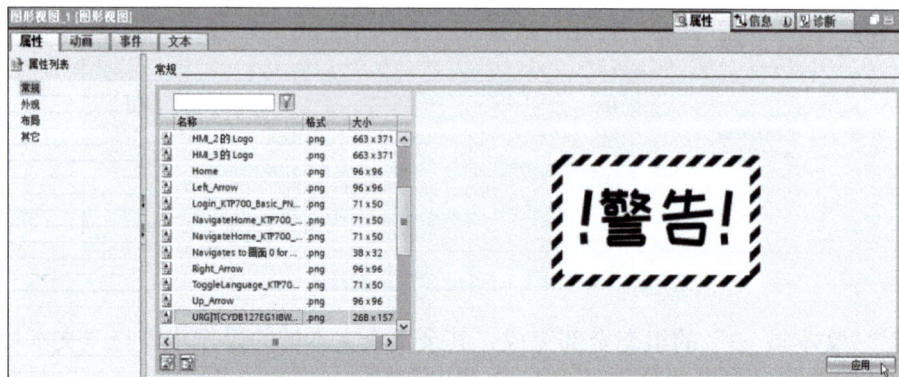

图 6-65　"图形视图 _1"的"常规"属性设置

在"布局"属性中,将"图形视图_1"的位置设置为 X 轴"600"、Y 轴"295",长为"129",宽为"72",选中"调整图形以适合对象大小"按钮,如图 6-66 所示。

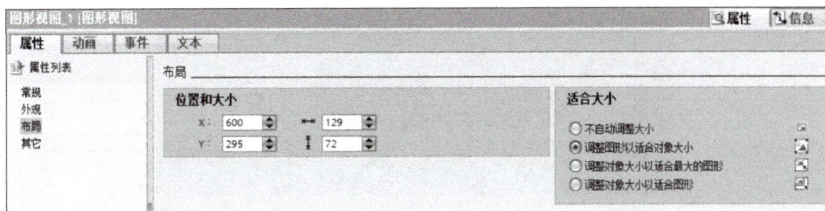

图 6-66　"图形视图_1"的"布局"属性设置

其次,进行"图形视图_1"的动画设置。依次单击"动画"→"显示"→"添加新动画"→"可见性"选项,单击"确定"按钮,完成"可见性"动画添加。

最后,进行"可见性"动画设置。单击"可见性"选项中"变量"下的 🔲 图标,在列表中找到"HMI_1[KTP700 Basic PN]"选项的"HMI 变量表",选择"HA"选项后,单击右下角的"确定"按钮,完成变量添加。选中"范围"选项,并将其设置为从"0"至"0",同时选中"不可见"选项,完成"可见性"动画设置,如图 6-67 所示。

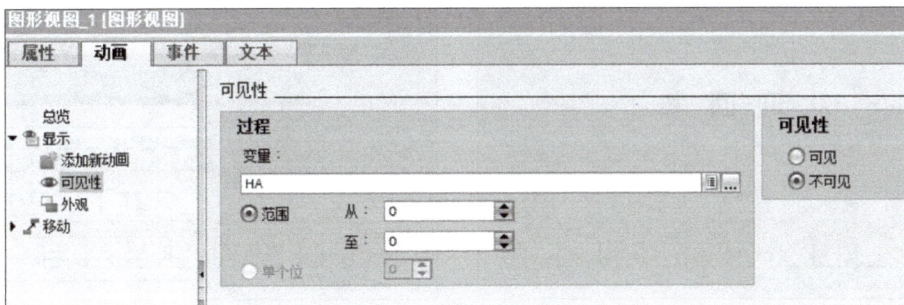

图 6-67　"可见性"动画设置

按照"可见性"动画的添加步骤,添加"外观"动画,其详细参数设置如图 6-68 所示。

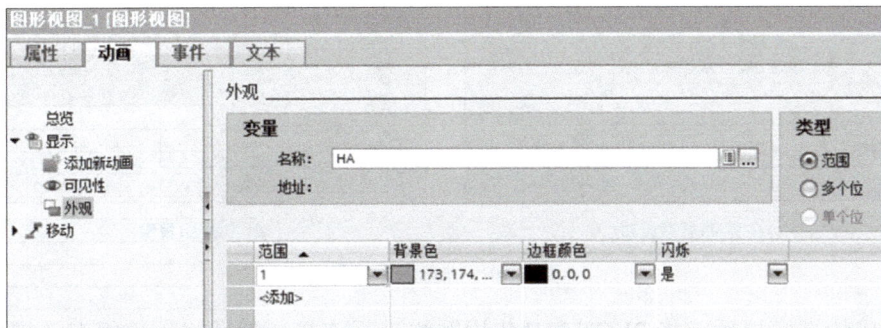

图 6-68　"外观"动画添加

至此,主界面完成全部组态设计,如图 6-69 所示。

图 6-69　主界面

6. 仿真调试与测试运行

在完成整体 PLC 程序编写和 HMI 组态设计后，单击 █ 图标，启动 PLC_2 仿真，并将 CPU 切换至 RUN 模式。在项目树中选中 "HMI_1[KTP700 Basic PN]"，再次单击 █ 图标，启动 HMI 仿真模拟软件，进行仿真调试。仿真参考效果如图 6-70 所示。

智能密码锁
HMI 界面的
仿真调试与
测试运行

a) 初始界面

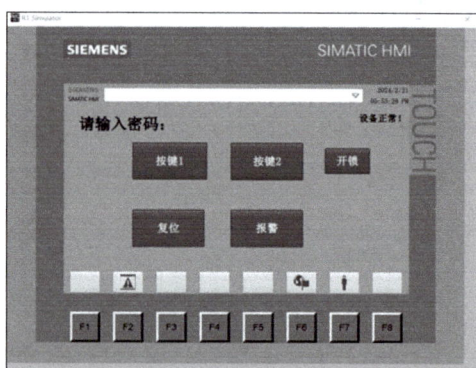

b) 主界面(正常运行)

c) 主界面(开锁成功)

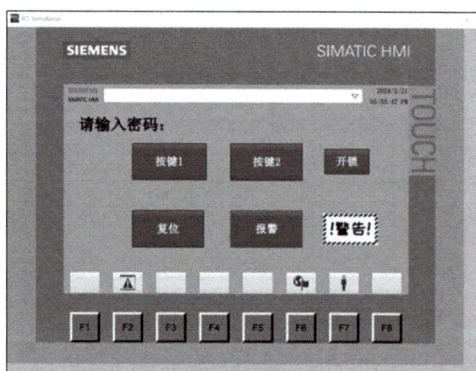

d) 主界面(报警)

图 6-70　仿真参考效果

在完成仿真模拟后，将 PLC 与 HMI 用网线进行连接，然后将硬件组态、梯形图程序编译后下载到 CPU 中，将 HMI 组态下载到触摸屏中，启动 CPU，将 CPU 切换至 RUN 模式。由开锁条件，在触摸屏上进行操作，根据结果判断是否完成任务要求。

项目小结

本项目主要讲解 S7-1200 PLC 的通信和 HMI 的相关内容。通过对 S7-1200 PLC 通信的介绍，讲解了其常用的通信方式并进行简单的应用。通过对 HMI 的介绍，讲解 HMI 的定义和设计原则，重点学习了 HMI 组态软件的使用方法。

素养案例链接

横渡秦岭——铸就"电力奇迹"

在电气控制领域，PLC 以其可靠性高、抗干扰能力强、编程简单等特点，为现代工业提供了坚实的自动化支撑。而当我们深入探讨电气工程师的日常工作时，输发变电和送配电无疑是其中的核心。昌吉—古泉 ±1100 千伏特高压直流输电工程，这条被誉为"电力巨龙"的线路，不仅连接了我国西北与东部，更展现了我国电力工程师的卓越智慧与坚定信念。

1. 穿越秦岭的"电力奇迹"

昌吉—古泉 ±1100 千伏特高压直流输电工程是中国电力建设史上的里程碑。它不仅是国内首条 ±1100 千伏特高压直流输电工程，更是连接了新疆昌吉准东与安徽古泉这两座重要电力枢纽的"能源动脉"。线路全长约 3293 公里，其中穿越秦岭山脉的段落长达 726 公里，如同一条巨龙蜿蜒在群山之间，令人叹为观止，不禁让人想起古书中的名句："云横秦岭家何在，雪拥蓝关马不前。"

即便在这样险峻的地方，电力工程师们也顶着重重困难，攻克了一个又一个技术难题。

在秦岭山脉中，渭南—蓝田段的施工尤为艰难。这里地形复杂、山势险峻，地质条件恶劣，给施工带来了极大的挑战。同时，该地区气候多变，冬季严寒、夏季酷暑，对施工和技术人员都是严峻的考验。然而，我国的电力工程师们凭借坚定的信念和不懈的努力，克服了重重困难，成功完成了这一壮举。他们的精神正如古人所言："路漫漫其修远兮，吾将上下而求索。"

2. "西电东送"的历史使命

昌吉—古泉 ±1100 千伏特高压直流输电工程的成功投运，不仅是一项技术上的突破，更是对东部地区经济的有力支持。它实现了"西电东送"的战略目标，将西部丰富的电力资源输送到东部经济发达地区，为东部地区的经济发展提供了稳定的电力保障。同时，该工程也促进了区域均衡发展，推动了能源结构的优化升级，彰显了中国在基础设施建设和清洁能源技术领域的强大实力，为国家可持续发展注入了新的动力。

昌吉—古泉 ±1100 千伏特高压直流输电工程是一个伟大的成就，它不仅是电力技术的胜利，更是中国精神的胜利。它让我们深感祖国的伟大和个人的责任与担当。在未来的日子里，让我们携手共进，为祖国的繁荣富强贡献自己的力量！

项目拓展

请设计一个密码由 4 位数字组成的智能密码锁，完成其 PLC 程序和 HMI 设计。

思考与练习

1. 填空题

（1）S7-1200 PLC 支持的通信协议包括_____、_____和 TCP/IP 等。

（2）S7-1200 PLC 支持_____通信协议，以实现与其他西门子 PLC 的通信。

（3）HMI 中的图形元素和控件，如按钮、滑块等，用于实现系统的_____。

（4）HMI 软件可以通过_____对不同的工业过程进行监视和控制。

（5）在 HMI 系统中，_____是用于显示关键参数和警报的重要组成部分。

2. 选择题

（1）S7-1200 PLC 与 HMI 进行通信时，常用的通信协议是（　　）。

A. S7 通信　　　　　B. Modbus　　　　　C. PROFINET　　　D. 串行通信

（2）人机界面的英文缩写是（　　）。

A. HMI　　　　　　B. MIH　　　　　　C. HIM　　　　　　D. IMH

（3）一台 S7-1200 PLC 与另一台 S7-1200 PLC 进行通信时，通常使用（　　）方式通信。

A. Modbus RTU　　B. PROFINET IO　　C. S7 通信　　　　D. 串行通信

（4）在 HMI 中，能够显示静态文本的对象是（　　）。

A. 圆　　　　　　　B. 按钮　　　　　　C. 文本域　　　　　D. 棒图

（5）以下说法错误的是（　　）。

A. "直线"对象能够进行事件设置

B. 对象是用于设计 HMI 的图形元素

C. 控件用于提供高级功能

D. "I/O 域"对象用于输入和显示过程值

3. 简答题

HMI 界面的设计原则有哪些？

项目 7

智能仓储

🔍 知识目标

- 了解 FR8210 的结构组成。
- 掌握 FR8210 在 TIA Portal 中的组态方法和步骤。
- 掌握 S7-1200 PLC 与伺服驱动器、伺服电动机的硬件配置。
- 了解伺服运动控制的指令及其应用，掌握 PLC 轴工艺对象的概念及使用方法。

🔍 技能目标

- 能够按照控制要求进行逻辑梳理，并编写程序实现控制要求。
- 能够熟练进行 S7-1200 PLC 与伺服驱动器、伺服电动机的硬件接线，同时掌握对 S7-1200 PLC 轴工艺对象的组态、调试，能够应用相关伺服运动控制指令通过触摸屏完成对伺服电动机的控制。

🔍 素养目标

- 熟悉工艺对象，形成自动化为工艺服务的理念。
- 利用任务分配，逐步培养安全操作职业素养。

🔄 项目背景

在信息化的时代背景下，仓储物流不能单单依托人力去解决问题，当下智能仓储物流采用信息交互为主线，集成自动化、信息化、人工智能技术等，进行信息集成、物流过程优化、资源优化，智能仓储物流已经超出传统的"仓储"和"仓库管理"单一作用的范围，目前在供应链一体化形势下，现代智能仓储物流涵盖了一整套作业流程，自动化运转物品运输、仓储、配送、装卸等环节，实现物品的高效率管理，促使物流成本不断下降，从而提高仓储物流及整条产业链的智能化、数字化水平。智能仓储物流系统可广泛运用于医药、食品饮料、冷链物流、电子商务、快消品等行业。那么，我们该如何实现物品的运输和仓储呢？

任务 7.1　仓储单元的 PLC 设计

任务描述

在触摸屏上按下"推出料仓"按钮控制料仓推料。当按下按钮时，仓储单元按照从小到大的顺序推出第一个有料的料仓。推出料仓后，在触摸屏上显示当前料仓的编号，即推出仓位号，同时指示灯能够显示仓储单元各料仓是否有物料。当轮毂在仓位时，指示灯显示为绿色；当轮毂缺料时，指示灯显示为红色。在触摸屏上按下"缩回料仓"按钮时，料仓缩回。

知识链接

7.1.1　FR8210 简介

1. FR8210 的基本概念

FR 系列插片式 I/O 模块是南京华太自动化技术有限公司推出的基于自主研发的高性能总线通用远程 I/O 模块。FR8210 是一款 PROFINET 适配器，可以搭配各种数字量 I/O、模拟量 I/O、高速脉冲输出测量、通信等模块，方便扩展和维护。

如图 7-1 所示，FR8210 输入 24V 直流电源，与西门子 PLC 通过 PROFINET 电缆进行连接，最多可以与 32 个 I/O 模块适配。FR8210 的 I/O 模块可以由 8 通道数字量输入模块 FR1108、8 通道数字量输出模块 FR2108、4 通道模拟量输入模块 FR3004、4 通道模拟量输出模块 FR4004、定位模块 FR5121 组成。FR8210 的 I/O 模块可以调换顺序，也可以根据任务要求进行重新搭配组合，但一定要保证 TIA Portal 项目中的软件组态与硬件保持一致。

2. FR8210 指示灯的含义

FR8210 指示灯位于模块的前面板上，如图 7-2 所示，FR8210 指示灯的含义见表 7-1。

表 7-1　FR8210 指示灯的含义

指示灯	说明	颜色	状态	含义
PWR	系统电源指示灯	绿色	亮	电源接通
			灭	电源未接通或电源故障
SYS	系统指示灯	绿色	以 1Hz 的频率闪烁	扫描正常
			以 3～5Hz 的频率闪烁	扫描从站时，部分或全部从站丢失
RUN	运行指示灯	绿色	亮	从站处于运行状态
			灭	从站未运行

（续）

指示灯	说明	颜色	状态	含义
SF		红色	亮	PROFINET 诊断存在
			灭	没有 PROFINET 诊断
BF		红色	闪烁	链接状态好；没有通信链接到 PROFINET IO-Controller
			灭	ProfiNet IO-Controller 有一个活跃的沟通链接到这个 PROFINET IO 设备

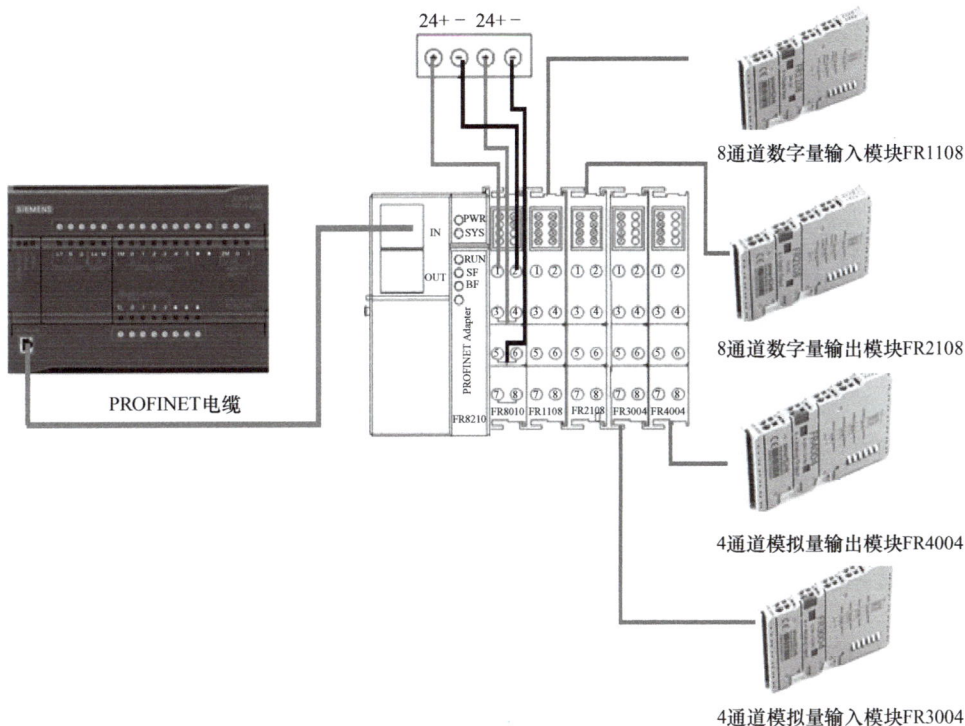

图 7-1　FR8210

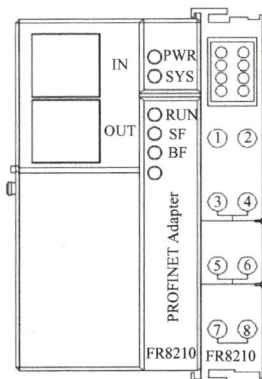

图 7-2　FR8210 指示灯

7.1.2 FR8210 的组态

FR8210 在 TIA Portal 中进行组态的具体步骤如下。

1）打开 TIA Portal，单击"创建新项目"选项，设置创建项目的名称和路径，单击"创建"按钮，单击"设备与网络"选项，单击"添加新设备"选项，依次单击"控制器"→"SIMATIC S7–1200"→"CPU"→"CPU 1212C DC/DC/DC"各选项前的下拉按钮，再打开"6ES7 212–1AE40–0XB0"选项（CPU 型号可根据实际设备进行添加），单击对话框右下角的"确定"按钮，添加新设备完成，如图 7-3 所示。

对仓储单元的控制 –FR8210 的组态

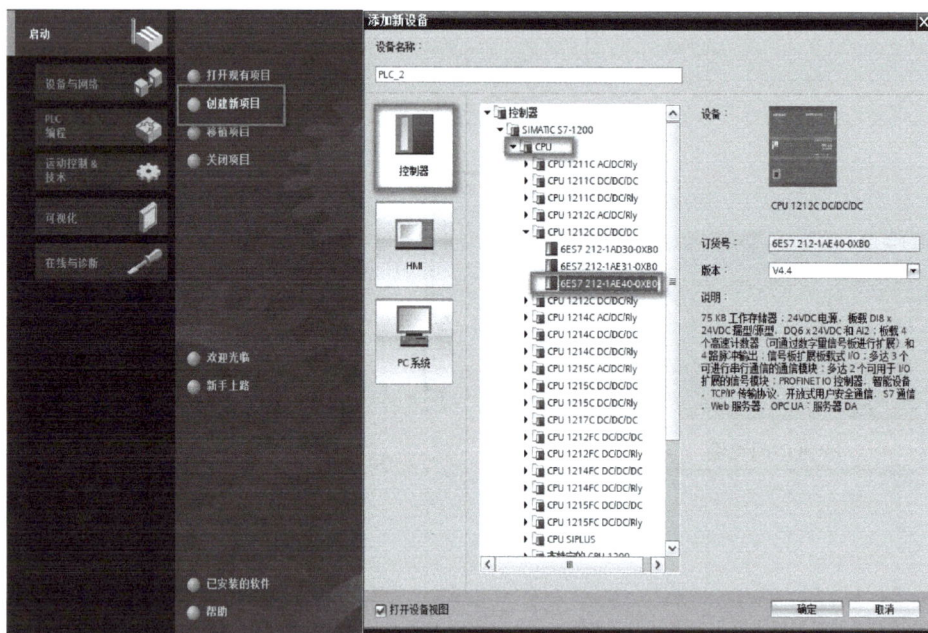

图 7-3　创建新项目并添加新设备

2）添加 GSD（通用站描述）文件。在菜单栏中单击"选项"→"管理通用站描述文件（GSD）"选项，如图 7-4a 所示。在弹出的"管理通用站描述文件"对话框中，单击"源路径"右侧的浏览文件图标，选择 GSD 文件存放路径，选中对应的 GSD 文件后，单击"安装"按钮，如图 7-4b 所示。GSD 文件可在西门子官网进行下载，或者见书本资源。

3）添加 FR8210。在新建的项目中选择"网络视图"，依次单击"其它现场设备"→"PROFINET IO"→"I/O"→"HDC"→"SmartLinkIO"→"FR8210"选项，双击"FR8210"选项，添加设备，如图 7-5 所示。

4）连接 PLC 与 FR8210。打开"网络视图"，然后单击"网络视图"中 FR8210 上的"未分配"，如图 7-6a 所示，选择"PLC_1"的 PROFINET 接口，如图 7-6b 所示。

5）添加模块。PLC 与 FR8210 连接后，选中并双击 FR8210，跳转到"设备视图"中，以拓扑为 FR8210-FR1108-FR2108 为例，单击目录中的"FR8210"→"模块"选项，找到"DI"→"FR1108"和"DO"→"FR2108"，然后双击，在"设备概览"中即可看到添加的模块，如图 7-7 所示。可以根据任务要求，编辑 I/O 地址。

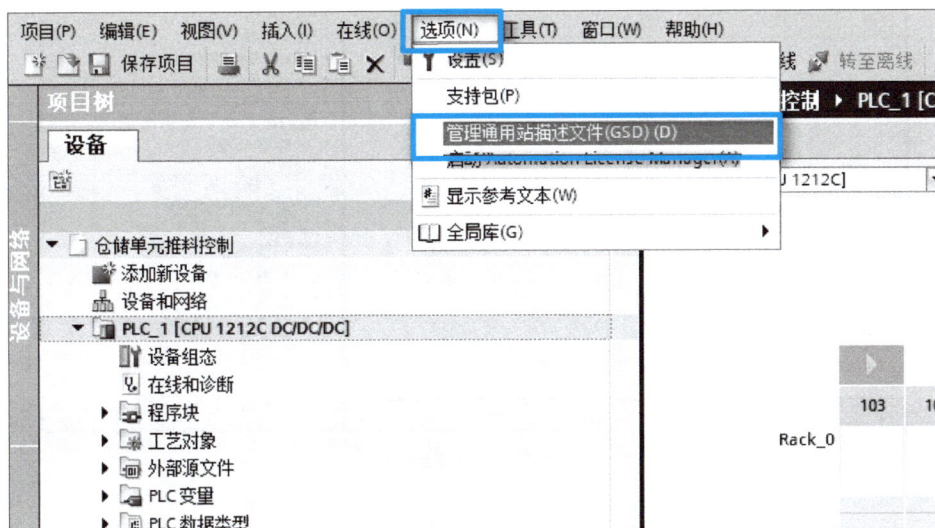

a) 打开"管理通用站描述文件"对话框

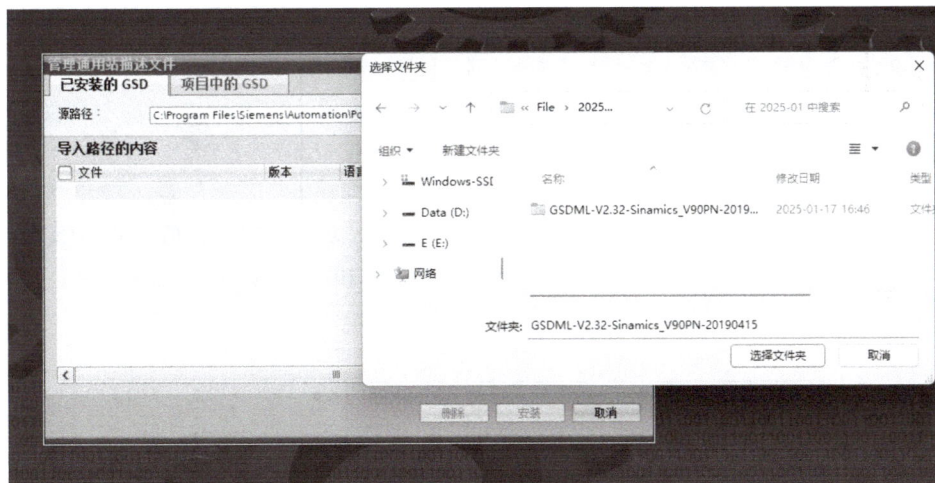

b) 选择GSD文件存放路径

图 7-4　添加 GSD 文件

图 7-5　添加 FR8210

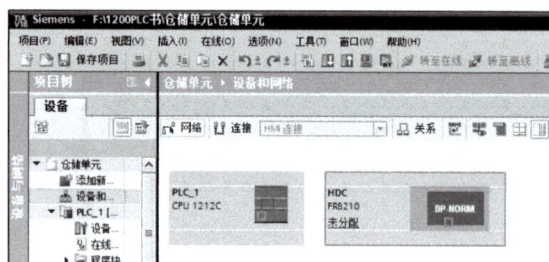

a) 单击"未分配"

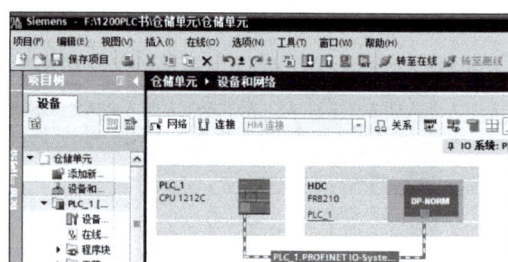

b) 选择"PLC_1"的 PROFINET 接口

图 7-6　连接 PLC 与 FR8210

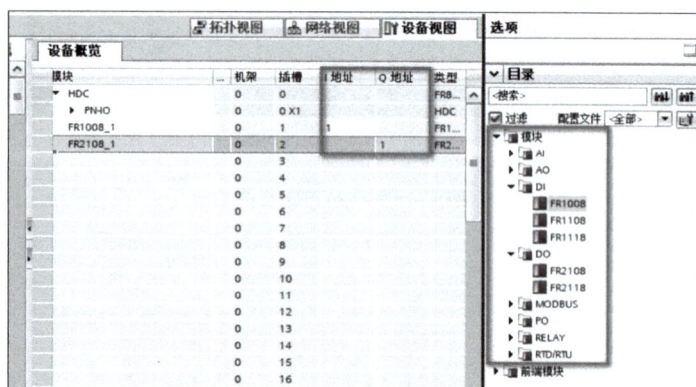

图 7-7　添加模块

6）下载组态。添加模块之后，在设备视图中右击 FR8210，单击"分配设备名称"命令，如图 7-8a 所示，设备名称和接口类型如图 7-8b 所示，选中设备名称，单击"分配名称"按钮；再次右击 FR8210，单击"下载到设备"命令，等待装载完成，如图 7-8c 所示。

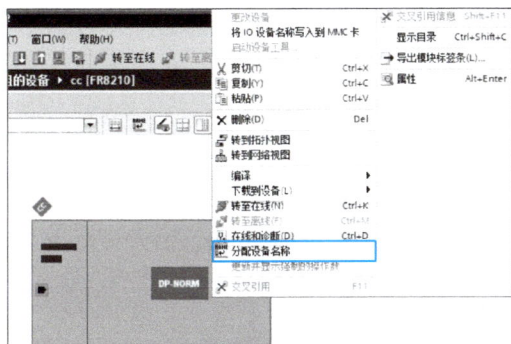

a) 单击"分配设备名称"命令

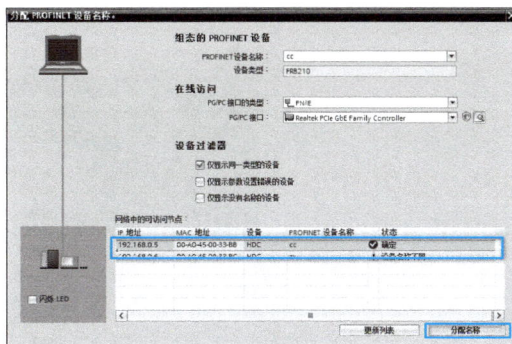

b) 设备名称和接口类型

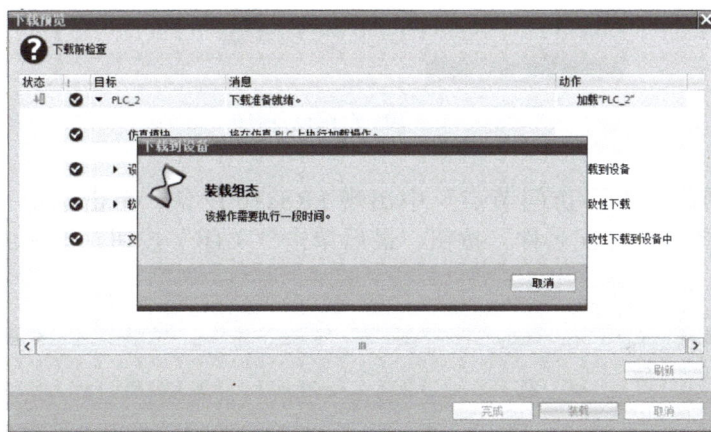

c) 等待装载完成

图 7-8　下载组态

7）组态成功。下载成功后，重新上电，FR8210 的 SYS 灯以 1Hz 的频率闪烁，RUN 灯常亮，SF、BF 灯灭。

需要注意的是，若 FR8210 是第一次使用，则需要进行分配名称操作，具体步骤如下。

1）在"网络视图"中双击"FR8210"模块，进入"设备视图"，单击"HDC"名称标签修改 FR8210 名称，如图 7-9 所示。

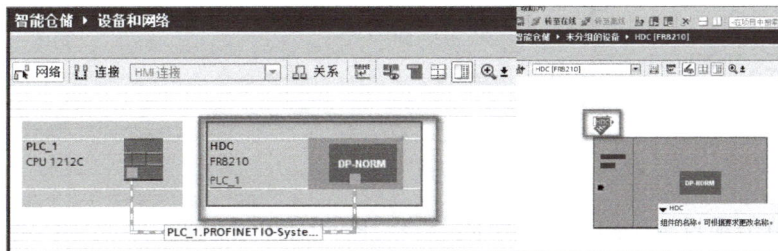

PLC 对仓储单元的控制 -FR8210 分配名称

图 7-9　更改 FR8210 名称

2）右击"FR8210"模块，在弹出快捷菜单中单击"分配设备名称"命令，如图 7-10 所示，然后在弹出的"分配 PROFINET 设备名称"对话框中单击"更新列表"按钮。

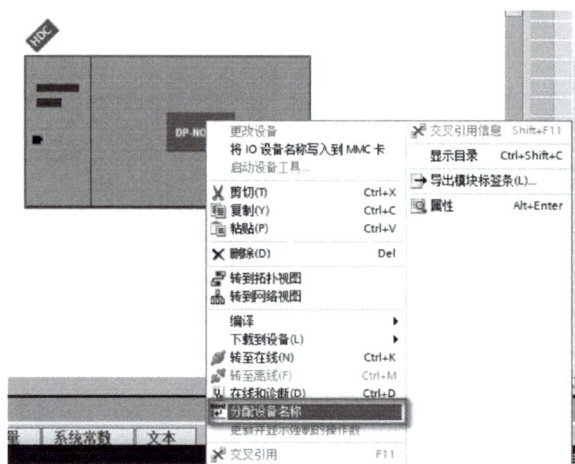

图 7-10　分配设备名称

3）在"网络中的可访问节点"中出现 FR8210 设备，单击选中"PROFINET 设备名称"之后再单击"分配名称"按钮，最后单击"关闭"按钮，即完成设置，如图 7-11 所示。

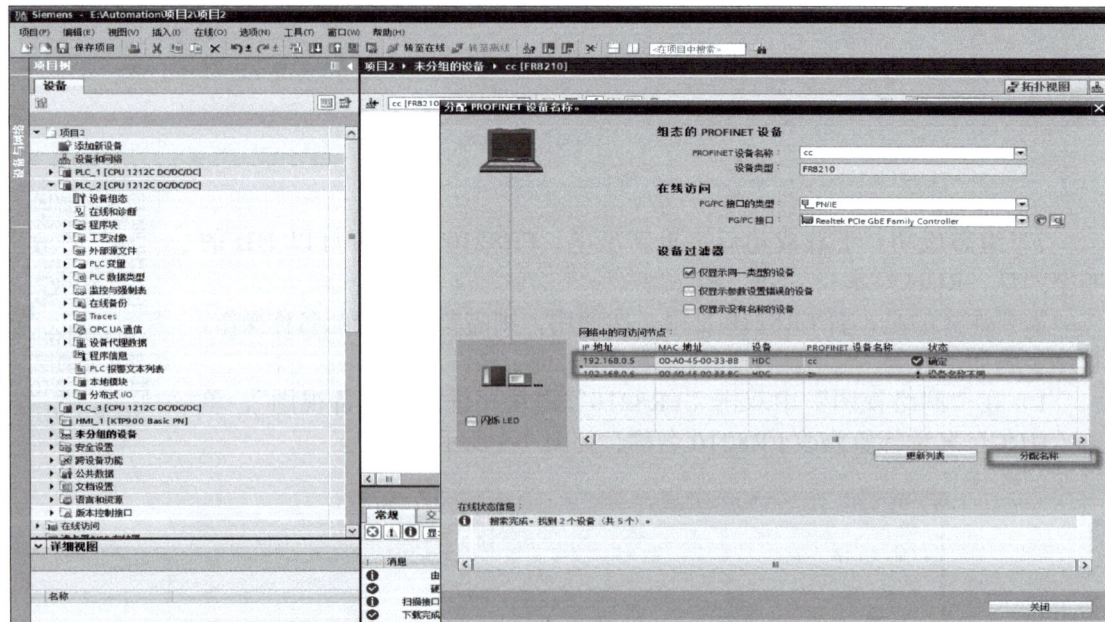

图 7-11　分配名称

4）依次单击项目树中的"在线访问"→"Realtek PCIe GbE Family Controller"选项，在下拉选项中单击"更新可访问的设备"选项，如图 7-12 所示。

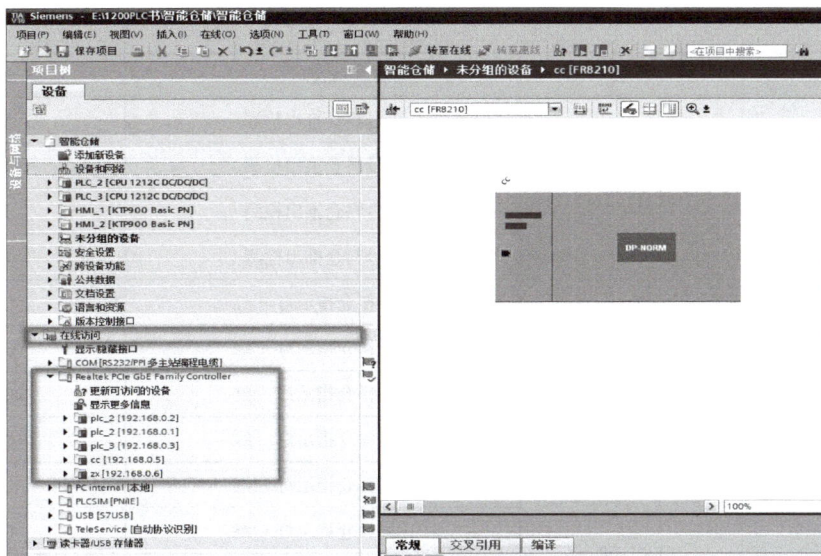

图 7-12　更新可访问的设备

任务实施

1. 工作流程分析

本任务以智能制造单元系统集成应用平台为背景，共有 6 个仓储单元料仓，传感器首先检测料仓是否有物料，有无物料检测指示灯可以提示，若检测到有物料，则 PLC 控制推出料仓，机器人抓取货物。

控制要求如下：在触摸屏上按下"推出料仓"按钮，仓储单元按照 1 号～6 号的顺序推出第一个有料的料仓，推出到位后，检测信号置位；在触摸屏上按下"缩回料仓"按钮，所有料仓复位，触摸屏上的推出仓位号也复位；料仓指示灯根据物料检测信号的状态显示红色或者绿色；推出到位，触摸屏显示推出仓位号。

2. 设备 I/O 分配及接线图

1）设备 I/O 分配见表 7-2。

表 7-2　设备 I/O 分配

	模块	名称	地址
输入（I）	FR1108	1 号料仓物料检测	I4.0
		2 号料仓物料检测	I4.1
		3 号料仓物料检测	I4.2
		4 号料仓物料检测	I4.3
		5 号料仓物料检测	I4.4
		6 号料仓物料检测	I4.5
		1 号料仓推出检测	I5.0
		2 号料仓推出检测	I5.1

（续）

	模块	名称	地址
输入（I）	FR1108	3 号料仓推出检测	I5.2
		4 号料仓推出检测	I5.3
		5 号料仓推出检测	I5.4
		6 号料仓推出检测	I5.5
输出（Q）	FR2108	1 号料仓指示灯 - 红	Q4.0
		1 号料仓指示灯 - 绿	Q4.1
		2 号料仓指示灯 - 红	Q4.2
		2 号料仓指示灯 - 绿	Q4.3
		3 号料仓指示灯 - 红	Q4.4
		3 号料仓指示灯 - 绿	Q4.5
		4 号料仓指示灯 - 红	Q5.0
		4 号料仓指示灯 - 绿	Q5.1
		5 号料仓指示灯 - 红	Q5.2
		5 号料仓指示灯 - 绿	Q5.3
		6 号料仓指示灯 - 红	Q5.4
		6 号料仓指示灯 - 绿	Q5.5
	FR2018	1 号料仓推出气缸	Q6.0
		2 号料仓推出气缸	Q6.1
		3 号料仓推出气缸	Q6.2
		4 号料仓推出气缸	Q6.3
		5 号料仓推出气缸	Q6.4
		6 号料仓推出气缸	Q6.5

2）根据设备 I/O 分配画出接线图，仓储单元推料控制的 I/O 接线图如图 7-13 所示。

3. 项目配置与组态

（1）创建设备组态

1）创建工程项目。打开 TIA Portal，在 Portal 视图中单击"创建新项目"选项，输入项目名称"智能仓储推料控制案例"，选择项目保存路径，单击"创建"按钮，创建项目完成，如图 7-14 所示。

2）添加 PLC。在硬件组态中单击"设备"标签，然后单击"添加新设备"选项，在打开的"添加新设备"对话框中单击"控制器"按钮，在"设备名称"对应的文本框中输入用户定义的设备名称，也可使用系统指定名称"PLC_1"，在中间的目录树中依次单击"SIMATIC S7-1200"→"CPU"→"CPU 1212C DC/DC/DC"各选项前面的下拉按钮，或依次双击选项名称，再选择"6ES7 212-1AE40-0XB0"选项（PLC 型号可根据实际设备选择），单击对话框右下角的"确定"按钮，添加 PLC 完成，如图 7-15 所示。

PLC 对仓储单元的控制项目配置与组态

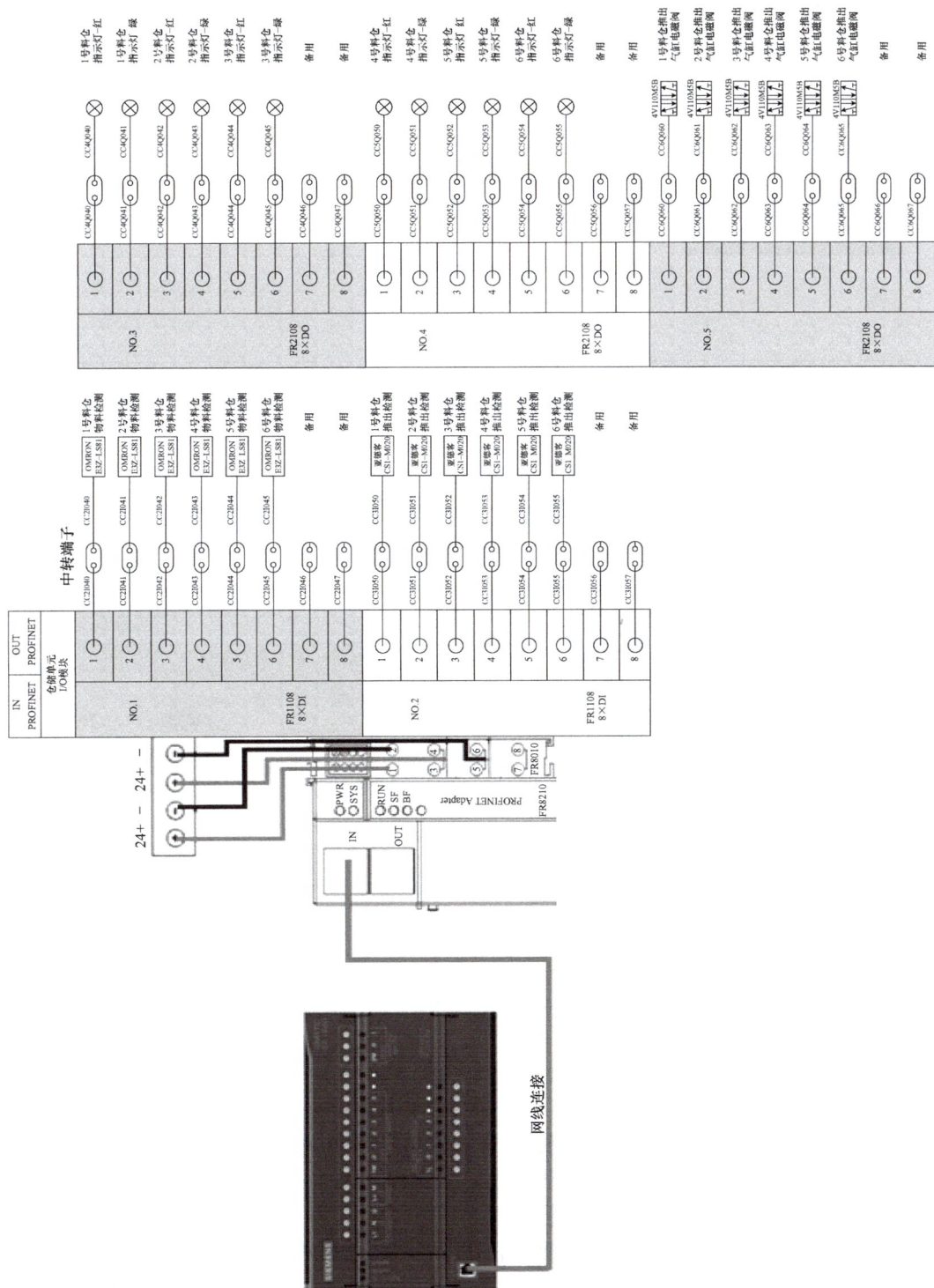

图 7-13　仓储单元推料控制 I/O 接线图

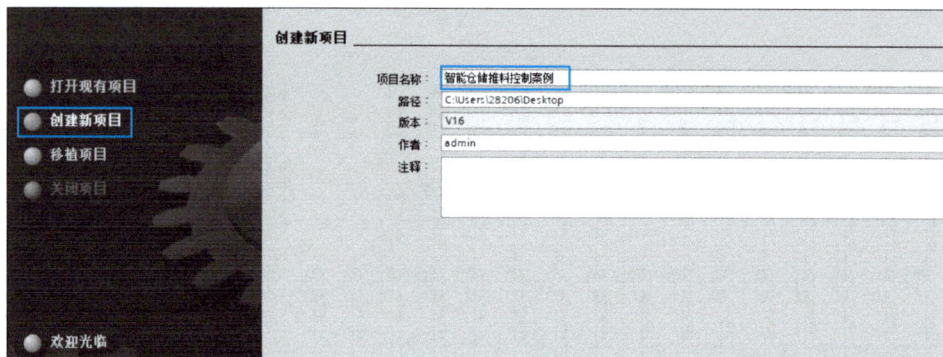

图 7-14 创建工程项目

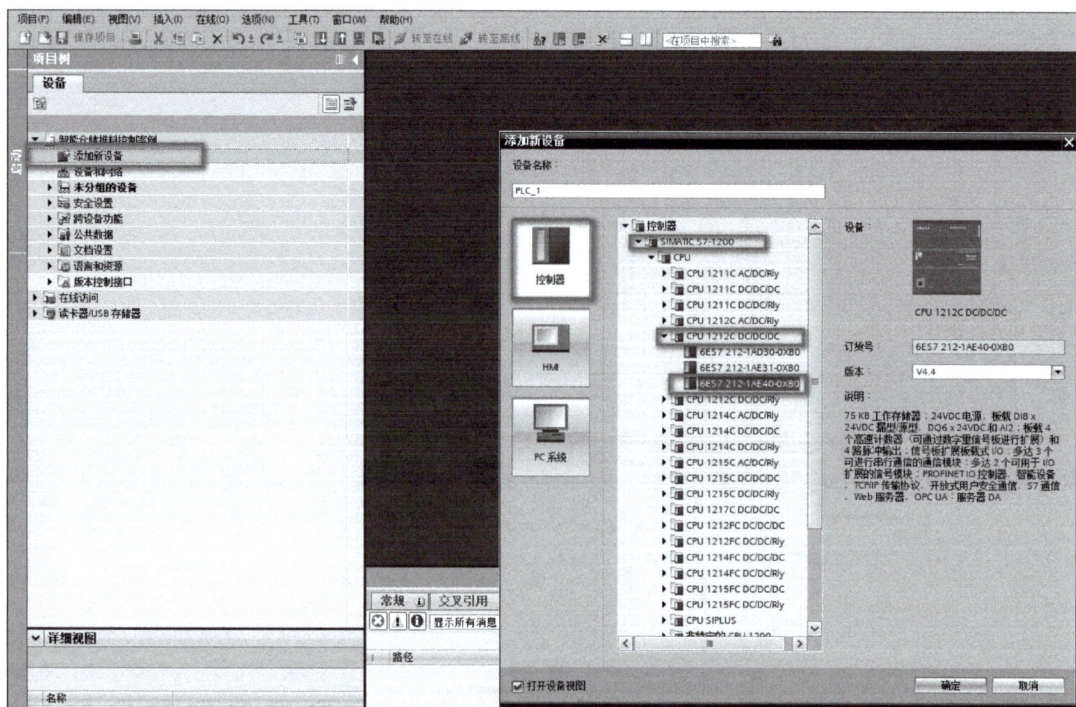

图 7-15 添加 PLC

3）添加 HMI。在"添加新设备"对话框中添加 HMI，单击"HMI"按钮，再依次单击"SIMATIC 精简系列面板"→"9 显示屏"→"KTP900 Basic"选项（HMI 型号根据实际设备添加，可虚拟仿真控制），如图 7-16 所示。在弹出的 HMI 设备向导对话框中将实际中的 PLC 与 HMI 进行连接，选择网线通信。

4）添加 FR8210。添加 FR8210 并将其连接到 PLC，如图 7-17 所示。

5）添加 I/O 模块，包括 2 个 FR1108（用于拓展数字量输入信号）和 3 个 FR2108（用于拓展数字量输出信号），添加顺序与真实设备添加顺序保持一致，地址可按 I/O 分配表定义，如图 7-18 所示。

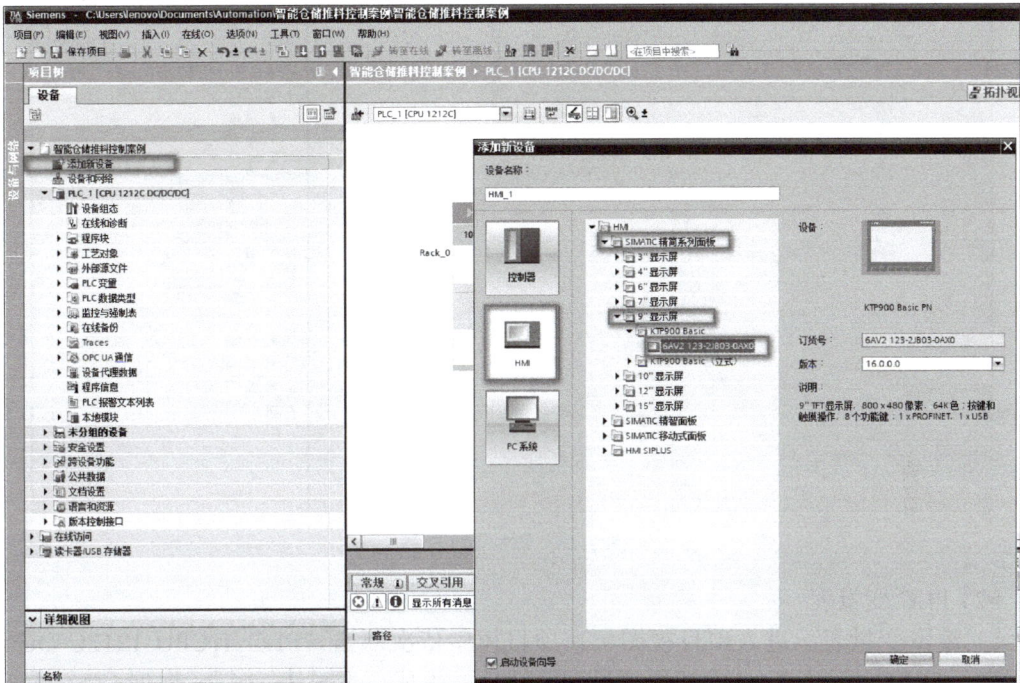

图 7-16　添加 HMI

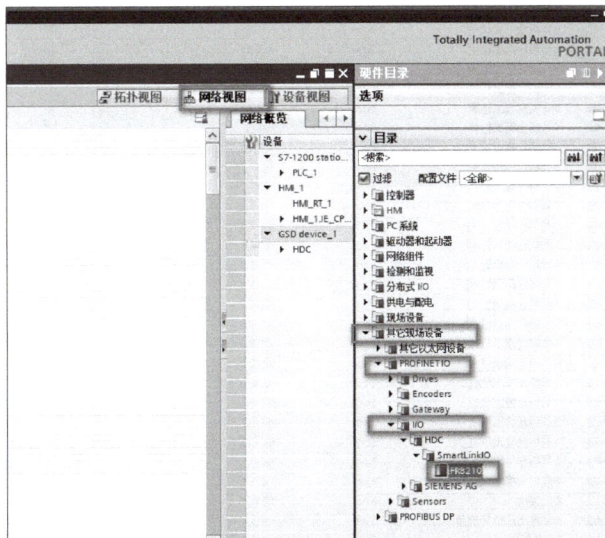

图 7-17　添加 FR8210

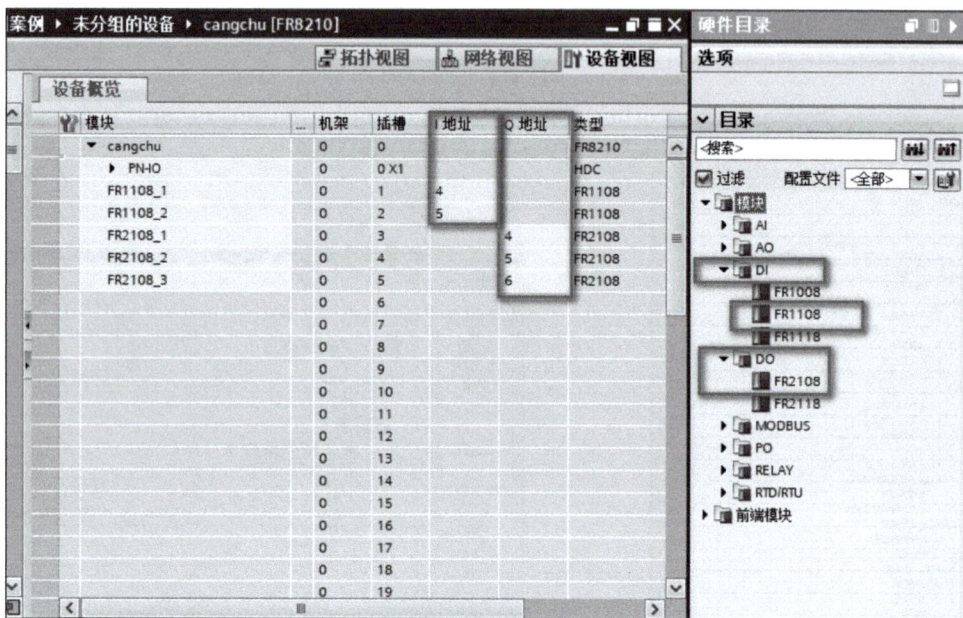

图 7-18　添加 I/O 模块

（2）PLC 变量表

1）编辑变量表。进入项目视图，在项目树中依次双击"PLC_1[CPU 1212C DC/DC/DC]"→"PLC 变量"→"添加新变量表"选项，生成"变量表 __1"，根据 I/O 分配编辑变量表，如图 7-19 所示。

图 7-19　编辑变量表

2）新建 FB1，语言类型选择"LAD"并添加 FB1 接口变量，如图 7-20 所示。

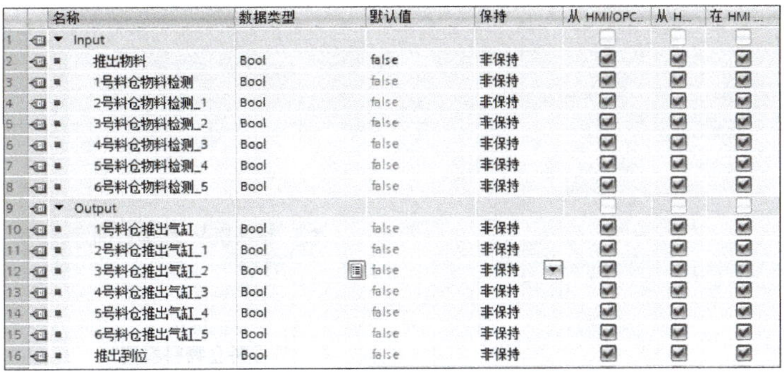

	名称	数据类型	默认值	保持	从 HMI/OPC...	从 H...	在 HMI ...
1	▼ Input				☐	☐	☐
2	推出物料	Bool	false	非保持	☑	☑	☑
3	1号料仓物料检测	Bool	false	非保持	☑	☑	☑
4	2号料仓物料检测_1	Bool	false	非保持	☑	☑	☑
5	3号料仓物料检测_2	Bool	false	非保持	☑	☑	☑
6	4号料仓物料检测_3	Bool	false	非保持	☑	☑	☑
7	5号料仓物料检测_4	Bool	false	非保持	☑	☑	☑
8	6号料仓物料检测_5	Bool	false	非保持	☑	☑	☑
9	▼ Output				☐	☐	☐
10	1号料仓推出气缸	Bool	false	非保持	☑	☑	☑
11	2号料仓推出气缸_1	Bool	false	非保持	☑	☑	☑
12	3号料仓推出气缸_2	Bool	false	非保持	☑	☑	☑
13	4号料仓推出气缸_3	Bool	false	非保持	☑	☑	☑
14	5号料仓推出气缸_4	Bool	false	非保持	☑	☑	☑
15	6号料仓推出气缸_5	Bool	false	非保持	☑	☑	☑
16	推出到位	Bool	false	非保持	☑	☑	☑

图 7-20　FB1 接口变量

4. 程序编写

1）程序段 1：在触摸屏上按下“推出料仓”按钮，仓储单元按照 1 号～6 号的顺序推出第一个有料的料仓，推出到位后，检测信号置位，如图 7-21 所示。

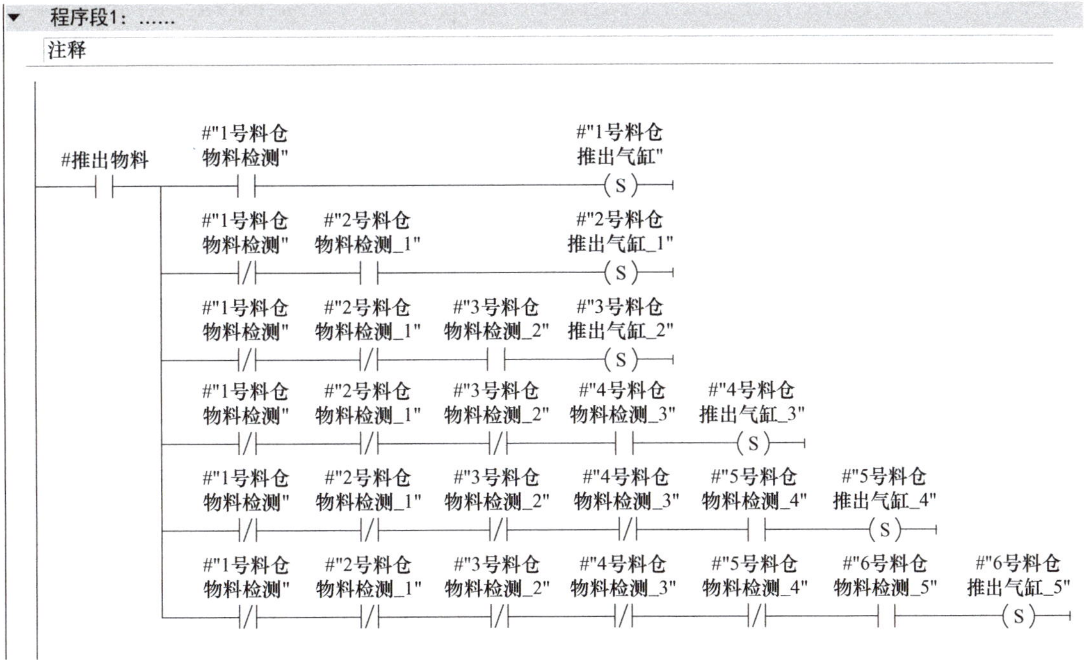

图 7-21　程序段 1

2）程序 2：在触摸屏上按下“缩回”料仓按钮，所有料仓复位，触摸屏上的推出仓位号也复位，如图 7-22 所示。

3）程序 3：料仓指示灯根据物料检测信号的状态显示红色或者绿色，如图 7-23 所示。

4）在主程序的程序段 1 中调用 FB1，并进行引脚关联，如图 7-24 所示。

5）在主程序的程序段 2 中完善任务程序，推出到位，HMI 显示推出仓位号，如图 7-25 所示。

程序段2：……

注释

```
    %M0.2
   "气缸缩回"              MOVE
     ┤├────────────┤EN ── ENO├────────────────
                  0 ─┤IN
                     ⬦ OUT1├─ %MB106
                            "HMI推出仓位号显示"

                           #"1号料仓
                            推出气缸"
     ├──────────────────────(R)────┤

                           #"2号料仓
                            推出气缸_1"
     ├──────────────────────(R)────┤

                           #"3号料仓
                            推出气缸_2"
     ├──────────────────────(R)────┤

                           #"4号料仓
                            推出气缸_3"
     ├──────────────────────(R)────┤

                           #"5号料仓
                            推出气缸_4"
     ├──────────────────────(R)────┤

                           #"6号料仓
                            推出气缸_5"
     └──────────────────────(R)────┤
```

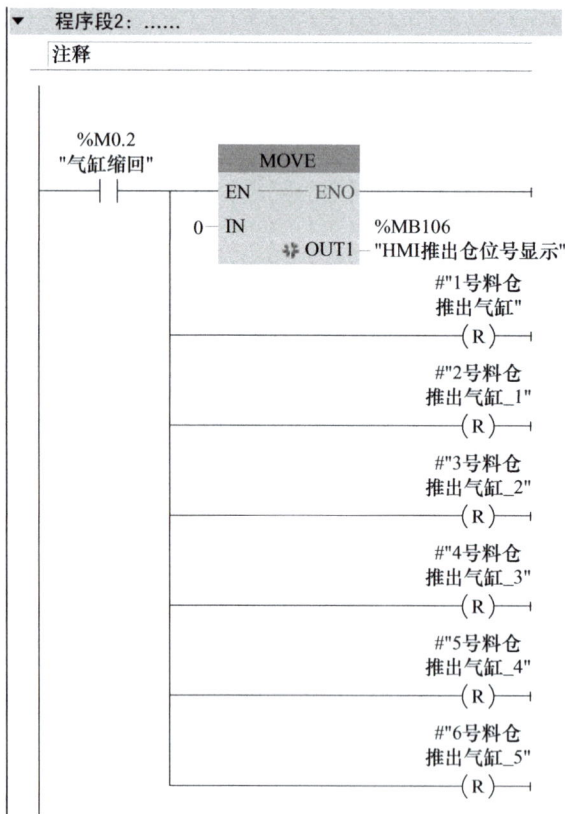

图 7-22　程序段 2

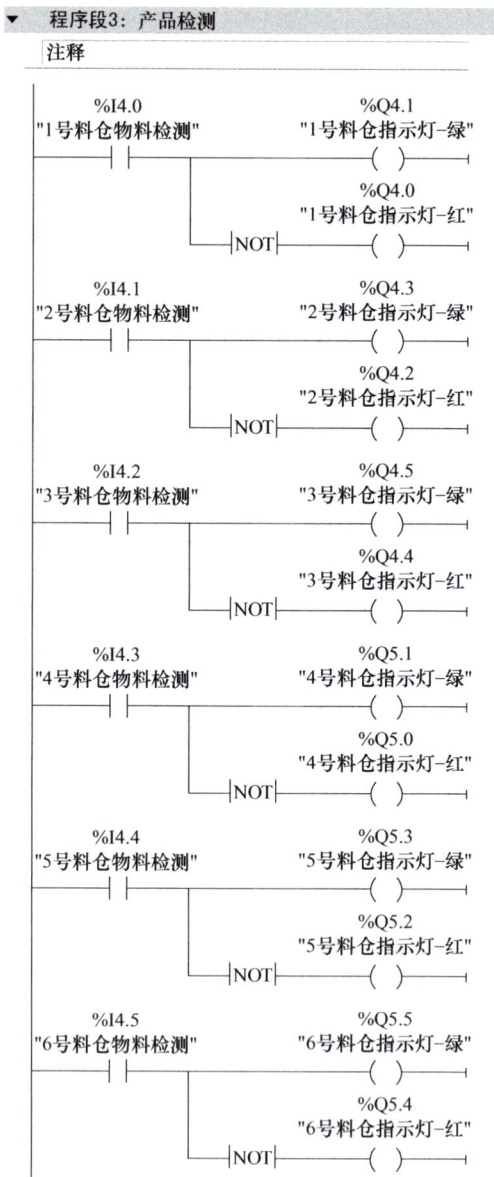

程序段3：产品检测

注释

```
     %I4.0                        %Q4.1
"1号料仓物料检测"              "1号料仓指示灯-绿"
     ┤├──────┬────────────────────( )────
             │                    %Q4.0
             │              "1号料仓指示灯-红"
             └─┤NOT├──────────────( )────

     %I4.1                        %Q4.3
"2号料仓物料检测"              "2号料仓指示灯-绿"
     ┤├──────┬────────────────────( )────
             │                    %Q4.2
             │              "2号料仓指示灯-红"
             └─┤NOT├──────────────( )────

     %I4.2                        %Q4.5
"3号料仓物料检测"              "3号料仓指示灯-绿"
     ┤├──────┬────────────────────( )────
             │                    %Q4.4
             │              "3号料仓指示灯-红"
             └─┤NOT├──────────────( )────

     %I4.3                        %Q5.1
"4号料仓物料检测"              "4号料仓指示灯-绿"
     ┤├──────┬────────────────────( )────
             │                    %Q5.0
             │              "4号料仓指示灯-红"
             └─┤NOT├──────────────( )────

     %I4.4                        %Q5.3
"5号料仓物料检测"              "5号料仓指示灯-绿"
     ┤├──────┬────────────────────( )────
             │                    %Q5.2
             │              "5号料仓指示灯-红"
             └─┤NOT├──────────────( )────

     %I4.5                        %Q5.5
"6号料仓物料检测"              "6号料仓指示灯-绿"
     ┤├──────┬────────────────────( )────
             │                    %Q5.4
             │              "6号料仓指示灯-红"
             └─┤NOT├──────────────( )────
```

图 7-23　程序段 3

▼　程序段1：……

注释

%DB1
"块_1_DB"

%FB1
"块_1"

	EN	ENO

%M0.0
"推料"　——推出物料

%I4.0
"1号料仓物料检测"　——1号料仓物料检测

%I4.1
"2号料仓物料检测_1"　——2号料仓物料检测_1

%I4.2
"3号料仓物料检测_2"　——3号料仓物料检测_2

%I4.3
"4号料仓物料检测_3"　——4号料仓物料检测_3

%I4.4
"5号料仓物料检测_4"　——5号料仓物料检测_4

%I4.5
"6号料仓物料检测_5"　——6号料仓物料检测_5

1号料仓推出气缸　——
%Q6.0
"1号料仓推出气缸(1)"

2号料仓推出气缸_1　——
%Q6.1
"2号料仓推出气缸_1"

3号料仓推出气缸_2　——
%Q6.2
"3号料仓推出气缸_2"

4号料仓推出气缸_3　——
%Q6.3
"4号料仓推出气缸_3"

5号料仓推出气缸_4　——
%Q6.4
"5号料仓推出气缸_4"

6号料仓推出气缸_5　——
%Q6.5
"6号料仓推出气缸_5"

推出到位　——
%M4.1
"推出到位"

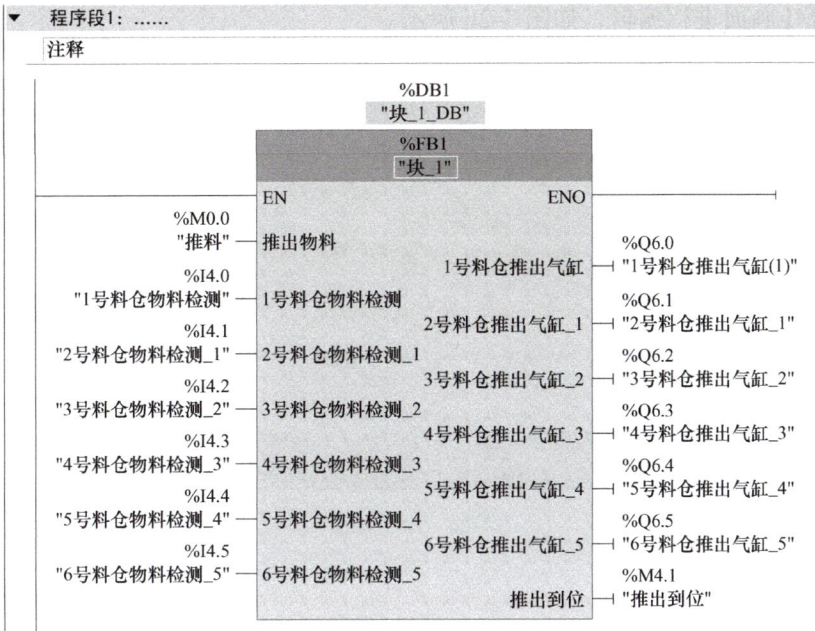

图 7-24　调用 FB1

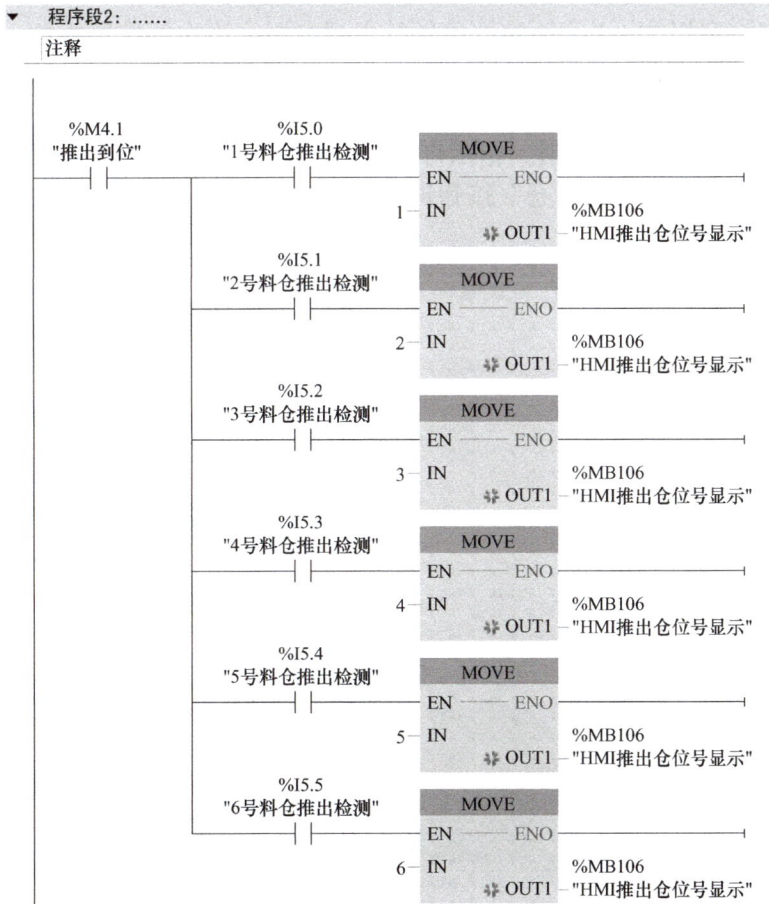

▼　程序段2：……

注释

%M4.1
"推出到位"　——| |——

%I5.0
"1号料仓推出检测"　——| |——

MOVE
EN —— ENO
1 —— IN
⇲ OUT1 ——
%MB106
"HMI推出仓位号显示"

%I5.1
"2号料仓推出检测"　——| |——

MOVE
EN —— ENO
2 —— IN
⇲ OUT1 ——
%MB106
"HMI推出仓位号显示"

%I5.2
"3号料仓推出检测"　——| |——

MOVE
EN —— ENO
3 —— IN
⇲ OUT1 ——
%MB106
"HMI推出仓位号显示"

%I5.3
"4号料仓推出检测"　——| |——

MOVE
EN —— ENO
4 —— IN
⇲ OUT1 ——
%MB106
"HMI推出仓位号显示"

%I5.4
"5号料仓推出检测"　——| |——

MOVE
EN —— ENO
5 —— IN
⇲ OUT1 ——
%MB106
"HMI推出仓位号显示"

%I5.5
"6号料仓推出检测"　——| |——

MOVE
EN —— ENO
6 —— IN
⇲ OUT1 ——
%MB106
"HMI推出仓位号显示"

图 7-25　完善任务程序

6）对 HMI 画面进行编辑，如图 7-26 所示。

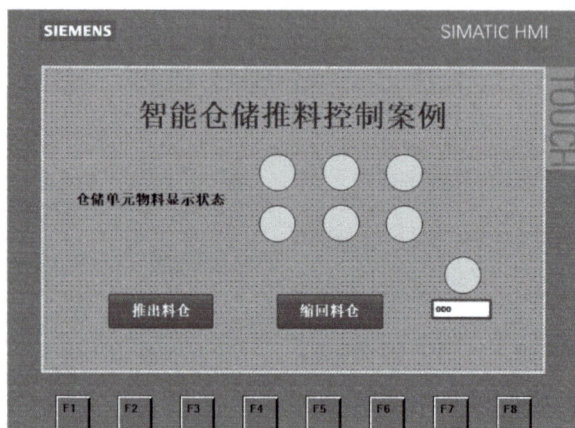

PLC 对仓储单元的控制 HMI 画面设置

图 7-26　HMI 画面

5. 仿真与调试运行

PLC 对仓储单元的控制仿真

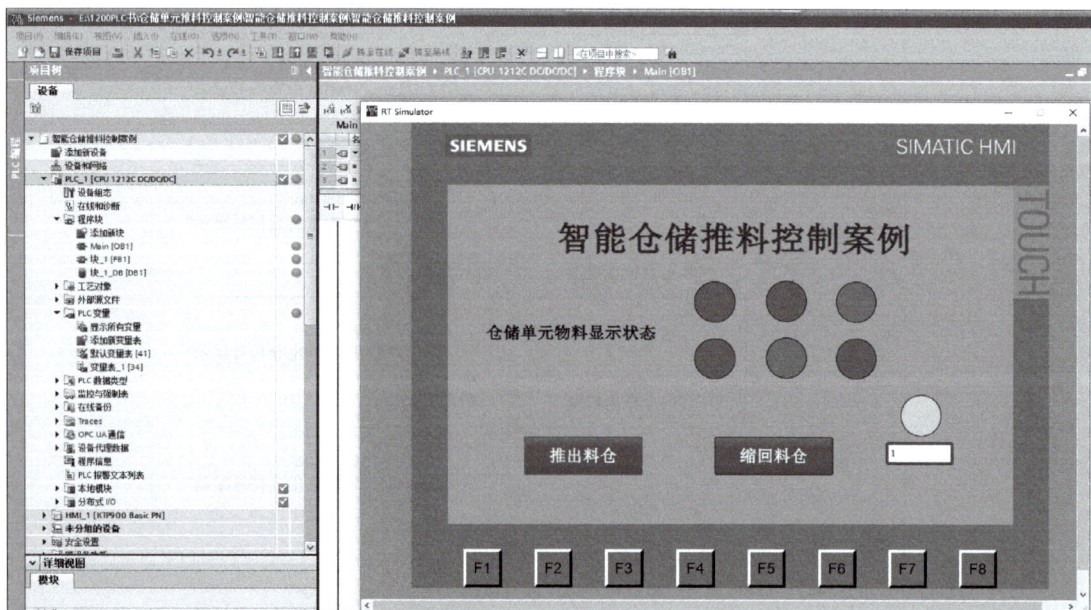

将设备组态及梯形图程序编译后下载到 CPU 中，启动 CPU，将 CPU 切换至 RUN 模式。在计算机端控制面板的"设置 PG/PC 接口（32 位）"中选择接口参数为"Realtek PCIe GbE Family Controller.TCPIP. Auto.2"，可直接利用 TIA Portal 触摸屏进行虚拟控制。当在触摸屏中按下"推出料仓"按钮时，仓储单元按照从小到大的顺序推出第一个有料的料仓。推出料仓后，在触摸屏上显示推出仓位号，同时指示灯能够显示仓储单元各料仓是否有物料。当轮毂在仓位时，指示灯显示为绿色；当轮毂缺料时，指示灯显示为红色。在触摸屏上按下"缩回料仓"按钮时，所有料仓缩回。触摸屏模拟控制如图 7-27 所示。

图 7-27　触摸屏模拟控制

任务 7.2　伺服电动机控制滑轨运动

任务描述

在智能物流时代，利用机器人进行仓储单元物料搬运的过程中，需要机器人在不同的位置工作。机器人首先要回到工作原点搬运物料，然后将物料运送到固定的位置，也可以控制机器人将物料运送到指定位置。

知识链接

7.2.1　伺服运动控制

运动控制是电气控制的一个分支，运动控制在机器人和数控机床的领域应用比较广泛。S7-1200 PLC 能够实现伺服运动控制主要在于集成了高速计数器、高速脉冲输出口等硬件以及相应软件。特别是 S7-1200 PLC 在伺服运动控制中使用了轴的概念，通过对相关指令块和轴的组态，包括硬件接口、位置定义、动态特性、机械特性等组合使用，就可以实现绝对位置、相对位置、点动、转速控制及自动寻找参考点的功能。

图 7-28 所示为 S7-1200 PLC 的伺服运动控制应用，即 S7-1200 PLC 输出脉冲和方向到伺服驱动器，伺服驱动器再将 S7-1200 PLC 输入的给定值进行处理，然后输入到伺服电动机，控制伺服电动机加速、减速和移动到指定的位置。

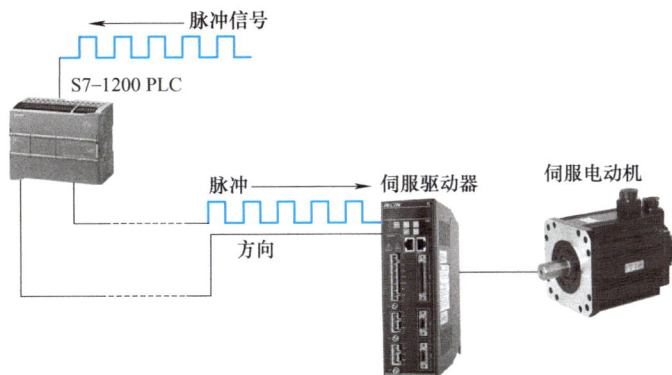

图 7-28　S7-1200 PLC 的伺服运动控制应用

7.2.2　伺服驱动器与伺服电动机

1. 伺服驱动器的特点

伺服驱动器又称为伺服控制器或伺服放大器，是一种用来控制伺服电动机的控制器。伺服驱动器的控制模式有位置控制、速度控制和转矩控制三种，可以实现高精度的传动系统定位。

三菱通用 AC 伺服驱动器在位置控制模式下最高可以支持 4Mpulses/s 的高速脉冲串，

还可以选择位置 / 速度切换控制、速度 / 转矩切换控制和转矩 / 位置切换控制。因此，三菱通用 AC 伺服驱动器不但可以用于机床和普通工业机械的高精度定位和平滑的速度控制，还可以用于线控制和张力控制等，应用范围十分广泛。

2. 伺服电动机概述

伺服电动机的速度控制、位置控制的精度非常高，是将电压信号转化为转矩和转速的闭环控制电动机，主要通过脉冲来定位。伺服电动机接收到一个脉冲，就会旋转一个脉冲对应的角度，从而实现位置、速度控制。伺服电动机本身具备发出脉冲的功能，因此伺服电动机每旋转一个角度，都会发出对应数量的脉冲，如此一来，系统就会知道发了多少脉冲给伺服电动机，同时又收了多少脉冲回来，这样就能够精确控制伺服电动机的转动，从而实现精确定位。

伺服电动机转子转速受输入信号控制，并能快速反应，因此在自动控制系统中，伺服电动机用作执行元件，且具有机电时间常数小、线性度高、始动电压大等特性，可把所收到的电信号转换成伺服电动机轴上的角位移或角速度输出。

3. 伺服电动机的优点

1）伺服电动机在精度上实现了位置、速度和转矩的闭环控制，能够更好地处理系统不确定性、摩擦和负载变化，提高了系统的稳定性和可靠性，克服了步进电动机失步的问题。

2）伺服电动机的一般额定转速能达到 2000 ～ 3000r/min。

3）伺服电动机抗过载能力强，能承受三倍于额定转矩的负载，适用于有瞬间负载波动和要求快速起动的场合。

4）伺服电动机低速运行平稳，低速运行时不会产生类似于步进电动机的步进运行现象，适用于有高速响应要求的场合。

5）伺服电动机加减速的动态响应时间短，一般在几十毫秒之内，能够在短时间内实现高速、高精度的运动，这对于一些需要快速变化的应用如飞行器和机器人等十分重要。

6）伺服电动机的发热和噪声明显降低。

4. 伺服电动机的缺点

1）成本较高，伺服电动机相对于一些其他类型的电动机来说成本较高，这可能限制了它们在一些成本敏感的应用中的使用。

2）伺服电动机对环境的变化比较敏感，如温度变化、负载变化等都会影响其稳定性，需要进行较为复杂的控制算法设计。

3）伺服系统相对较为复杂，需要精心设计和调试，这对于一些非专业应用或小型项目而言可能过于烦琐。

4）由于伺服系统的复杂性，维护和故障排除可能相对较为困难，需要专业的技术知识。

7.2.3　伺服运动控制指令

1. MC_Power 指令（启动轴指令）

MC_Power 指令如图 7-29 所示，用于启用或者禁用轴。调用该指令时，要求工艺对象已经正确组态，并且没有待决的启用、禁止错误。MC_Power 指令的

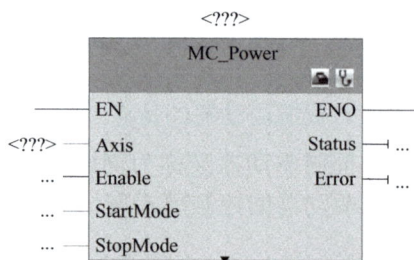

图 7-29　MC_Power 指令

部分引脚定义见表 7-3。

表 7-3　MC_Power 指令的部分引脚定义

引脚		引脚定义
EN		MC_Power 指令的使能输入端
Axis		轴工艺对象名称
Enable	轴的使能控制端	1：轴已经启用
		0：停止并禁用轴
StartMode	轴的启动模式选择	1：启用位置不受控的定位轴，即速度控制模式
		0：启用位置受控的定位轴，即位置控制模式
StopMode	轴的停止模式选择	0：紧急停止。若禁用轴的请求处于待决状态，则轴将以组态的急停减速度进行制动。轴在变为静止状态后被禁用
		1：立即停止。若禁用轴的请求处于待决状态，则输出该设定值 "0"，并禁用轴。轴将根据伺服驱动器中的组态进行制动，并转入停止状态
		2：带有加速度变化率控制的紧急停止。若禁用轴的请求处于待决状态，则轴将以组态的急停减速度进行制动。若激活了加速度变化率控制，则将已组态的加速度变化率考虑在内。轴在变为静止状态后被禁用

2. MC_Reset 指令（复位指令）

MC_Reset 指令如图 7-30 所示，用于确认故障，重新启动工艺对象。调用该指令时，要求定位轴工艺对象已正确组态，并且已经清除引起这些需确认的待决组态错误的原因（例如，已将定位轴工艺对象中的加速度更改为有效值）。MC_Reset 指令的部分引脚定义见表 7-4。

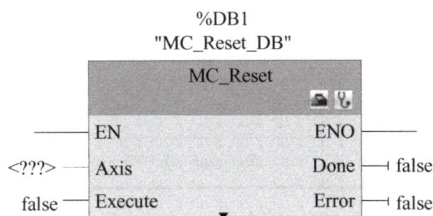

```
            %DB1
         "MC_Reset_DB"
      ┌─────────────────────┐
      │     MC_Reset        │
      │              ▣ ▯    │
──────┤ EN           ENO    ├──────
<???>─┤ Axis        Done    ├─ false
false─┤ Execute     Error   ├─ false
      │         ▼           │
      └─────────────────────┘
```

图 7-30　MC_Reset 指令

表 7-4　MC_Reset 指令的部分引脚定义

引脚	引脚定义
EN	使能输入端
Axis	轴工艺对象名称
Execute	上升沿时启动指令

3. MC_Home 指令（回原点指令）

MC_Home 指令如图 7-31 所示，用于将轴坐标与实际伺服驱动器位置匹配。调用该指令时，要求轴的绝对定位回原点。MC_Home 指令的部分引脚定义见表 7-5。

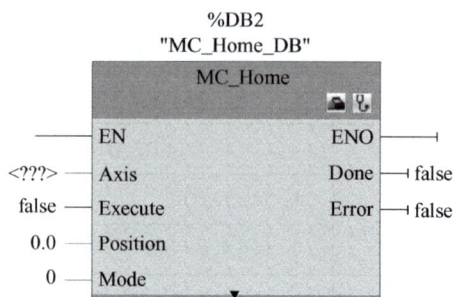

%DB2
"MC_Home_DB"

MC_Home

EN	ENO
Axis	Done — false
Execute	Error — false
Position	
Mode	

<???> — Axis
false — Execute
0.0 — Position
0 — Mode

图 7-31　MC_Home 指令

表 7-5　MC_Home 指令的部分引脚定义

引脚	引脚定义	
EN	MC_Home 指令的使能输入端	
Axis	轴工艺对象名称	
Position	Mode 为 0、2、3：完成回原点操作之后，轴的绝对位置	
	Mode 为 1：对当前轴位置的修正值	
Mode	回原点模式	0：绝对式直接回原点。新的轴位置为 Position 的值
		1：相对式直接回原点。新的轴位置为当前轴位置 +Position 的值
		2：被动回原点。根据轴组态进行回原点，回原点后，将新的轴位置设置为 Position 的值
		3：主动回原点。按照轴组态进行回原点操作，回原点后，将新的轴位置设置为 Position 的值
		6：绝对编码器调节（相对）。将当前轴位置的偏移值设置为 Position 的值
		7：绝对编码器调节（绝对）。将当前的轴位置设置为 Position 的值

4. MC_Halt 指令（停止轴指令）

MC_Halt 指令如图 7-32 所示，用于停止轴。调用该指令，可停止所有运动并已组态的减速度停止轴，未定义停止位置。MC_Halt 指令的部分引脚定义见表 7-6。

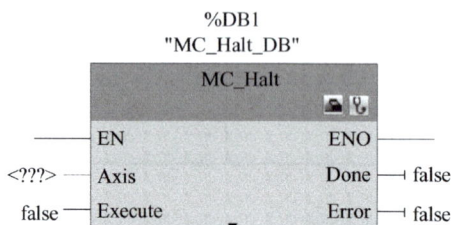

%DB1
"MC_Halt_DB"

MC_Halt

EN	ENO
Axis	Done — false
Execute	Error — false

<???> — Axis
false — Execute

图 7-32　MC_Halt 指令

表 7-6　MC_Halt 指令的部分引脚定义

引脚	引脚定义
EN	MC_Halt 指令的使能输入端
Axis	轴工艺对象名称
Execute	上升沿时启动指令

5. MC_MoveAbsolute 指令（绝对运动控制指令）

MC_MoveAbsolute 指令如图 7-33 所示，用于绝对运动控制。调用该指令启动轴定位运动，以将轴移动到某个绝对位置。MC_MoveAbsolute 指令的部分引脚定义见表 7-7。

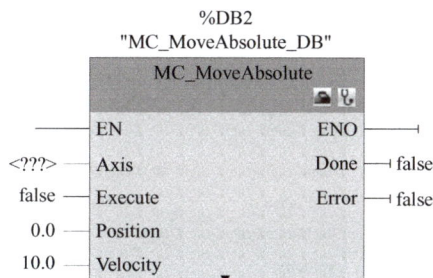

图 7-33　MC_MoveAbsolute 指令

表 7-7　MC_MoveAbsolute 指令的部分引脚定义

引脚	引脚定义
EN	MC_MoveAbsolute 指令的使能输入端
Axis	轴工艺对象名称
Position	绝对目标位置 $-1.0E12 \leqslant Position \leqslant 1.0E12$
Velocity	轴的速度。由于所组态的加速度和减速度以及待接近的目标位置等原因，轴不会始终保持这一速度 启动速度或停止速度 ≤ Velocity ≤ 最大速度

6. MC_MoveRelative 指令（相对运动控制指令）

MC_MoveRelative 指令如图 7-34 所示，用于启动相对于起始位置的定位运动。MC_MoveRelative 指令的部分引脚定义见表 7-8。

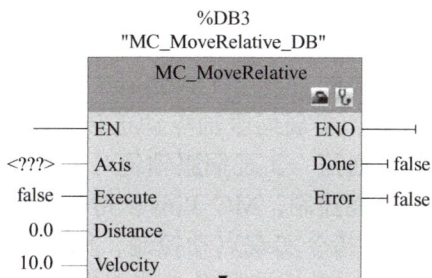

图 7-34　MC_MoveRelative 指令

表 7-8　MC_MoveRelative 指令的部分引脚定义

引脚	引脚定义
Axis	轴工艺对象名称
Execute	上升沿时启动指令
Distance	定位操作的相对位移
Velocity	轴的速度

7. MC_MoveJog 指令（点动控制指令）

MC_MoveJog 指令如图 7-35 所示，用于在点动模式下以指定的速度连续移动轴。例如，可以使用该指令进行测试和调试。MC_MoveJog 指令的部分引脚定义见表 7-9。

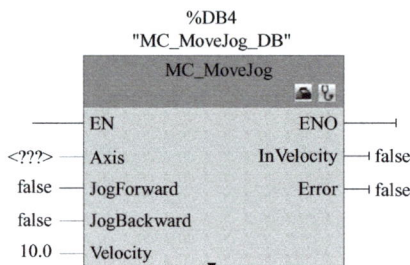

图 7-35　MC_MoveJog 指令

表 7-9　MC_MoveJog 指令的部分引脚定义

引脚	引脚定义
Axis	轴工艺对象名称
JogForward	默认值为 False。若参数值为 True，则轴都将按 Velocity 所指定的速度正向转动
JogBackward	默认值为 False。若参数值为 True，则轴都将按 Velocity 所指定的速度反向转动
Velocity	点动模式的预设速度 启动速度或停止速度≤Velocity≤最大速度

任务实施

1. 工作流程分析

本任务以智能制造单元系统集成应用平台为背景，利用伺服电动机带动滑轨实现机器人相对位置、绝对位置等位置控制。使用 TIA Portal 能够正确组态伺服轴，可以控制滑轨，使机器人能够回到初始位置，实现伺服轴点动正转和反转。学习伺服运动控制指令，编写程序，在触摸屏上进行仿真通信，实现伺服轴绝对位置运动和相对位置运动。

控制要求如下：实现轴的使能控制，MC_Power 指令在程序中一直被调用，实现伺服电动机上电；调用 MC_MoveJog 指令实现点动控制，伺服轴点动正转实现机器人的正向移动，伺服轴点动反转实现机器人的反向移动；当机器人不在原点时，按下触摸屏上的"回原点"按钮，实现机器人回原点；在触摸屏上输入绝对运动位置，机器人会运动到相对于原点的位置。

2. 设备 I/O 分配

设备 I/O 分配见表 7-10。

表 7-10　设备 I/O 分配

输入（I）		输出（Q）	
变量名称	地址	变量名称	地址
轴 1_ 原点到位	I0.4	伺服复位	Q0.2
轴 1_ 准备就绪	I0.6		
伺服轴点动正转	M0.0	伺服使能	Q0.3
伺服轴点动反转	M0.1	原点到位	M0.4
伺服轴回原点	M0.2		
伺服轴绝对位置运动	M0.3	原点到位信号	M0.5
伺服轴相对位置运动	M0.7	绝对位置运动到位	M1.0

3. 项目组态与编程

（1）硬件组态　在"智能仓储"项目中，单击菜单栏中的"选项"→"管理通用站描述文件（GSD）"命令，添加伺服电动机型号的 GSD 文件，如图 7-36 所示。若不添加 GSD 文件，则无法进行硬件组态。

需要注意的是，第一次使用伺服电动机，必须添加 GSD 文件，需要的伺服电动机型号的 GSD 文件可以在西门子官网下载。

伺服电机对控制滑台运动轴参数设置

图 7-36　添加 GSD 文件

（2）轴工艺对象组态

1）编辑变量表。进入项目视图，在项目树中依次双击"PLC_1[CPU 1212C DC/DC/DC]"→"PLC 变量"→"添加新变量表"，生成"变量表 __1"，根据 I/O 分配编辑变量表，用来存储伺服轴变量，如图 7-37 所示。

		名称	数据类型	地址	保持	从 H...	从 H...	在 H...	注释
1		伺服复位	Bool	%Q0.2	☐	☑	☑	☑	
2		伺服使能	Bool	%Q0.3	☐	☑	☑	☑	
3		轴1_原点到位	Bool	%I0.4	☐	☑	☑	☑	
4		轴1_准备就绪	Bool	%I0.6	☐	☑	☑	☑	
5		伺服轴点动正转	Bool	%M0.0	☐	☑	☑	☑	
6		伺服轴点动反转	Bool	%M0.1	☐	☑	☑	☑	
7		伺服轴回原点	Bool	%M0.2	☐	☑	☑	☑	
8		伺服轴绝对位置运动	Bool	%M0.3	☐	☑	☑	☑	
9		原点到位	Bool	%M0.4	☐	☑	☑	☑	
10		原点到位信号	Bool	%M0.5	☐	☑	☑	☑	
11		绝对位置运动	Real	%MD30	☐	☑	☑	☑	
12		伺服轴相对位置运动	Bool	%M0.7	☐	☑	☑	☑	
13		绝对位置运动到位	Bool	%M1.0	☐	☑	☑	☑	
14		伺服轴相对运动位置	Real	%MD35	☐	☑	☑	☑	

图 7-37 编辑变量表

2）添加轴控制对象。在"工艺对象"目录下双击"新增对象"选项，选择"运动控制"中第一项定位轴"TO_PositioningAxis"，如图 7-38 所示。

图 7-38 添加轴控制对象

3）"轴 _1"的常规参数组态。在"工艺对象"目录下单击"轴 _1[DB1]"→"基本参数"→"常规"选项，选择驱动器"PTO（Pulse Train Output）"，如图 7-39 所示。

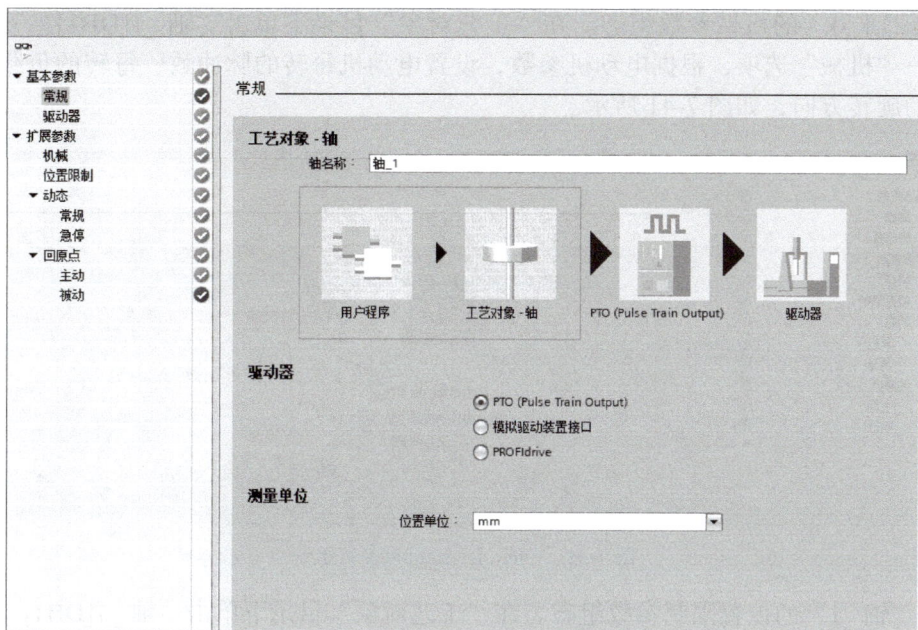

图 7-39 "轴 _1"的常规参数组态

4）"轴 _1"的驱动参数组态。在"工艺对象"目录下单击"轴 _1[DB1]"→"基本参数"→"驱动器"选项，添加脉冲发生器"Pulse_1"，并关联脉冲输出变量 Q0.0、方向输出变量 Q0.1、启动驱动器使能输出变量 Q0.3，如图 7-40 所示。

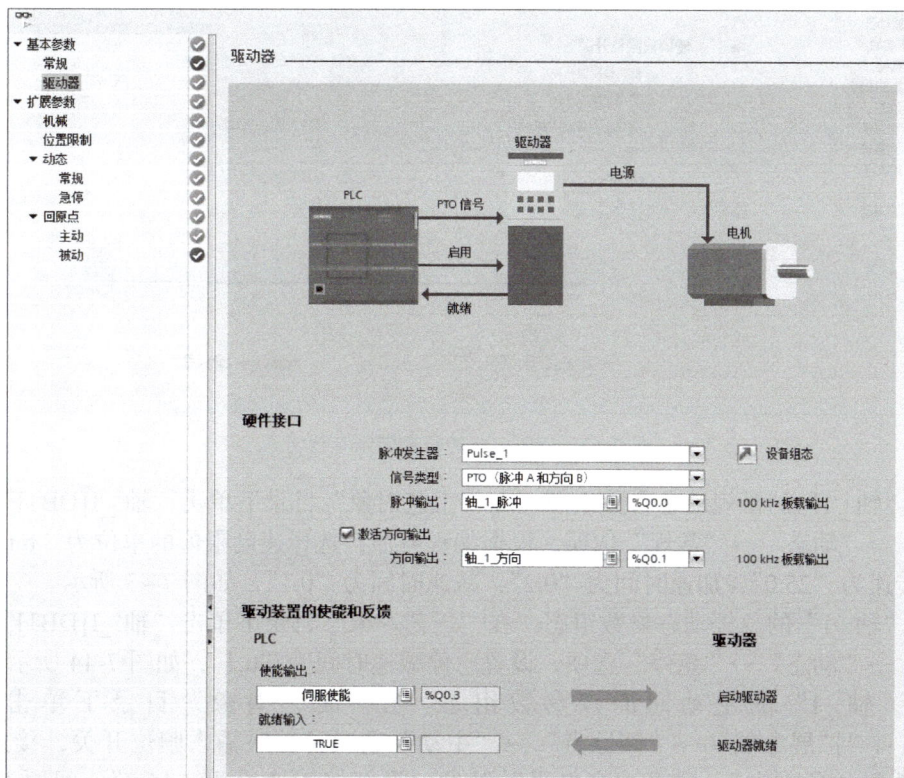

图 7-40 "轴 _1"的驱动参数组态

5）"轴 _1"的机械参数组态。在"工艺对象"目录下单击"轴 _1[DB1]"→"扩展参数"→"机械"选项，根据电动机参数，设置电动机每转的脉冲数、每转的负载位移和所允许的旋转方向，如图 7-41 所示。

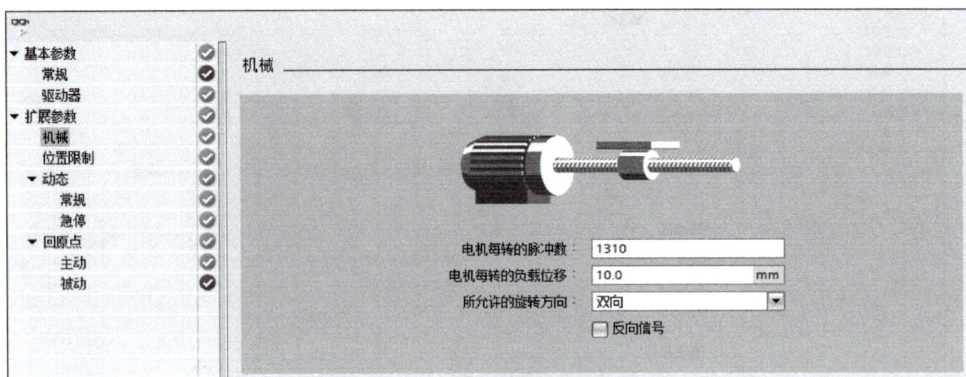

图 7-41　"轴 _1"的机械参数组态

6）"轴 _1"的位置限制参数组态。在"工艺对象"目录下单击"轴 _1[DB1]"→"扩展参数"→"位置限制"选项，勾选"启用硬限位开关"和"启用软限位开关"复选框（"启用软限位开关"复选框可不勾选），并关联硬件下限和上限位开关输入，都选择"低电平"触发，如图 7-42 所示。

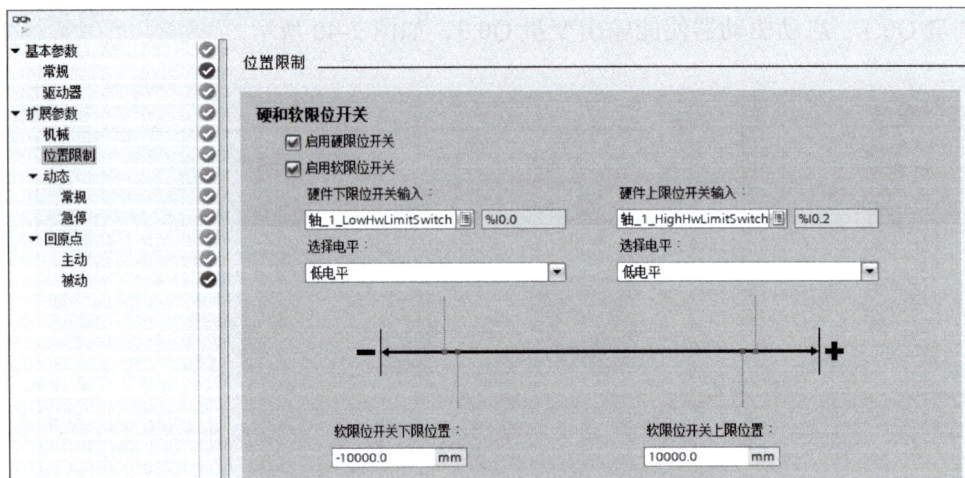

图 7-42　"轴 _1"的位置限制参数组态

7）"轴 _1"的常规动态参数组态。在"工艺对象"目录下单击"轴 _1[DB1]"→"扩展参数"→"动态"→"常规"选项，根据编程习惯，选择速度限值的单位为"mm/s"，设置最大转速为"25.0"，加速时间为"0.2"，减速时间为"0.1"，如图 7-43 所示。

8）"轴 _1"的急停动态参数组态。在"工艺对象"目录下单击"轴 _1[DB1]"→"扩展参数"→"动态"→"急停"选项，设置急停减速时间为"0.1"，如图 7-44 所示。

9）"轴 _1"的主动回原点参数组态。在"工艺对象"目录下单击"轴 _1[DB1]"→"扩展参数"→"回原点"→"主动"选项，关联输入归位开关，接近 / 回原点方向选择"负方向"，选择"高电平"触发，设置接近速度为"15.0"，回原点速度为"10.0"。如图 7-45 所示。

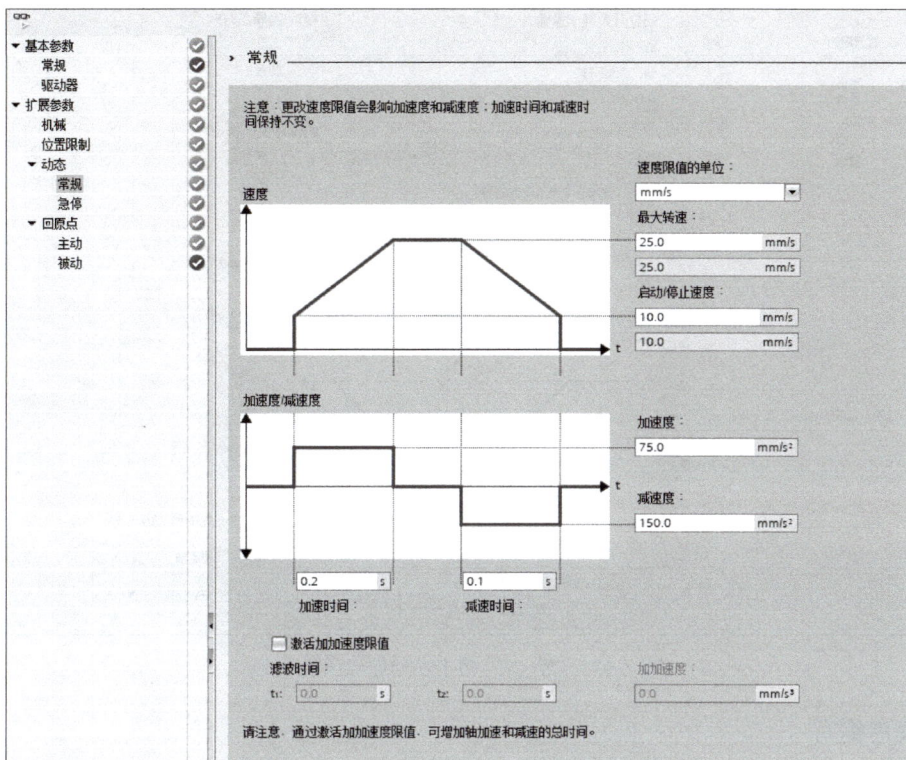

图 7-43　"轴_1"的常规动态参数组态

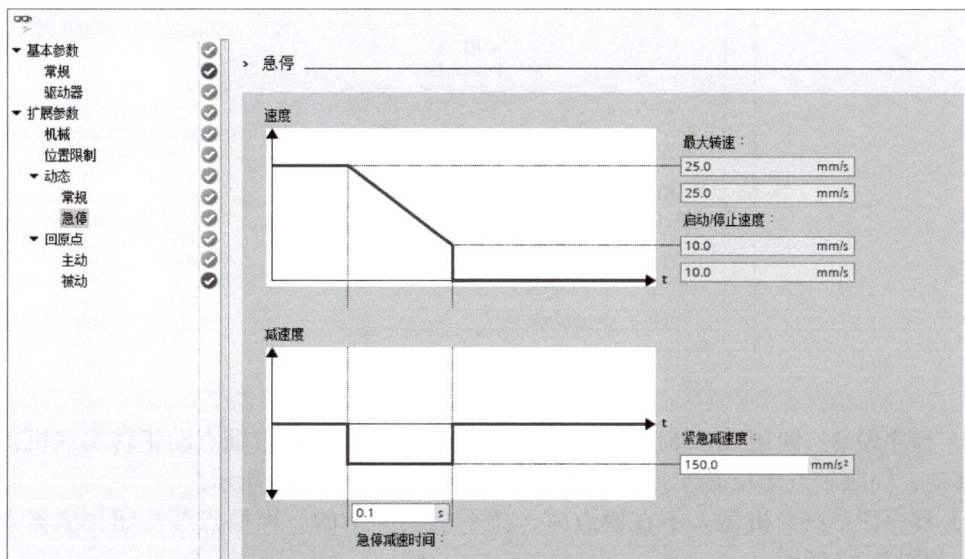

图 7-44　"轴_1"的急停动态参数组态

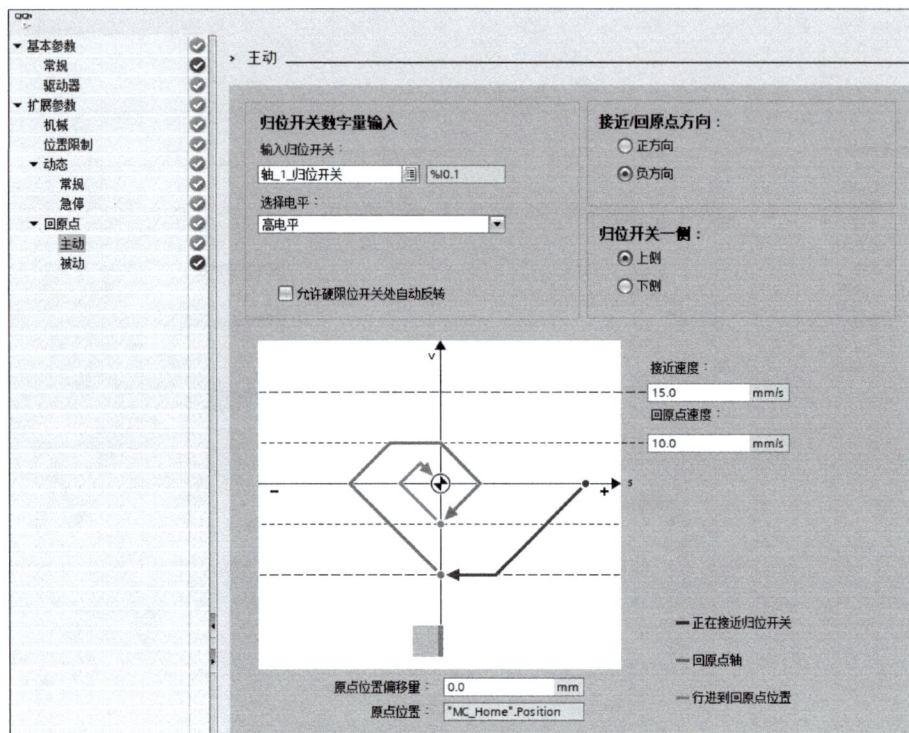

图 7-45 "轴_1"的主动回原点参数组态

4. 程序编写

1）程序段 1：实现轴的使能控制，MC_Power 指令在程序中一直被调用，实现伺服电动机上电，如图 7-46 所示。

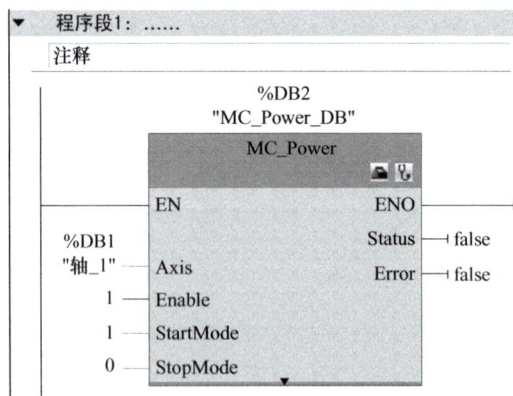

图 7-46 程序段 1

2）程序段 2：调用 MC_MoveJog 指令实现点动控制，伺服轴点动正转实现机器人的正向移动，伺服轴点动反转实现机器人的反向移转，如图 7-47 所示。

3）程序段 3：当机器人不在原点时，按下触摸屏上的"回原点"按钮，机器人回到原点，如图 7-48 所示。

4）程序段 4：在触摸屏上输入绝对运动位置，机器人会运动到相对于原点的位置，如图 7-49 所示。

▼　程序段2：……

注释

%DB3
"MC_MoveJog_DB"

```
              MC_MoveJog
                              🔒 📶
        ── EN            ENO ──
                    InVelocity ─┤ false
  %DB1
  "轴_1" ── Axis      Error ─┤ false
  %M0.0
"伺服轴点动正转" ── JogForward
  %M0.1
"伺服轴点动反转" ── JogBackward
        10.0 ── Velocity
                    ▼
```

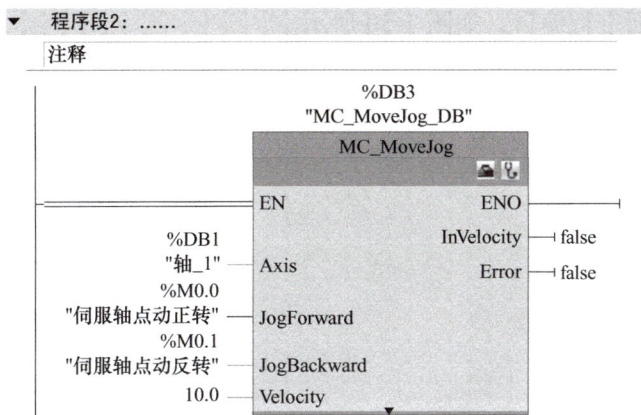

图 7-47　程序段 2

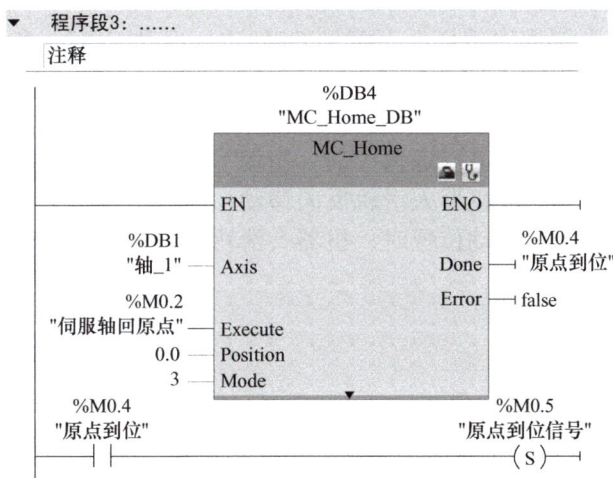

▼　程序段3：……

注释

%DB4
"MC_Home_DB"

```
              MC_Home
                              🔒 📶
        ── EN            ENO ──
                                    %M0.4
  %DB1              Done ─┤ "原点到位"
  "轴_1" ── Axis
  %M0.2             Error ─┤ false
"伺服轴回原点" ── Execute
        0.0 ── Position
          3 ── Mode
                    ▼
```

```
  %M0.4                          %M0.5
"原点到位"                      "原点到位信号"
  ──┤├──────────────────────────( S )──
```

图 7-48　程序段 3

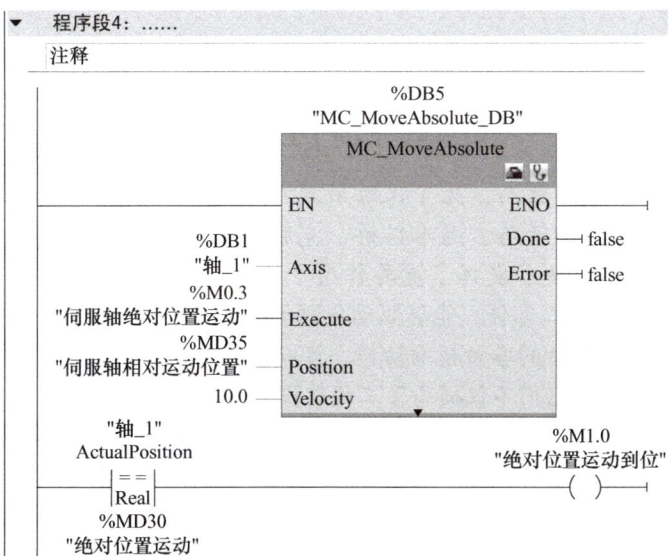

▼　程序段4：……

注释

%DB5
"MC_MoveAbsolute_DB"

```
              MC_MoveAbsolute
                              🔒 📶
        ── EN            ENO ──
                    Done ─┤ false
  %DB1
  "轴_1" ── Axis      Error ─┤ false
  %M0.3
"伺服轴绝对位置运动" ── Execute
  %MD35
"伺服轴相对运动位置" ── Position
        10.0 ── Velocity
                    ▼
```

```
  "轴_1"                          %M1.0
ActualPosition                  "绝对位置运动到位"
  ══╪══
  │Real│ ─────────────────────────(   )──
  %MD30
"绝对位置运动"
```

图 7-49　程序段 4

5）对 HMI 画面进行编辑，如图 7-50 所示。

图 7-50　HMI 画面

5. 仿真与调试运行

将设备组态及梯形图程序编译后下载到 CPU 中，启动 CPU，将 CPU 切换至 RUN 模式。在计算机端控制面板的"设置 PG/PC 接口（32 位）"中选择接口参数为"Realtek PCIe GbE Family Controller.TCPIP.Auto.2"，可直接利用 TIA Portal 触摸屏进行虚拟控制。当按下"正转"按钮时，机器人滑轨正向移动；当按下"反转"按钮时，机器人滑轨反向移动；当按下"回原点"按钮时，机器人滑轨自动回原点；当设置绝对运动位置时，机器人滑轨可以按照要求运动到规定的位置。

项目小结

本项目介绍了 FR8210 及其 I/O 模块，实现了 FR8210 在 TIA Portal 中的组态，了解了伺服电动机的特点和工作方式，对轴工艺对象进行了组态，利用伺服运动控制指令，实现了伺服电动机控制滑轨运动。

素养案例链接

川藏线上的 PLC 技术

蜀道难，难于上青天。然而，为了保障川藏人民的利益，促进沿线地区的经济发展和民族团结，我国工程师逢山开路、遇水搭桥，克服种种困难，修建川藏铁路和公路。在这个过程中，单片机与 PLC 技术发挥了重要作用。

电动机是机械设备的核心部件，能够驱动各种机械部件进行精确的位移和动作。通过编程控制 PLC，可以实现大型装备的各种精确动作。可以说，电动机的 PLC 控制电路在川藏线建设中发挥了至关重要的作用，它们不仅提高了工程建设的效率，也保障了工程建设的质量。

PLC 控制有一个非常重要的功能，那就是能够适应工地现场等复杂环境。川藏铁路和公路的建设需要应对各种恶劣的环境条件，如高温、低温、潮湿、灰尘等，这些环境因素会对电子设备和控制系统造成很大的影响，甚至可能导致设备故障或运行不稳定。PLC 控制具有很强的适应性，能够根据不同的环境条件进行自动调整，确保系统在各种环境下稳定运行。

在川藏铁路和公路的建设过程中，工程师也面临着巨大的挑战。川藏线地处高海拔地区，空气稀薄，氧气含量较低，这会对人的生理机能产生影响，因此工程师需要具备强健的体魄和良好的适应能力，以应对高海拔环境带来的挑战。川藏线的路况极为复杂，既有陡峭的山路，又有急流的河谷，这些复杂的路况对车辆的行驶构成威胁，可能影响PLC设备的运输和安装。工程师需要精心规划运输路线，确保设备安全抵达目的地，并在有限的时间和空间内完成设备的安装和调试。此外，川藏线的气候多变，昼夜温差大，时常伴有雨雪、雷电等恶劣天气，这些气候条件对PLC设备的正常运行和维护提出了更高的要求。工程师需要密切关注天气变化，采取必要的防护措施，确保设备在恶劣环境下仍能稳定运行。面对这些困难时，我国工程师展现出了顽强的毅力和精湛的技术。他们深入研究设备性能，优化设备配置，以应对高海拔和恶劣气候带来的影响。同时，他们还积极与团队成员沟通协作，共同解决问题，确保项目的顺利进行。他们具有不畏艰险、勇于创新的精神，他们以人民的需求为导向、以科技的力量为支撑，为川藏地区的经济社会发展做出了巨大贡献。

🌀 项目拓展

创建轴工艺对象，实现伺服电动机控制滑轨的相对位置运动。

📝 思考与练习

1. 填空题

（1）_____指令可以实现轴的回原点操作。

（2）伺服驱动器的控制模式有_____、_____、_____三种。

（3）FR8210的I/O模块可以由_____、_____、_____、_____、_____等组成。

（4）FR8210的指示灯SYS以_____的频率闪烁，表示正常扫描。

（5）伺服驱动器又称为_____、_____。

2. 选择题

（1）下列要求中不属于伺服系统的技术要求的是（　　　　）。

A. 稳定性好且动态响应快　　　　　　　B. 闭环控制

C. 调速范围宽　　　　　　　　　　　　D. 位移精度高

（2）S7-1200 PLC通过FR8210最多可以添加（　　　）个I/O模块。

A. 8　　　　　　　B. 16　　　　　　　C. 32　　　　　　　D. 64

（3）FR8210的（　　　）指示灯以3～5Hz的频率闪烁，表示扫描不正常。

A. SYS　　　　　　B. PWR　　　　　　C. RUN　　　　　　D. SF

（4）伺服电动机将输入的电压信号变换成（　　　），以驱动控制对象。

A. 动力　　　　　　B. 位移　　　　　　C. 电流　　　　　　D. 转矩和速度

3. 简答题

简述伺服电动机的优点和缺点。

参 考 文 献

[1] 侍寿永，王玲.西门子PLC、变频器与触摸屏技术及综合应用：S7-1200、G120、KTP系列 HMI[M].北京：机械工业出版社，2023.

[2] 陈贵银，祝福.西门子S7-1200 PLC编程技术与应用工作手册式教程[M].北京：电子工业出版社， 2020.

[3] 刘华波，马艳，何文雪，等.西门子S7-1200 PLC编程与应用[M].2版.北京：机械工业出版社， 2020.

[4] 王春峰，段向军，贺道坤，等.可编程控制器应用技术项目式教程：西门子S7-1200[M].北京：电 子工业出版社，2019.

[5] 周文军，胡宁崂，伍贤洪.西门子S7-1200/1500 PLC项目式教程：基于SCL和LAD编程[M].北京： 电子工业出版社，2023.